青海高寒湿地
植物图谱

吴桂玲　欧为友◎著

中国农业科学技术出版社

图书在版编目（CIP）数据

青海高寒湿地植物图谱 / 吴桂玲，欧为友著 .

北京：中国农业科学技术出版社，2024. 9. --ISBN

978-7-5116-7049-6

Ⅰ. Q948.524.4-64

中国国家版本馆 CIP 数据核字第 2024Z8U582 号

责任编辑 李 娜 朱 绯
责任校对 马广洋
责任印制 姜义伟 王思文

出 版 者 中国农业科学技术出版社
     北京市中关村南大街 12 号   邮编：100081
电 话 （010）62111246（编辑室） （010）82106624（发行部）
     （010）82109709（读者服务部）
网 址 https:// castp.caas.cn
经 销 者 各地新华书店
印 刷 者 北京建宏印刷有限公司
开 本 215 mm×290 mm 1/16
印 张 18.75
字 数 503 千字
版 次 2024 年 9 月第 1 版 2024 年 9 月第 1 次印刷
定 价 168.00 元

──◆◆◆ 版权所有·侵权必究 ◆◆◆──

FOREWORD 前言

　　湿地（Wetland），指天然或人工形成的长久或暂时性的沼泽、泥炭等带有静止或流动水体的成片浅水区，被誉为"地球之肾""生命的摇篮""生物基因库"，是一种水域和陆地系统交互接壤地带的特殊类型的生态系统。湿地与森林、海洋并称全球三大生态系统，在世界各地分布广泛。湿地生态系统是一种多类型、多层次的复杂生态系统，具有水陆过渡性、系统脆弱性、功能多样性和结构复杂性特征，支撑着独具特色的物种和较高的生产力，是一种国际性资源。它既是陆地上的天然蓄水库，可作为水源直接利用或补充地下水，又是众多植物、动物特别是水禽生长的乐园，同时还向人类提供食物、能源、原材料和旅游场所，是人类赖以生存和持续发展的重要基础。湿地能有效控制洪水、调节径流，防止土壤沙化，能以有机质的形式储存碳元素，减少温室效应，还能滞留、分解、净化有毒物，起到"排毒""解毒"的功能。湿地与人类息息相关，是人类拥有的宝贵资源，有着很高的生态价值和经济价值。

　　青海是我国高原湿地的主要分布区之一，从南到北，唐古拉山、东昆仑山和阿尔金山—祁连山三大山脉构成了青海高原地形的基本框架格局，形成了青南高原、柴达木盆地和祁连山地三个大的地貌单元和自然地理区域。青海高原特殊的地质、地形和气候、植被为高原湖泊湿地、沼泽和草甸湿地、河流湿地的广泛发育提供了有利的条件。青南高原分布和孕育着全省面积最大、最丰富的湿地资源。长江、澜沧江、黄河皆发源于此。另外，在西部一些小型内流河的末端形成了星罗棋布的高原湖泊群，大江、大河及湖泊在此区域形成了一个壮观的水系局面；以柴达木为主的青中盆地主要分布着青海的内陆水系，该区域也是青海内陆盐沼、盐湖、咸水湖湿地类型相对集中分布的地带；青海北部的祁连山系山高、谷深、水系较为发育，其间有一定数量的外流水系和内陆水系，是黑河、石羊河、党河、疏勒河和大通河的发源地。

　　青海省湿地资源特点突出，其规律是由低海拔向高海拔逐渐递增。河流、湖泊在青南地区、可可西里地区集中分布，约占其总面积的51.15%。特别是可可西里地区大于100公顷的湖泊有107个，大于1 500公顷的大中型湖泊有35个，面积38.22万公顷。这一区域是典型的高寒草原生态系统，有多样的自然景观，既有高寒草甸、高寒草原、高寒荒漠草原组成的水平地带系列，又有冰雪带等垂直带系列；还有许多奇特的自然景观，如格拉丹东、布喀达坂峰等冰川雪峰等。在黄河干流龙羊峡至玛多河段，有人工水库多处，形成的库区湖面较大，极具特色。因此，在青海省境内的湿地资源是有规律的更替，随海拔升高、地形地貌的变化而呈大面积地分布且集中。

青海省湿地资源类型有河流湿地、湖泊湿地、沼泽湿地、人工湿地 4 种类型，具有突出的高原区域性特点。境内沼泽湿地分布面积最大，次之湖泊湿地、河流湿地，湿地资源的 98% 是自然湿地，功能强大，是我国重要的生态区位，具有重要社会价值。根据第三次全国国土调查结果，青海省湿地面积 7 651 万亩（1 亩 ≈667 米²，全书），占全国湿地总面积的 21.86%，包括森林沼泽、沼泽草地、内陆滩涂、沼泽地 4 个类型，湿地面积位居全国第一。按照《中华人民共和国湿地保护法》对湿地的定义，青海省含河湖库等水域的湿地面积 1.09 亿亩，湿地面积位居全国前列。全省有青海湖鸟岛、扎陵湖、鄂陵湖 3 处国际重要湿地，履约面积 276 万亩，8 处湿地型自然保护区，总面积 3.19 亿亩，19 处国家湿地公园，总面积 487.5 万亩；32 处省级重要湿地，总面积 3 226 万亩。全省湿地保护率达 64.32%，超过全国平均水平（50%）14 个百分点。

在我国可持续发展战略中，湿地在水资源储存与净化、碳汇与气候变化、生物多样性保护、物质产品与功能的提供等方面发挥着重要作用。但是，随着我国社会经济的飞速发展和城市化进程的加快，我国湿地正面临着来自人类的巨大威胁。2009—2013 年，国家林业局 ① 组织的第二次全国湿地资源调查结果显示，近年来，我国自然湿地面积存在局部减少、湿地质量下降、湿地保护区设置不平衡等问题。因此，湿地的保护及恢复应引起政府、社会公众及湿地科研工作者的高度重视。

了解和认识高寒湿地植物是高寒湿地科学研究的基础。《青海高寒湿地植物图谱》是作者多年野外高寒湿地考察工作的积累，全书收录了青海湿地常见的植物 67 科 197 属 378 种。其中，有极为珍稀濒危的物种，也有遗传育种研究所必需的具有野生近缘植物基因的稀有物种，还有大量与人类生存息息相关、相依为命的物种，更有大量有待深入研究的物种。我们应该继续努力研究和发现新的、有价值的湿地植物资源，使湿地为人类做出新的、更大的贡献。

《青海高寒湿地植物图谱》是一部湿地野外考察的工具书，对识别高寒湿地植物具有"按图索骥"的效果，对青海的湿地研究人员、自然保护区管理人员在野外湿地调查、植物鉴定等工作有重要参考价值。

由于作者水平有限，书中疏漏之处在所难免，敬请读者批评指正。

吴桂玲

2023 年 6 月 17 日

---

① 2018 年改为国家林业和草原局。

CONTENTS 目录

木贼科 Equisetaceae ··· 001
　木贼属 *Equisetum* Linn. ·· 001
　　问荆 *Equisetum arvense* L. ·· 001
　　节节草 *Equisetum ramosissimum* Desf. ································· 001

蕨科 Pteridiaceae ··· 002
　蕨属 *Pteridium* ··· 002
　　蕨 *Pteridium aquilinum* var. *latiusculum*（Desv.）Underw. ex A. Heller ·· 002

铁线蕨科 Adiantaceae ·· 003
　铁线蕨属 *Adiantum* L. ··· 003
　　长盖铁线蕨 *Adiantum fimbriatum* Christ ································· 003

蹄盖蕨科 Athyriaceae ·· 004
　冷蕨属 *Cystopteris* ··· 004
　　冷蕨 *Cystopteris fragilis*（L.）Bernh. ································· 004

鳞毛蕨科 Dryopteridaceae ·· 004
　鳞毛蕨属 *Dryopteris* Adanson ·· 004
　　美丽鳞毛蕨 *Dryopteris laeta*（Kom.）C.Chr. ··························· 004

水龙骨科 Polypodiaceae ··· 005
　瓦韦属 *Lepisorus* ··· 005
　　天山瓦韦 *Lepisorus albertii*（Regel）Ching ··························· 005
　　高山瓦韦 *Lepisorus eilophyllus*（Diels）Ching ······················ 005
　　太白瓦韦 *Lepisorus thaipaiensis* Ching & S. K. Wu ·················· 006

槲蕨科 Drynariaceae ·········· 006
槲蕨属 *Drynaria* ·········· 006
秦岭槲蕨 *Drynaria baronii*（Christ）Diels ·········· 006

松科 Pinaceae ·········· 007
云杉属 *Picea* A. Dietrich ·········· 007
青海云杉 *Picea crassifolia* Kom. ·········· 007
松属 *Pinus* L. ·········· 008
华山松 *Pinus armandii* Franch. ·········· 008

桦木科 Betulaceae ·········· 009
桦木属 *Betula* Linn. ·········· 009
白桦 *Betula platyphylla* Sukaczev ·········· 009
糙皮桦 *Betula albo-sinensis* Burk. var. *septentrionalis* Schneid. ·········· 010

桑科 Moraceae ·········· 010
葎草属 *Humulus* Linn. ·········· 010
华忽布花 *Humulus lupulus* Linn. var. *cordifolius*（Miq.）Maxim. ·········· 010

檀香科 Santalaceae ·········· 011
百蕊草属 *Thesium* L. ·········· 011
矶地百蕊草 *Thesium saxatile* Turcz. ex A. DC. ·········· 011

蓼科 Polygonaceae ·········· 012
荞麦属 *Fagopyrum* Mill ·········· 012
苦荞麦 *Fagopyrum tataricum*（L.）Gaertn. ·········· 012
冰岛蓼属 *Koenigia* ·········· 012
冰岛蓼 *Koenigia islandica* L. ·········· 012
蓼属 *Persicaria*（L.）Mill ·········· 013
头序蓼 *Polygonum alatum* Hamilt．et D．Don ·········· 013
两栖蓼 *Persicaria amphibia*（L.）Gray ·········· 013
扁蓄 *Polygonum aviculare* Linn. ·········· 014
叉分蓼 *Koenigia divaricata*（L.）T. M. Schust. & Reveal ·········· 015
硬毛蓼 *Koenigia hookeri*（Meisn.）T. M. Schust. & Reveal ·········· 015
酸模叶蓼 *Persicaria lapathifolia*（L.）Delarbre ·········· 016
圆穗蓼 *Bistorta macrophylla*（D. Don）Soják ·········· 016
柔毛蓼 *Koenigia pilosa* Maxim. ·········· 017

西伯利亚蓼 *Knorringia sibirica*（Laxm.）Tzvelev ·········· 017

珠芽蓼 *Bistorta vivipara*（L.）Gray ·········· 018

大黄属 *Rheum* L. ·········· 019

丽江大黄 *Rheum likiangense* Sam. ·········· 019

歧穗大黄 *Rheum przewalskyi* Losinsk. ·········· 019

小大黄 *Rheum pumilum* Maxim. ·········· 020

穗序大黄 *Rheum spiciforme* Royle ·········· 021

鸡爪大黄 *Rheum tanguticum* Maxim. ex Regel ·········· 022

酸模属 *Rumex* Linn ·········· 022

水生酸模 *Rumex aquaticus* L. ·········· 022

皱叶酸模 *Rumex crispus* L. ·········· 023

尼泊尔酸模 *Rumex nepalensis* Spreng. ·········· 023

巴天酸模 *Rumex patientia* L. ·········· 024

景天科 Crassulaceae ·········· 025

红景天属 *Rhodiola* Linn. ·········· 025

狭叶红景天 *Rhodiola kirilowii*（Regel）Maxim. ·········· 025

景天属 *Sedum* Linn. ·········· 025

尖叶景天 *Sedum fedtschenkoi* Hamet ·········· 025

虎耳草科 Saxifragaceae ·········· 026

落新妇属 *Astilbe* Buch.–Ham. ex D. Don ·········· 026

裸茎金腰子 *Chrysosplenium nudicaule* Bunge ·········· 026

梅花草属 *Parnassia* Linn. ·········· 027

黄瓣梅花草 *Parnassia lutea* Batalin ·········· 027

多枝梅花草 *Parnassia palustris* Linn. ·········· 027

三脉梅花草 *Parnassia trinervis* Drude ·········· 028

山梅花属 *Philadelphus* Linn. ·········· 028

毛柱山梅花 *Philadelphus subcanus* Koehne ·········· 028

茶藨子属 *Ribes* Linn. ·········· 029

糖茶藨子 *Ribes himalense* Royle ex Decne ·········· 029

虎耳草属 *Saxifraga*（Tourn ex Linn.）Linn. ·········· 030

矮生虎耳草 *Saxifraga nana* Engl. ·········· 030

蔷薇科 Rosaceae ·········· 031

地蔷薇属 *Chamaerhodos* Bunge ·········· 031

砂生地蔷薇 *Chamaerhodos sabulosa* Bunge ·········· 031

无尾果属 *Coluria* R. Br. ⋯⋯⋯⋯⋯⋯⋯⋯⋯⋯⋯⋯ 031

长叶无尾果 *Coluria longifolia* Maxim. ⋯⋯⋯⋯⋯⋯ 031

沼委陵菜属 *Comarum* Linn. ⋯⋯⋯⋯⋯⋯⋯⋯⋯⋯⋯⋯ 032

西北沼委陵菜 *Farinopsis salesoviana*（Stephan）Chrtek & Soják ⋯⋯ 032

栒子属 *Cotoneaster* B. Ehrhart ⋯⋯⋯⋯⋯⋯⋯⋯⋯⋯ 033

水栒子 *Cotoneaster multiflorus* Bunge in Ledeb. ⋯⋯⋯⋯ 033

草莓属 *Fragaria* Linn. ⋯⋯⋯⋯⋯⋯⋯⋯⋯⋯⋯⋯⋯⋯ 034

东方草莓 *Fragaria orientalis* Lozinsk. ⋯⋯⋯⋯⋯⋯ 034

水杨梅属 *Geum* Linn. ⋯⋯⋯⋯⋯⋯⋯⋯⋯⋯⋯⋯⋯⋯ 035

路边青 *Geum aleppicum* Jacq. ⋯⋯⋯⋯⋯⋯⋯⋯⋯ 035

委陵菜属 *Potentilla* Linn. ⋯⋯⋯⋯⋯⋯⋯⋯⋯⋯⋯⋯ 035

鹅绒委陵菜 *Potentilla anserina* Linn. ⋯⋯⋯⋯⋯⋯ 035

无毛蕨麻 *Potentilla anserina* L. ⋯⋯⋯⋯⋯⋯⋯⋯ 036

多裂委陵菜 *Potentilla multifida* Linn. ⋯⋯⋯⋯⋯⋯ 037

高原委陵菜 *Potentilla pamiroalaica* Juzep. ⋯⋯⋯⋯ 038

钉柱委陵菜 *Potentilla saundersiana* Royle ⋯⋯⋯⋯ 038

蔷薇属 *Rosa* L. ⋯⋯⋯⋯⋯⋯⋯⋯⋯⋯⋯⋯⋯⋯⋯⋯ 039

峨眉蔷薇 *Rosa omeiensis* Rolfe ⋯⋯⋯⋯⋯⋯⋯⋯ 039

紫色悬钩子 *Rubus irritans* Focke ⋯⋯⋯⋯⋯⋯⋯ 040

菰帽悬钩子 *Rubus pileatus* Focke ⋯⋯⋯⋯⋯⋯⋯ 041

地榆属 *Sanguisorba* Linn. ⋯⋯⋯⋯⋯⋯⋯⋯⋯⋯⋯ 041

地榆 *Sanguisorba officinalis* Linn. ⋯⋯⋯⋯⋯⋯⋯ 041

山莓草属 *Sibbaldia* Linn. ⋯⋯⋯⋯⋯⋯⋯⋯⋯⋯⋯ 042

隐瓣山莓草 *Sibbaldia procumbens* Linn. var. *aphanopetala*（Hand.-Mazz.）Yü et Li ⋯⋯ 042

鲜卑花属 *Sibiraea* Maxim. ⋯⋯⋯⋯⋯⋯⋯⋯⋯⋯⋯ 043

窄叶鲜卑花 *Sibiraea angustata*（Rehd.）Hand.-Mazz. ⋯⋯ 043

豆科 Fabaceae ⋯⋯⋯⋯⋯⋯⋯⋯⋯⋯⋯⋯⋯⋯⋯⋯ 044

黄芪属 *Astragalus* Linn. ⋯⋯⋯⋯⋯⋯⋯⋯⋯⋯⋯⋯ 044

丛生黄芪 *Astragalus confertus* ⋯⋯⋯⋯⋯⋯⋯⋯⋯ 044

茵垫黄芪 *Astragalus mattam* Tsai et Yü ⋯⋯⋯⋯⋯ 044

草木樨状黄芪 *Astragalus melilotoides* Pall. ⋯⋯⋯⋯ 045

大花多枝黄芪 *Astragalus polycladus* var. *magniflorus* Y. H. Wu ⋯⋯ 046

糙叶黄芪 *Astragalus scaberrimus* Bunge ⋯⋯⋯⋯⋯ 047

苜蓿属 *Medicago* Linn. ⋯⋯⋯⋯⋯⋯⋯⋯⋯⋯⋯⋯ 047

天蓝苜蓿 *Medicago lupulina* L. ⋯⋯⋯⋯⋯⋯⋯⋯ 047

草木樨属 *Melilotus* Mill. ··· 048

    草木樨 *Melilotus suaveolens* Ledeb. ······································· 048

棘豆属 *Oxytropis* DC. ··· 049

    二色棘豆 *Oxytropis bicolor* Bunge ······································· 049

    小花棘豆 *Oxytropis glabra*（Lam.）DC. ······························ 050

    密花棘豆 *Oxytropis imbricata* Kom. ····································· 051

    少花棘豆 *Oxytropis pauciflora* Bunge ··································· 052

苦马豆属 *Sphaerophysa* DC. ··· 052

    苦马豆 *Sphaerophysa salsula*（Pall.）DC. ···························· 052

野豌豆属 *Vicia* Linn. ··· 053

    三齿萼野豌豆 *Vicia bungei* Ohwi ·· 053

    歪头菜 *Vicia unijuga* R.Br. ··· 054

藜科 Chenopodiaceae ··· 055

轴藜属 *Axyris* Linn. ·· 055

    轴藜 *Axyris amaranthoides* Linn. ··· 055

驼绒藜属 *Ceratoides*（Tourn.）Gagnebin ······································· 055

    垫状驼绒藜 *Ceratoides compacta*（Losinsk.）Tsien et C. G. Ma ···· 055

藜属 *Chenopodium* Linn. ·· 056

    藜 *Chenopodium album* L. ··· 056

    菊叶香藜 *Dysphania schraderiana*（Roem. & Schult.）Mosyakin & Clemants ···· 057

    灰绿藜 *Oxybasis glauca*（L.）S. Fuentes，Uotila & Borsch ········· 058

盐爪爪属 *Kalidium* Moq. ··· 058

    盐爪爪 *Kalidium foliatum*（Pall.）Moq. ································· 058

    细枝盐爪爪 *Kalidium gracile* Fenzl ······································ 059

地肤属 *Kochia* Roth ·· 059

    地肤 *Bassia scoparia*（L.）A. J. Scott ·································· 059

盐角草属 *Salicornia* Linn. ·· 060

    盐角草 *Salicornia europaea* L. ·· 060

猪毛菜属 *Salsola* Linn ·· 060

    猪毛菜 *Kali collinum*（Pall.）Akhani & Roalson ···················· 060

    刺沙蓬 *Kali tragus* Scop. ··· 061

碱蓬属 *Suaeda* Forsk ex Scop. ··· 061

    角果碱蓬 *Suaeda corniculata*（C.A.Mey.）Bunge ··················· 061

    碱蓬 *Suaeda glauca*（Bunge）Bunge ··································· 062

    平卧碱蓬 *Suaeda prostrata* Pall. ··· 063

苋科 Amaranthaceae · · · · · · · · · 063

苋属 *Amaranthus* Linn. · · · · · · · · · 063

繁穗苋 *Amaranthus paniculatus* Linn. · · · · · · · · · 063

反枝苋 *Amaranthus retroflexus* L. · · · · · · · · · 064

石竹科 Caryophyllaceae · · · · · · · · · 065

卷耳属 *Cerastium* Linn. · · · · · · · · · 065

簇生卷耳 *Cerastium caespitosum* Gilib. · · · · · · · · · 065

蝇子草属 *Silene* Linn. · · · · · · · · · 066

细蝇子草 *Amaranthus retroflexus* L. · · · · · · · · · 066

繁缕属 *Stellaria* Linn. · · · · · · · · · 066

繁缕 *Stellaria media*（L.）Vill. · · · · · · · · · 066

金鱼藻科 Ceratophyllaceae · · · · · · · · · 067

金鱼藻属 *Ceratophyllum* Linn. · · · · · · · · · 067

金鱼藻 *Ceratophyllum demersum* Linn. · · · · · · · · · 067

毛茛科 Ranunculaceae · · · · · · · · · 068

乌头属 *Aconitum* Linn. · · · · · · · · · 068

伏毛铁棒锤 *Aconitum flavum* Hand.-Mazz. · · · · · · · · · 068

铁棒锤 *Aconitum pendulum* Busch · · · · · · · · · 069

侧金盏花属 *Adonis* Linn. · · · · · · · · · 069

甘青侧金盏花 *Adonis bobroviana* Simonov. · · · · · · · · · 069

银莲花属 *Anemone* Linn. · · · · · · · · · 070

小银莲花 *Anemone exigua* Maxim. · · · · · · · · · 070

叠裂银莲花 *Anemone imbricata* Maxim. · · · · · · · · · 071

疏齿银莲花 *Anemone geum* subsp. *ovalifolia*（Brühl）R. P. Chaudhary · · · · · · · · · 071

草玉梅 *Anemone rivularis* Buch.–Ham. ex DC. · · · · · · · · · 072

小花草玉梅 *Anemone rivularis* var. *flore-minore* Maxim. · · · · · · · · · 073

大火草 *Anemone tomentosa*（Maxim.）C. P'ei · · · · · · · · · 074

条叶银莲花 *Anemone trullifolia* Hook. f. et Thoms. var. *linearis*（Bruhl）Hand.-Mazz. · · · · · · · · 074

水毛茛属 *Batrachium* S. F. Gray · · · · · · · · · 075

水毛茛 *Batrachium bungei*（Steud.）L. Liou · · · · · · · · · 075

驴蹄草属 *Caltha* Linn. · · · · · · · · · 075

花葶驴蹄草 *Caltha scaposa* Hook. f. et Thoms. · · · · · · · · · 075

翠雀属 *Clematis* Linn. · · · · · · · · · 076

蓝翠雀花 *Delphinium caeruleum* Jacquem. ex Cambess. · · · · · · · · · 076

单花翠雀花 *Delphinium candelabrum* var. *monanthum*（Hand.–Mazz.）W. T. Wang ············ 077

密花翠雀 *Delphinium densiflorum* Duthie ex Huth ············ 078

毛翠雀花 *Delphinium trichophorum* Franch. ············ 078

碱毛茛属 *Halerpestes* Greene ············ 079

水葫芦苗 *Halerpestes sarmentosa*（Adams）Kom. ············ 079

三裂碱毛茛 *Halerpestes tricuspis*（Maxim.）Hand.–Mazz. ············ 080

鸦跖花属 *Oxygraphis* Bunge ············ 080

鸦跖花 *Oxygraphis kamchatica*（DC.）R. R. Stewart ············ 080

毛茛属 *Ranunculus* Linn. ············ 081

鸟足毛茛 *Ranunculus brotherusii* Freyn ············ 081

叉裂毛茛 *Ranunculus furcatifidus* W. T. Wang ············ 082

三裂毛茛 *Ranunculus hirtellus* var. *orientalis* W. T. Wang ············ 082

苞毛茛 *Ranunculus similis* Hemsl. ············ 083

棉毛茛 *Ranunculus membranaceus* Royle ············ 084

浮毛茛 *Ranunculus natans* C. A. Mey. ············ 084

云生毛茛 *Ranunculus nephelogenes* Edgew. ············ 085

长茎毛茛 *Ranunculus nephelogenes* var. *longicaulis*（Trautv.）W. T. Wang ············ 086

美丽毛茛 *Ranunculus pulchellus* C. A. Mey. ············ 086

高原毛茛 *Ranunculus tanguticus*（Maxim.）Ovcz. ············ 087

唐松草属 *Thalictrum* Linn. ············ 088

腺毛唐松草 *Thalictrum foetidum* Linn. ············ 088

亚欧唐松草 *Thalictrum minus* L. ············ 088

芸香叶唐松草 *Thalictrum rutifolium* Hook. f. & Thomson ············ 089

箭头唐松草 *Thalictrum simplex* L. ············ 089

金莲花属 *Trollius* Linn. ············ 090

矮金莲花 *Trollius farreri* Stapf ············ 090

小金莲花 *Trollius pumilus* D. Don ············ 090

小檗科 Berberidaceae ············ 091

桃儿七属 *Sinopodophyllum* Ying ············ 091

桃儿七 *Sinopodophyllum hexandrum*（Royle）Ying ············ 091

罂粟科 Papaveraceae ············ 092

紫堇属 *Corydalis* DC. ············ 092

斑花黄堇 *Corydalis conspersa* Maxim. ············ 092

曲花紫堇 *Corydalis curviflora* Maxim. ex Hemsl. ············ 093

迭裂黄堇 *Corydalis dasyptera* Maxim. ············ 093

紫堇 *Corydalis edulis* Maxim. ··········· 094

暗绿紫堇 *Corydalis melanochlora* Maxim. ··········· 095

尖突黄堇 *Corydalis mucronifera* Maxim. ··········· 095

粗糙黄堇 *Corydalis scaberula* Maxim ··········· 096

糙果紫堇 *Corydalis trachycarpa* Maxim. ··········· 097

十字花科 Cruciferae ··········· 098

荠属 *Capsella* Medic. ··········· 098

荠 *Capsella bursa-pastoris*（Linn.）Medic. ··········· 098

碎米荠属 *Cardamine* Linn. ··········· 098

紫花碎米荠 *Cardamine tangutorum* O. E. Schulz ··········· 098

桂竹香属 *Cheiranthus* Linn. ··········· 099

红紫桂竹香 *Cheiranthus roseus* Maxim. ··········· 099

双脊荠属 *Dilophia* Thoms ··········· 100

无苞双脊荠 *Dilophia ebracteata* Maxim. ··········· 100

盐泽双脊荠 *Dilophia salsa* Thomson ··········· 101

葶苈属 *Draba* Linn. ··········· 101

毛叶葶苈 *Draba lasiophylla* Royle ··········· 101

沼泽葶苈 *Draba rockii* O. E. Schulz ··········· 102

山萮菜属 *Eutrema* R. Br. ··········· 103

西北山萮菜 *Eutrema edwardsii* R. Br. ··········· 103

密序山萮菜 *Eutrema heterophyllum*（W. W. Sm.）H. Hara ··········· 103

藏荠属 *Hedinia* Ostenf. ··········· 104

藏荠 *Hedinia tibetica*（Thoms.）Ostenf. ··········· 104

独行菜属 *Lepidium* Linn. ··········· 104

宽叶独行菜 *Lepidium latifolium* Linn. ··········· 104

涩荠属 *Malcolmia* R. Br. ··········· 105

涩荠 *Malcolmia africana*（Linn.）R. Br. ··········· 105

蔊菜属 *Rorippa* Scop. ··········· 106

沼生蔊菜 *Rorippa islandica*（Oed.）Borb. ··········· 106

大蒜芥属 *Sisymbrium* Linn. ··········· 106

垂果大蒜芥 *Sisymbrium heteromallum* C. A. Mey. ··········· 106

菥蓂属 *Thlaspi* Linn. ··········· 107

菥蓂 *Thlaspi arvense* Linn. ··········· 107

牻牛儿苗科 Geraniaceae ··········· 108

牻牛儿苗属 *Erodium* L'Her. ··········· 108

牻牛儿苗 *Erodium stephanianum* Willd. ⋯⋯⋯⋯⋯⋯⋯⋯⋯⋯⋯⋯⋯⋯ 108

老鹳草属 *Geranium* Linn. ⋯⋯⋯⋯⋯⋯⋯⋯⋯⋯⋯⋯⋯⋯⋯⋯⋯⋯ 108

毛蕊老鹳草 *Geranium eriostemon* Fisch. ex DC. ⋯⋯⋯⋯⋯⋯⋯⋯ 108

甘青老鹳草 *Geranium pylzowianum* Maxim. ⋯⋯⋯⋯⋯⋯⋯⋯⋯⋯ 109

老鹳草 *Geranium sibiricum* Linn. ⋯⋯⋯⋯⋯⋯⋯⋯⋯⋯⋯⋯⋯⋯ 110

大戟科 Euphorbiaceae ⋯⋯⋯⋯⋯⋯⋯⋯⋯⋯⋯⋯⋯⋯⋯⋯⋯⋯⋯⋯ 111

大戟属 *Euphorbia* Linn. ⋯⋯⋯⋯⋯⋯⋯⋯⋯⋯⋯⋯⋯⋯⋯⋯⋯⋯ 111

乳浆大戟 *Euphorbia esula* Linn. ⋯⋯⋯⋯⋯⋯⋯⋯⋯⋯⋯⋯⋯⋯ 111

鼠李科 Rhamnaceae ⋯⋯⋯⋯⋯⋯⋯⋯⋯⋯⋯⋯⋯⋯⋯⋯⋯⋯⋯⋯⋯ 111

鼠李属 *Rhamnus* Linn. ⋯⋯⋯⋯⋯⋯⋯⋯⋯⋯⋯⋯⋯⋯⋯⋯⋯⋯ 111

甘青鼠李 *Rhamnus tangutica* J. Vess. ⋯⋯⋯⋯⋯⋯⋯⋯⋯⋯⋯⋯ 111

锦葵科 Malvaceae ⋯⋯⋯⋯⋯⋯⋯⋯⋯⋯⋯⋯⋯⋯⋯⋯⋯⋯⋯⋯⋯⋯ 112

木槿属 *Hibiscus* Linn. ⋯⋯⋯⋯⋯⋯⋯⋯⋯⋯⋯⋯⋯⋯⋯⋯⋯⋯ 112

野西瓜苗 *Hibiscus trionum* Linn. ⋯⋯⋯⋯⋯⋯⋯⋯⋯⋯⋯⋯⋯⋯ 112

柽柳科 Tamaricaceae ⋯⋯⋯⋯⋯⋯⋯⋯⋯⋯⋯⋯⋯⋯⋯⋯⋯⋯⋯⋯ 113

水柏枝属 *Myricaria* Desv. ⋯⋯⋯⋯⋯⋯⋯⋯⋯⋯⋯⋯⋯⋯⋯⋯⋯ 113

宽苞水柏枝 *Myricaria bracteata* Royle ⋯⋯⋯⋯⋯⋯⋯⋯⋯⋯⋯ 113

水柏枝 *Myricaria germanica*（L.）Desv. ⋯⋯⋯⋯⋯⋯⋯⋯⋯⋯ 114

三春水柏枝 *Myricaria paniculata* P. Y. Zhang et Y. J. Zhang ⋯⋯ 114

匍匐水柏枝 *Myricaria prostrata* Hook. f. et Thoms. ex Benth. et Hook. f. ⋯⋯ 115

具鳞水柏枝 *Myricaria squamosa* Desv. ⋯⋯⋯⋯⋯⋯⋯⋯⋯⋯ 116

红砂属 *Reaumuria* ⋯⋯⋯⋯⋯⋯⋯⋯⋯⋯⋯⋯⋯⋯⋯⋯⋯⋯⋯⋯ 116

五柱红砂 *Reaumuria kaschgarica* Rupr. ⋯⋯⋯⋯⋯⋯⋯⋯⋯⋯ 116

红砂 *Reaumuria songarica*（Pall.）Maxim. ⋯⋯⋯⋯⋯⋯⋯⋯⋯ 117

柽柳属 *Tamarix* Linn. ⋯⋯⋯⋯⋯⋯⋯⋯⋯⋯⋯⋯⋯⋯⋯⋯⋯⋯ 118

密花柽柳 *Tamarix arcenthoides* Bunge. ⋯⋯⋯⋯⋯⋯⋯⋯⋯⋯ 118

堇菜科 Violaceae ⋯⋯⋯⋯⋯⋯⋯⋯⋯⋯⋯⋯⋯⋯⋯⋯⋯⋯⋯⋯⋯⋯ 119

茎堇属 *Viola* ⋯⋯⋯⋯⋯⋯⋯⋯⋯⋯⋯⋯⋯⋯⋯⋯⋯⋯⋯⋯⋯⋯ 119

鳞茎堇菜 *Viola bulbosa* Maxim. ⋯⋯⋯⋯⋯⋯⋯⋯⋯⋯⋯⋯⋯⋯ 119

西藏堇菜 *Viola kunawarensis* Royle ⋯⋯⋯⋯⋯⋯⋯⋯⋯⋯⋯⋯ 119

胡颓子科 Elaeagnaceae ······ 120
　　沙棘属 *Hippophae* Linn. ······ 120
　　　肋果沙棘 *Hippophae neurocarpus* S. W. Liu et T. N. Ho ······ 120

柳叶菜科 Onagraceae ······ 121
　　露珠草属 *Circaea* Linn. ······ 121
　　　高山露珠草 *Circaea alpina* Linn. ······ 121
　　柳叶菜属 *Epilobium* Linn. ······ 122
　　　沼生柳叶菜 *Epilobium palustre* L. ······ 122
　　　喜山柳叶菜 *Epilobium royleanum* Hausskn. ······ 123

小二仙草科 Haloragidaceae ······ 123
　　狐尾藻属 *Myriophyllum* Linn. ······ 123
　　　穗状狐尾藻 *Myriophyllum spicatum* L. ······ 123

杉叶藻科 Hippuridaceae ······ 124
　　杉叶藻属 *Hippuris* Linn. ······ 124
　　　杉叶藻 *Hippuris vulgaris* Linn. ······ 124

伞形科 Umbelliferae ······ 125
　　当归属 *Angelica* Linn. ······ 125
　　　青海当归 *Angelica nitida* Wolff ······ 125
　　葛缕子属 *Carum* Linn. ······ 126
　　　葛缕子 *Carum carvi* Linn. ······ 126
　　独活属 *Heracleum* Linn. ······ 127
　　　裂叶独活 *Heracleum millefolium* Diels ······ 127

山茱萸科 Cornaceae ······ 127
　　梾木属 *Swida* Opiz ······ 127
　　　沙梾 *Swida bretschneideri*（L. Heng）Sojak ······ 127

报春花科 Primulaceae ······ 128
　　点地梅属 *Androsace* Linn. ······ 128
　　　鳞叶点地梅 *Androsace squarrosula* Maxim. ······ 128
　　　唐古拉点地梅 *Androsace tanggulashanensis* Y. C. Yang et R. F. Huang ······ 129
　　　垫状点地梅 *Androsace tapete* Maxim. ······ 130
　　　高原点地梅 *Androsace zambalensis*（Petitm.）Hand.-Mazz. ······ 130

海乳草属 *Glaux* Linn. 131

海乳草 *Glaux maritima* Linn. 131

报春花属 *Primula* Linn. 132

苞芽粉报春 *Primula gemmifera* Batal. 132

天山报春 *Primula nutans* Georgi 132

紫罗兰报春 *Primula purdomii* Craib 133

钟花报春 *Primula sikkimensis* Hook. 134

甘青报春 *Primula tangutica* Duthie 135

白花丹科 Plumbaginaceae 135

补血草属 *Limonium* Mill. 135

黄花补血草 *Limonium aureum*（Linn.）Hill. 135

龙胆科 Gentianaceae 136

喉毛花属 *Comastoma*（Wettsh.）Toyokuni 136

镰萼喉毛花 *Comastoma falcatum*（Turcz. ex Kar. et Kir.）Toyok. 136

喉毛花 *Comastoma pulmonarium*（Turcz.）Toyokuni . 137

龙胆属 *Gentiana*（Tourn.）Linn. 138

开张龙胆 *Gentiana aperta* Maxim. 138

刺芒龙胆 *Gentiana aristata* Maxim. 139

白条纹龙胆 *Gentiana burkillii* H. Smith 140

蓝灰龙胆 *Gentiana caeruleo-grisea* T. N. Ho i 140

青藏龙胆 *Gentiana futtereri* Diels et Gilg 141

南山龙胆 *Gentiana grumii* Kusnez. 142

线叶龙胆 *Gentiana lawrencei* Burk. var. *farreri*（I. B. Balf.）T. N. Ho 143

蓝白龙胆 *Gentiana leucomelaena* Maxim. 143

假水生龙胆 *Gentiana pseudo-aquatica* Kusnez. in Acta Hort. Petrop. 144

麻花艽 *Gentiana straminea* Maxim. 145

大花龙胆 *Gentiana szechenyii* Kanitz 145

扁蕾属 *Gentianopsis* Ma 146

细萼扁蕾 *Gentianopsis barbata*（Froel.）Ma var. *stenocalyx* H. W. Li ex T. N. Ho 146

湿生扁蕾 *Gentianopsis paludosa*（Hook. f.）Ma 147

花锚属 *Halenia* Borkh. 148

椭圆叶花锚 *Halenis elliptica* D. Don 148

肋柱花属 *Lomatogonium* A. Br. 148

大花肋柱花 *Lomatogonium macranthum*（Diels & Gilg）Fernald 148

獐牙菜属 *Swertia* Linn. 149

歧伞獐牙菜 *Swertia dichotoma* Linn. ··· 149

红直獐牙菜 *Swertia erythrosticata* Maxim. ··· 150

祁连獐牙菜 *Swertia przewalskii* Pissjauk. ·· 150

四数獐牙菜 *Swertia tetraptera* Maxim. ··· 151

华北獐牙菜 *Swertia wolfgangiana* Grüning ··· 152

夹竹桃科 Apocynaceae ··· 153

白麻属 *Poacynum* Baill. ··· 153

大叶白麻 *Poacynum hendersonii*（Hook. f.）Woodson ································· 153

中华花葱 *Polemonium coeruleum* Linn. var. *chinense* Brand. ······················ 154

紫草科 Boraginaceae ··· 154

锚刺果属 *Actinocarya* Benth. ·· 154

锚刺果 *Actinocarya tibetica* Benth. in Benth. et Hook. f. ····························· 154

微孔草属 *Microula* Benth. ·· 155

尖叶微孔草 *Microula blepharolepis*（Maxim.）Johnst. ································ 155

疏散微孔草 *Microula diffusa*（Maxim.）I. M. Johnst. ································· 156

狭叶微孔草 *Microula stenophylla* W. T. Wang ·· 156

附地菜属 *Trigonotis* Stev. ·· 157

西藏附地菜 *Trigonotis tibetica*（C. B. Clarke）Johnst. ······························· 157

唇形科 Labiatae ··· 158

筋骨草属 *Ajuga* Linn. ··· 158

圆叶筋骨草 *Ajuga ovalifolia* Bur. et Franch. ··· 158

青兰属 *Dracocephalum* Linn. ·· 159

岷山毛建草 *Dracocephalum purdomii* W. W. Sm. ······································ 159

香薷属 *Elsholtzia* Willd. ·· 159

密穗香薷 *Elsholtzia densa* Benth. ·· 159

高原香薷 *Elsholtzia densa* Benth. ·· 160

夏至草属 *Lagopsis* Bunge ex Benth. ·· 161

夏至草 *Lagopsis supina*（Steph.）Ik-Gal. ex Knorr. ································· 161

益母草属 *Leonurus* Linn. ··· 162

细叶益母草 *Leonurus sibiricus* Linn. ··· 162

薄荷属 *Mentha* Linn. ·· 163

薄荷 *Mentha haplocalyx* Bxiq. ··· 163

鼠尾草属 *Salvia* Linn. ··· 163

黏毛鼠尾草 *Salvia roborowskii* Maxim. ··· 163

黄芩属 *Scutellaria* Linn. 164

并头黄芩 *Scutellaria scordifolia* Fisch. ex Schrank. 164

水苏属 *Stachys* Linn. 165

甘露子 *Stachys sieboldii* Miq. 165

茄科 Solanceae 166

茄属 *Solanum* Linn. 166

野海茄 *Solanum japonense* Nakai 166

玄参科 Scrophulariaceae 167

小米草属 *Euphrasia* Linn. 167

小米草 *Euphrasia pectinata* Ten. 167

兔耳草属 *Lagotis* Gaertn. 168

短穗兔耳草 *Lagotis brachystachya* Maxim. 168

全缘兔耳草 *Lagotis integra* W. W. Smith 169

肉果草属 *Lancea* Hook. f. et Thoms. 169

肉果草 *Lancea tibetica* Hook. f. et Thoms. 169

马先蒿属 *Pedicularis* Linn. 170

碎米蕨叶马先蒿 *Pedicularis cheilanthifolia* Chrenk 170

中国马先蒿 *Pedicularis chinensis* Maxim. 171

毛额马先蒿 *Pedicularis lasipohrys* Maxim. 172

长花马先蒿 *Pedicularis longiflora* Rudolph 173

班唇马先蒿 *Pedicularis longiflora* Rudolph subsp. var.*tubiformis*（Klotz.）Tsoong 173

藓生马先蒿 *Pedicularis muscicola* Maxim. 174

华马先蒿 *Pedicularis oederi* Vahl var. *sinensis*（Maxim.）Hurus. 175

轮叶马先蒿 *Pedicularis verticillata* Linn. 176

细穗玄参属 *Scrofella* Maxim. 176

细穗玄参 *Scrofella chinensis* Maxim. 176

婆婆纳属 *Veronica* Linn. 177

北水苦荬 *Veronica anagallis-aquatica* Linn. 177

狸藻科 Lentibulariaceae 178

狸藻属 *Utricularia* Linn. 178

狸藻 *Utricularia vulgaris* Linn. 178

车前科 Plantaginaceae 179

车前属 *Plantago* Linn. 179

平车前 *Plantago depressa* Willd. 179

大车前 *Plantago major* Linn. ⋯⋯⋯⋯⋯⋯⋯⋯⋯⋯⋯⋯⋯⋯⋯⋯⋯ 180

茜草科 Rubiaceae ⋯⋯⋯⋯⋯⋯⋯⋯⋯⋯⋯⋯⋯⋯⋯⋯⋯⋯⋯⋯⋯⋯⋯ 181
拉拉藤属 *Galium* Linn. ⋯⋯⋯⋯⋯⋯⋯⋯⋯⋯⋯⋯⋯⋯⋯⋯⋯⋯⋯ 181
蓬子菜 *Galium verum* Linn. ⋯⋯⋯⋯⋯⋯⋯⋯⋯⋯⋯⋯⋯⋯⋯ 181
茜草属 *Rubia* Linn. ⋯⋯⋯⋯⋯⋯⋯⋯⋯⋯⋯⋯⋯⋯⋯⋯⋯⋯⋯⋯ 181
茜草 *Rubia cordifolia* Linn. ⋯⋯⋯⋯⋯⋯⋯⋯⋯⋯⋯⋯⋯⋯⋯ 181

忍冬科 Caprifoliaceae ⋯⋯⋯⋯⋯⋯⋯⋯⋯⋯⋯⋯⋯⋯⋯⋯⋯⋯⋯⋯⋯ 182
忍冬属 *Lonicera* Linn. ⋯⋯⋯⋯⋯⋯⋯⋯⋯⋯⋯⋯⋯⋯⋯⋯⋯⋯⋯ 182
金花忍冬 *Lonicera chrysantha* Turcz. ex Ledeb. ⋯⋯⋯⋯⋯ 182
小叶忍冬 *Lonicera microphylla* Walld. ex Roem. et Schultz. ⋯⋯ 183
岩生忍冬 *Lonicera rupicola* Hook. f. et Thoms. ⋯⋯⋯⋯⋯ 184
接骨木属 *Sambucus* Linn. ⋯⋯⋯⋯⋯⋯⋯⋯⋯⋯⋯⋯⋯⋯⋯⋯ 184
血满草 *Sambucus adnata* Wall. ex DC. ⋯⋯⋯⋯⋯⋯⋯⋯⋯ 184
莛子藨属 *Triosteum* Linn. ⋯⋯⋯⋯⋯⋯⋯⋯⋯⋯⋯⋯⋯⋯⋯⋯ 185
莛子藨 *Triosteum pinnatifidum* Maxim. ⋯⋯⋯⋯⋯⋯⋯⋯⋯ 185

五福花科 Adoxaceae ⋯⋯⋯⋯⋯⋯⋯⋯⋯⋯⋯⋯⋯⋯⋯⋯⋯⋯⋯⋯⋯ 186
五福花属 *Adoxa* Linn. ⋯⋯⋯⋯⋯⋯⋯⋯⋯⋯⋯⋯⋯⋯⋯⋯⋯⋯ 186
五福花 *Adoxa moschatellina* Linn. ⋯⋯⋯⋯⋯⋯⋯⋯⋯⋯⋯ 186

败酱科 Valerianaceae ⋯⋯⋯⋯⋯⋯⋯⋯⋯⋯⋯⋯⋯⋯⋯⋯⋯⋯⋯⋯ 187
甘松属 *Nardostachys* DC. ⋯⋯⋯⋯⋯⋯⋯⋯⋯⋯⋯⋯⋯⋯⋯⋯ 187
甘松 *Nardostachys chinensis* Batal. ⋯⋯⋯⋯⋯⋯⋯⋯⋯⋯⋯ 187
缬草属 *Valeriana* Linn. ⋯⋯⋯⋯⋯⋯⋯⋯⋯⋯⋯⋯⋯⋯⋯⋯⋯ 188
小缬草 *Valeriana tangutica* Batal. ⋯⋯⋯⋯⋯⋯⋯⋯⋯⋯⋯⋯ 188

川续断科 Dipsacaceae ⋯⋯⋯⋯⋯⋯⋯⋯⋯⋯⋯⋯⋯⋯⋯⋯⋯⋯⋯⋯ 188
刺参属 *Morina* Linn. ⋯⋯⋯⋯⋯⋯⋯⋯⋯⋯⋯⋯⋯⋯⋯⋯⋯⋯⋯ 188
圆萼刺参 *Morina chinensis*（Bat.）Diels ⋯⋯⋯⋯⋯⋯⋯⋯ 188
青海刺参 *Morina kokonorica* Hao ⋯⋯⋯⋯⋯⋯⋯⋯⋯⋯⋯⋯ 189

桔梗科 Campanulaceae ⋯⋯⋯⋯⋯⋯⋯⋯⋯⋯⋯⋯⋯⋯⋯⋯⋯⋯⋯ 190
沙参属 *Adenophora* Fisch. ⋯⋯⋯⋯⋯⋯⋯⋯⋯⋯⋯⋯⋯⋯⋯⋯ 190
长柱沙参 *Adenophora stenanthia*（Ledeb.）Kitag. ⋯⋯⋯⋯ 190

菊科 Compositae ····· 191
亚菊属 *Ajania* Poljak. ····· 191
丝裂亚菊 *Ajania nematoloba* (Hand.-Mazz.) Ling et Shih ····· 191
细叶亚菊 *Ajania tenuifolia* (Jacq.) Tzvel. ····· 191
香青属 *Anaphalis* DC. ····· 192
玲玲香青 *Anaphalis hancockii*. ····· 192
蒿属 *Artemisia* Linn. ····· 193
牛尾蒿 *Artemisia dubia* Wall. ex Bess. ····· 193
冷蒿 *Artemisia frigida* Willd. ····· 194
蒙古蒿 *Artemisia mongolica* (Fisch. ex Bess.) Nakai ····· 194
昆仑蒿 *Artemisia nanschanica* Krasch. ····· 195
猪毛蒿 *Artemisia scoparia* Waldst. et Kir. ····· 196
大籽蒿 *Artemisia sieversiana* Ehrhart ex Willd. ····· 197
毛莲蒿 *Artemisia vestita* Wall. ex Bess. ····· 198
紫菀属 *Aster* Linn. ····· 198
重冠紫菀 *Aster diplostephioides* (DC.) C. B. Clarke ····· 198
中亚紫菀木 *Asterothamnus centrali-asiaticus* Novopokr. ····· 199
蟹甲草属 *Cacalia* Linn. ····· 200
蛛毛蟹甲草 *Cacalia roborowskii* (Maxim.) Ling ····· 200
飞廉属 *Carduus* Linn. ····· 201
飞廉 *Carduus crispus* Linn. ····· 201
金挖耳属 *Carpesium* Linn. ····· 202
高原天名精 *Carpesium lipskyi* C. Winkl. ····· 202
毛鳞菊属 *Chaetoseris* Shih ····· 203
川甘毛鳞菊 *Chaetoseris roborowskii* (Maxim.) Shih ····· 203
蓟属 *Cirsium* Mill. ····· 204
藏蓟 *Cirsium lanatum* (Roxb. ex Willd.) Spreng. ····· 204
刺儿菜 *Cirsium setosum* (Willd.) M. B. ····· 205
葵花大蓟 *Cirsium souliei* (Franch.) Mattf ····· 205
垂头菊属 *Cremanthodium* Benth. ····· 206
褐毛垂头菊 *Cremanthodium brunneopilosum* S. W. Liu ····· 206
盘花垂头菊 *Cremanthodium discoideum* Maxim. ····· 207
车前状垂头菊 *Cremanthodium ellisii* (Hook. f.) Kitam. ····· 208
矮垂头菊 *Cremanthodium humile* Maxim. ····· 208
条叶垂头菊 *Cremanthodium lineare* Maxim. ····· 209
飞蓬属 *Erigeron* Linn. ····· 210
飞蓬 *Erigeron acer* Linn. ····· 210

狗娃花属 *Heteropappus* Less. ········ 211
　　阿尔泰狗娃花 *Heteropappus altaicus*（Willd.）Novopokr. ········ 211
旋覆花属 *Inula* Linn. ········ 212
　　旋覆花 *Inula japonica* Thunb. ········ 212
　　蓼子朴 *Inula salsoloides*（Turcz.）Ostenf. ········ 212
小苦荬属 *Ixeridium*（A. Gray）Tzvel. ········ 213
　　窄叶小苦荬 *Ixeridium gramineum*（Fisch.）Tzvel. ········ 213
火绒草属 *Leontopodium* R. Br. ex Cass. ········ 214
　　火绒草 *Leontopodium leontopodioides*（Willd.）Beauv. ········ 214
　　矮火绒草 *Leontopodium nanum*（Hook. f. et Thoms.）Hand.-Mazz. ········ 215
　　黄白火绒草 *Leontopodium ochroleucum* Beauv. ········ 215
橐吾属 *Ligularia* Cass. ········ 216
　　缘毛橐吾 *Ligularia liatroides*（C. Winkl.）Hand.-Mazz. ········ 216
　　掌叶橐吾 *Ligularia przewalskii*（Maxim.）Diels ········ 217
　　褐毛橐吾 *Ligularia purdomii*（Turrill）Chittenden Royal ········ 218
　　箭叶橐吾 *Liularia sagitta*（Maxim.）Mattf. ········ 219
　　黄帚橐吾 *Ligularia virgaurea*（Maxim.）Mattf. ········ 219
风毛菊属 *Saussurea* DC. ········ 220
　　草地风毛菊 *Saussurea amara*（Linn.）DC. ········ 220
　　抱茎风毛菊 *Saussurea chingiana* Hand.-Mazz. ········ 221
　　红柄雪莲 *Saussurea erubescens* Lipsch. ········ 221
　　鼠麴雪兔子 *Saussurea gnaphalodes*（Royle）Sch.-Bip. ········ 222
　　黑毛雪兔子 *Saussurea hypsipeta* Diels. ········ 223
　　重齿风毛菊 *Saussurea katochaete* Maxim. ········ 223
　　水母雪兔子 *Saussurea medusa* Maxim. ········ 224
　　褐花雪莲 *Saussurea phaeantha* Maxim. ········ 225
　　柳叶风毛菊 *Saussurea salicifolia*（Linn.）DC. ········ 226
　　盐地风毛菊 *Saussurea salsa*（Pall.）Spreng. ········ 226
　　星状雪兔子 *Saussurea stella* Maxim. ········ 227
　　美丽风毛菊 *Saussurea superba* Anth. ········ 227
　　肉叶雪兔子 *Saussurea thomsonii* C. B. Clarke ········ 228
　　草甸雪兔子 *Saussurea thoroldii* Hemsl. ········ 228
　　羌塘雪兔子 *Saussurea wellbyi* Hemsl. ········ 229
千里光属 *Senecio* Linn. ········ 230
　　额河千里光 *Senecio argunensis* Turcz. ········ 230
　　北千里光 *Senecio dubitabilis* C. Jeffr. et Y. L. Chen ········ 231
　　天山千里光 *Senecio thianschanicus* Regel et Schmalh. ········ 231

麻花头属 *Serratula* Linn. ··· 232
  缢苞麻花头 *Klasea centauroides* subsp. *strangulata*（Iljin）L. Martins ················ 232
华蟹甲草属 *Sinacalia* H. Robins. et Bretell ··· 233
  华蟹甲草 *Sinacalia tangutica*（Maxim.）B. Nord. ····································· 233
苦苣菜属 *Sonchus* Linn. ··· 233
  苣荬菜 *Sonchus arvensis* Linn. ·· 233
  苦苣菜 *Sonchus oleraceus* Linn. ·· 234
绢毛菊属 *Soroseris* Stebb. ··· 235
  绢毛苣 *Soroseris gillii*（S. Moore）Stebb ·· 235
蒲公英属 *Taraxacum* Wigg. ·· 236
  蒲公英 *Taraxacum mongolicum* Hand.-Mazz. ·· 236
苍耳属 *Xanthium* Linn. ··· 237
  苍耳 *Xanthium sibiricum* Patrin ex Widder ·· 237
黄缨菊属 *Xanthopappus* C. Winkl. ·· 237
  黄缨菊 *Xanthopappus subacaulis* C. Winkl. ·· 237
黄鹌菜属 *Youngia* Cass. ··· 238
  无茎黄鹌菜 *Youngia simulatrix*（Babc.）Babc. et Stebb. ······························ 238

香蒲科 Typhaceae ·· 239
 香蒲属 *Typha* Linn. ·· 239
  狭叶香蒲 *Typha angustifolia* Linn. ·· 239

眼子菜科 Potamogetonaceae ·· 240
 眼子菜属 *Potamogeton* Linn. ·· 240
  菹草 *Potamogeton crispus* Linn. ·· 240
  柔花眼子菜 *Potamogeton leptanthus* Y. D. Chen ·· 240

水麦冬科 Juncaginaceae ·· 241
 水麦冬属 *Triglochin* Linn. ·· 241
  海韭菜 *Triglochin maritime* Linn. ·· 241
  水麦冬 *Triglochin palustre* Linn. ·· 242

泽泻科 Alismataceae ·· 242
 泽泻属 *Alisma* Linn. ·· 242
  东方泽泻 *Alisma orientale*（Gsam.）Juz. ·· 242

禾本科 Gramineae ·· 243

看麦娘属 *Alopecurus* Linn. ·· 243
苇状看麦娘 *Alopecurus arundinaceus* Poir. ·· 243
雀麦属 *Bromus* Linn. ·· 244
多节雀麦 *Bromus plurinodis* Keng ex Keng f. ·· 244
拂子茅属 *Calamagrostis* Adans. ·· 244
假苇拂子茅 *Calamagrostis pseudophragmites*（Hall. f.）Koel. ·· 244
沿沟草属 *Catabrosa* Beauv. ·· 245
沿沟草 *Catabrosa aquatica*（Linn.）Beauv. ·· 245
稗属 *Echinochloa* Beauv. ·· 246
稗 *Echinochloa crusgalli*（Linn.）Beauv. ·· 246
披碱草属 *Elymus* Linn. ·· 246
短芒披碱草 *Elymus breviaristatus*（Keng）Keng f. ·· 246
垂穗披碱草 *EIymus nutans* Griseb. ·· 247
羊茅属 *Festuca* Linn. ·· 248
中华羊茅 *Festuca sinensis* Keng ex S. L. Lu ·· 248
异燕麦属 *Helictotrichon* Bess. ·· 249
藏异燕麦 *Helictotrichon tibeticum*（Roshev.）Holub. ·· 249
茅香属 *Hierochloe* R. Br. ·· 250
光稃香草 *Hierochloe glabra* Trin. ·· 250
大麦属 *Hordeum* Linn. ·· 250
紫大麦草 *Hordeum violaceum* Oiss. et Huet. ·· 250
以礼草属 *Kengyilia* Yen et J. L. Yang ·· 251
糙毛以礼草 *Kengyilia hirsute*（Keng et S. L. Chen）J. L. Yang ·· 251
洽草属 *Koeleria* Pers. ·· 252
矮洽草 *Koeleria litvinowii* Dom. var. *tafelii*（Dom.）P. C. Kuo et Z. L. Wu ·· 252
赖草属 *Leymus* Hochst. ·· 252
宽穗赖草 *Leymus ovatus*（Trin.）Tzvel. ·· 252
扇穗茅属 *Littledalea* Hemsl. ·· 253
扇穗茅 *Littledalea racemosa* Keng ·· 253
三毛草属 *Trisetum* Pers. ·· 254
西伯利亚三毛草 *Trisetum sibiricum* Rupr. ·· 254

莎草科 Cyperaceae. ·· 254

薹草属 *Carex* Linn. ·· 254
北疆薹草 *Carex arcatica* Meinsh. ·· 254
黑褐薹草 *Carex atrofusca* Schkuhr subsp. *minor*（Boott）T. Koyama ·· 255

　　　　尖苞薹草 *Carex microglochin* Wahlenb. ……… 255
　　　　青藏薹草 *Carex moorcroftii* Falc. ex Boott ……… 256
　　　　红棕薹草 *Carex przewalskii* Egorova ……… 257
　　　　糙喙薹草 *Carex scabrirostris* Kuekenth. ……… 257
　　　　细叶薹草 *Carex stenophylloides* V. Krecz. ……… 258
　　嵩草属 *Kobresia* Willd. ……… 259
　　　　线叶嵩草 *Kobresia capillifolia*（Decne.）C. B. Clarke ……… 259
　　　　禾叶嵩草 *Kobresia graminifolia* C. B. Clarke ……… 259
　　　　矮生嵩草 *Kobresia humilis*（C. A. Mey. ex Trautv.）Serg. ……… 260
　　　　甘肃嵩草 *Kobresia kansuensis* Kuekenth. ……… 261
　　　　喜马拉雅嵩草 *Kobresia royleana*（Nees）Boeck. ……… 262
　　　　西藏嵩草 *Kobresia tibetica* Maxim. ……… 262
　　藨草属 *Scirpus* Linn. ……… 263
　　　　双柱头藨草 *Scirpus distigmaticus*（Kuekenth.）Tang et Wang ……… 263
　　　　细秆藨草 *Scirpus setaceus* Linn. ……… 264
　　　　球穗藨草 *Scirpus strobilinus* Roxb. ……… 264
　　　　水葱 *Scirpus tabernaemontani* Gmel. ……… 265

灯芯草科 Juncaceae ……… 266
　　灯芯草属 *Juncus* Linn. ……… 266
　　　　栗花灯芯草 *Juncus castaneus* Smith. ……… 266
　　　　展苞灯芯草 *Juncus thomsonii* Buchen. ……… 267

百合科 Liliaceae ……… 267
　　葱属 *Allium* Linn. ……… 267
　　　　蓝苞葱 *Allium atrosanguineum* Schrenk ……… 267

鸢尾科 Iridaceae ……… 268
　　鸢尾属 *Iris* Linn. ……… 268
　　　　马蔺 *Iris lactea* Pall. var. *chinensis*（Fisch.）Koidz. ……… 268

兰科 Orchidaceae ……… 269
　　火烧兰属 *Epipactis* Zinn. ……… 269
　　　　小花火烧兰 *Epipactis helleborine*（Linn.）Crantz. ……… 269
　　斑叶兰属 *Goodyera* R. Br. ……… 270
　　　　小斑叶兰 *Goodyera repens*（Linn.）R. Br. ……… 270

玉凤花属 *Habenaria* Willd. ·· 271
　　　　落地金钱 *Habenaria aitchisonii* Rchb. f. Trans. Linn. ······································· 271
　　角盘兰属 *Herminium* Linn. ··· 272
　　　　裂瓣角盘兰 *Herminium alaschanicum* Maxim. ·· 272
　　　　角盘兰 *Herminium monorchis*（Linn.）R. Br. ··· 272
　　羊耳蒜属 *Liparis* L. C. Rich. ·· 273
　　　　羊耳蒜 *Liparis japonica*（Miq.）Maxim. ·· 273
　　红门兰属 *Orchis* Linn. ··· 274
　　　　广布红门兰 *Orchis chusua* D. Don ··· 274
　　　　宽叶红门兰 *Orchis latifolia* Linn. ·· 275
　　绶草属 *Spiranthes* L. C. Rich. ··· 276
　　　　绶草 *Spiranthes sinensis*（Pers.）Ames ··· 276

木贼科 Equisetaceae

木贼属 *Equisetum* Linn.

➤ 问荆 *Equisetum arvense* L.

特征： 多年生草本植物。根状茎横走，黑色，具暗黑色球茎。枝二型，孢子囊茎春季由根状茎生出，高10～20cm，直径1～5mm，无叶绿素，淡褐色，具12～14条不明显的棱脊；叶鞘筒漏斗状，长1.0～2.0cm，鞘齿棕褐色，厚膜质，每2～3齿连接呈阔三角形。孢子囊穗长椭圆形，长1.5～2.5cm，钝头或微尖，有柄。孢子叶六角盾形，下生长形孢子囊6～8个，孢子一型。孢子成熟时，孢子囊茎即枯萎，营养茎再从同一根茎生出，高6～45cm，细弱，绿色，中心孔小型，轮生分枝较密，中央具6～12条棱脊，棱脊上有横的波状隆起，沟内有带状气孔线2～4行。

分布： 青海省囊谦县，玉树市，称多县，班玛县，久治县，玛沁县，同仁市，泽库县，格尔木市，德令哈市，乌兰县，兴海县，同德县，贵德县，贵南县，西宁市［大通回族土族自治县（以下简称大通县）、湟中县、湟源县］，海东市乐都区，互助土族自治县（以下简称互助县），海晏县，门源回族自治县（以下简称门源县）。

生态环境： 生于海拔2 230～4 100m的林下、沼泽水沟边、河滩、草甸。

➤ 节节草 *Equisetum ramosissimum* Desf.

特征： 多年生草本植物，高20～60cm，根状茎横走，黑色。枝一型，茎直立、坚硬，多分枝，分枝轮生，直径1～3mm；中心孔大形，外面有纵棱脊10～20条，较狭、粗糙，每条棱脊上面有硅质的疣状突起1行，或具小横纹，沟内有气孔线1～4行。叶鞘圆筒形，长为直径的2倍，鞘片背上无棱脊，叶鞘齿披针状钻形，棕褐色，边缘白色膜质，顶部膜质尖尾易落。孢子囊穗生枝顶，排列紧密，长圆形，长5～15mm，无柄，具小尖头。孢子叶六角状盾形，棕褐色，中央微凹，下生6～9个孢子囊，孢子一型，成熟后于内侧开裂。

分布： 青海省玉树市，尖扎县，同仁市，共和县，贵南县，大通县，湟中县，民和回族土族自治县（以下简称民和县），互助县。

生态环境： 生于海拔1 900～3 400m的河沟边、地边、沼泽地。

蕨科 Pteridiaceae

蕨属 *Pteridium*

> 蕨 *Pteridium aquilinum* var. *latiusculum*（Desv.）Underw. ex A. Heller

特征：多年生草本植物，高可达 1m。根状茎粗壮，长而横走，黑色，上被锈黄色短毛。叶远生，幼时拳卷密被茸毛，以后脱落；叶柄长 20～50cm，淡褐色，上部光滑，基部被锈黄色短毛；叶片卵状三角形，长 20～50cm，宽 15～40cm，基部宽楔形，顶端渐尖，3 回羽状；羽片约 10 对，近对生或互生，具柄，茎部一对最大，向上渐小，2 回羽状；小羽片 10～16 对，近互生，几无柄，长圆状披针形；末回小羽片互生，小羽轴下侧的较上侧的稍大，长圆形至短披针形，基部截形，无柄，顶端圆形或钝尖，全缘或有时羽裂，长 0.5～1.5cm，宽 3～6mm；叶脉羽状，侧脉分叉，背面隆起；叶近革质，腹面无毛，背面沿各回羽轴及叶脉上有灰白色短毛。孢子囊群线形，沿叶边边缘着生在边脉上，连续，囊群盖两层，内盖薄膜质，外盖厚膜质。

分布：青海省民和县，互助县，海东市乐都区，海东市平安区，循化撒拉族自治县（以下简称循环县），化隆县，湟中县，湟源县，大通县，门源县。

生态环境：生于海拔 2 000～3 100m 的沟谷山坡林缘、山地林下灌丛、田边、岩石缝隙、山沟草丛。

铁线蕨科 Adiantaceae

铁线蕨属 *Adiantum* L.

➤ 长盖铁线蕨 *Adiantum fimbriatum* Christ

特征：植株高 15～30cm。根状茎长而横走，密被红棕色或栗褐色阔披针形有光泽的鳞片。叶近簇生，柄长 5～15cm，红棕色到栗色，有光泽，基部疏生鳞片，向上光滑；叶片长圆状卵形至三角状卵形，长 10～18cm，宽 6～12cm，顶端渐尖，3 回羽状；羽片 5～6 对，互生，有柄，卵圆形至长圆形，基部一对较大，2回羽状；一回小羽片 3～4 对，互生，长圆形，长达 2.5cm，宽约 1.5cm，羽状或三出；末回小羽片 3～5 片，扇形或倒卵形，宽大于长或几相等，上缘有长而锐尖的锯齿，两侧边楔形，全缘，往往偏斜；叶脉多回二叉分枝，伸达齿端，略明显。叶干后草质，绿色，各回羽轴纤细，略曲折，光滑。孢子囊群长形，有时为圆肾形，每末回小羽片上着生 1～2 枚，横生于上缘的浅凹内；囊群盖长形，膜质，全缘，上边缘平截或略凹。

分布：青海省民和县，互助县，海东市乐都区，循化县，西宁市。

生态环境：生于海拔 2 200～2 800m 的山沟及山坡林下、山地林缘灌丛、溪流河岸石崖下、沟谷阴湿处。

蹄盖蕨科 Athyriaceae

冷蕨属 *Cystopteris*

➤ 冷蕨 *Cystopteris fragilis*（L.）Bernh.

特征：中、小型植物。根状茎细长，横走或横卧或粗而短，直立或斜升，内有网状中柱，外被鳞片。叶簇生或近生或远生，叶柄光滑或疏生鳞片或与叶轴被有多细胞的节状长毛，内有扁平的维管束两条，向上部汇合呈"V"形；叶片多为2～3回羽状，少有1回羽状或4回羽裂，小羽片或末回裂片边缘通常有锯齿，尖头，基部对称或不对称，上先出；叶脉羽状或近羽状分离。侧脉单一或分叉。叶干后草质或纸质，两面光滑或各回羽轴和主脉多

少被有多细胞节状毛或灰色单细胞短毛；叶轴和各回羽轴及主脉上面通常有纵沟，在分叉点彼此互通。孢子囊群圆形、长圆形、马蹄形或长而顶端呈一钩形，横跨叶脉；有盖，稀无盖。孢子两面形、肾形、长圆肾形或近圆形。

分布：青海省互助县，海东市乐都区，循化县，化隆县，海东市平安区，湟中县，湟源县，大通县，门源县，贵德县，祁连县，同德县，尖扎县，同仁市，泽库县。

生态环境：生于海拔3 200～3 800m的山坡石缝、河谷山地云杉林中、山坡林缘草甸、河溪沟谷阴湿石壁缝隙。

鳞毛蕨科 Dryopteridaceae

鳞毛蕨属 *Dryopteris* Adanson

➤ 美丽鳞毛蕨 *Dryopteris laeta*（Kom.）C.Chr.

特征：植株高40～60cm。根状茎粗壮，直径1～2cm，横卧或斜升，被淡棕色到棕褐色、狭披针形鳞片。叶近簇生，柄长10～20cm，禾秆色，基部被棕色，披针形鳞片，向上偶被鳞片或光滑；叶片长圆形或卵状长圆形，长30～40cm，宽10～25cm，顶端渐尖，基部略缩短，3回羽状深裂；羽片约15对，互生，宽披针形，中部的长10～16cm，宽2.5～5cm，顶部尾尖，基部渐狭，有短

柄，2回羽状深裂；小羽片披针形，互生，中部羽片较大，长1.5～3cm，宽0.4～1cm，顶端渐尖，基部不对称楔形，羽状深裂；裂片长圆形，顶端有1～3锐齿，两侧近全缘；叶脉羽状，不甚明显，叶草质，两面光滑，沿羽轴基部疏生鳞片或鳞毛。孢子囊群生于叶背，每一裂片着生1枚，偶有2枚或3枚；囊群盖灰白色或淡棕色，边缘薄，常向上反卷，宿存。

分布： 青海省民和县，互助县，海东市乐都区，循化县，西宁市。

生态环境： 生于海拔2 000～2 800m的山坡林下、山沟林缘灌丛、林区田边、路边、沟谷河岸、岩石缝隙。

水龙骨科 Polypodiaceae

瓦韦属 *Lepisorus*

➤ 天山瓦韦 *Lepisorus albertii*（Regel）Ching

特征： 植株高6～12cm。根状茎横走，粗壮，直径3～5mm，密被鳞片；鳞片褐色或黑色，披针形或卵状披针形，顶端长渐尖，边缘具开展的细长针状齿，筛孔粗，透明有虹光。叶近生，柄长1～2.5cm，纤细，禾秆色；叶片线状披针形，长5～10cm，宽3～7mm，顶端钝渐尖或钝圆，基部下延，楔形，两侧边全缘。叶脉不明显；叶干后为厚纸质，褐绿色，背面淡灰色，光滑或偶有少许黑褐色、披针形小鳞片，孢子囊群圆形，中等大，直径1～2mm，靠近中肋着生，彼此相距2～3mm，隔丝盾形，黑色，边缘具刺状齿。

分布： 青海省湟源县，门源县，祁连县，同德县，共和县，兴海县，河南蒙古族自治县（以下简称河南县），玉树市，杂多县。

生态环境： 生于海拔3 100～4 000m的沟谷林下、林缘山坡灌丛、岩石缝隙。

➤ 高山瓦韦 *Lepisorus eilophyllus*（Diels）Ching

特征： 植株高12～20cm。根状茎横走，直径2～4mm，密被鳞片；鳞片黑褐色，卵状披针形，顶端尾状渐尖，边缘有刺状齿，网眼长形，透明，粗筛孔状。叶近生，柄长2～5cm，纤细，禾秆色，光滑；叶片披针形，长 11～17cm，中部宽 1～1.5cm，顶端钝尖或钝圆，基部楔形，略下延，两侧常不对称，全缘。叶脉不甚明显，侧脉略隆起，伸达叶边；叶干厚纸质，灰绿色，背面呈灰白色，光滑或偶有少许褐色、卵状披针形的小鳞片，孢子囊群圆形，直径 2mm，生于叶边和中肋之间，彼此以 2 倍宽的间隔分开；隔丝卵状披针形，边缘具长刺齿，棕褐色。

分布：青海省互助县，海东市乐都区，班玛县，囊谦县。

生态环境：生于海拔 2 600～3 800m 的沟谷灌丛中、岩石缝隙、山坡林缘林下。

➤ 太白瓦韦 *Lepisorus thaipaiensis* Ching & S. K. Wu

特征：植株高 22～35cm。根状茎直径约 3mm，密被蓬松的鳞片；鳞片阔卵状披针形，具长渐尖头，棕色，薄而透明，有强虹光，边缘有张开的细长齿，网眼大。叶相距约 1cm，叶柄长 4～10cm，纤细，直径达 11mm，一般直径 0.5mm，淡禾秆色，基部以上光滑；叶片披针形，长17～29cm，中部较宽，为 2～2.6cm，钝尖至短渐尖，基部渐变狭，狭楔形，边缘略呈波状，于后薄草质，淡褐绿色，背面光滑，略有一、二卵状鳞片，叶脉表、背两面略可见。孢子囊群长圆形至长形（长 3 倍于宽），中生，彼此远分开，相距 1.3～1.7cm；隔丝褐色，大，圆形，撕裂，有棱角，少数宿存。

分布：青海省大通县，门源县。

生态环境：生于海拔 2 400～3 000m 的沟谷及山坡林下、山坡灌丛、较干旱石隙。

槲蕨科 Drynariaceae

槲蕨属 *Drynaria*

➤ 秦岭槲蕨 *Drynaria baronii*（Christ）Diels

特征：植株高 16～50cm。根状茎肉质，粗壮，直径 1～2cm，横走，密被棕色到棕褐色、膜质、钻状披针形、边缘有睫毛的鳞片。叶二型，不育叶矮小，无柄，卵状披针形或长圆披针形，长12～18cm，宽 4～5cm，黄绿色或褐黄色，羽状深裂达羽轴；能育叶高大，柄长 3～8cm，直径约2mm，深禾秆色，基部被鳞片，向上在柄两侧各有一狭翅；叶片狭长圆形或长圆状披针形，顶端渐尖，下部裂片略狭或缩成耳形，长20～40cm，宽4～10cm，羽状深裂达叶轴；裂片15～25对，互生，线状披针形，长2.5～6cm，宽0.5～1cm，顶端钝或渐尖，边缘有细齿或缺刻，叶脉网状，明显，有内藏小脉，叶纸质，两面沿叶脉及叶轴疏被白色短毛，孢子囊群圆形，较大，沿主脉两侧各排成整齐的1行，靠近主脉。

分布：青海省民和县，互助县，海东市乐都区，循化县，湟中县，湟源县，大通县，门源县，祁连县，同德县，同仁市，泽库县，玛沁县，班玛县，玉树市，囊谦县。

生态环境：生于海拔2 100～3 800m的山坡林下、林缘灌丛、山沟水边、河滩湿地、沟谷林中、岩石缝隙、林区田边。

松科 Pinaceae

云杉属 *Picea* A. Dietrich

➤ 青海云杉 *Picea crassifolia* Kom.

特征：乔木，高达20m，胸径30～60cm；一年生枝淡绿色，有毛或无毛，干后或二年生枝呈粉红色或褐黄色，常被白粉或无粉，老枝淡褐色到褐色；冬芽圆锥形，常无树脂，小枝基部宿存芽鳞的顶端常开展或反曲。叶四棱状条形，微弯或直，长1.0～2.5cm，宽约2mm，顶端钝或具钝尖头，横切面四棱形，四面有气孔线，表面每边5～7条，背面每边4～6条，球果圆柱形或长圆状圆柱形，长6～9cm，直径2～4cm，成熟前种鳞背部露出部分绿色，上部边缘紫红色，熟时变为褐色，中部种鳞倒卵形，长约1.8cm，宽约1.4cm，顶端圆，全缘或微成波状，微向内曲；苞鳞短小，三角状匙形，长约4mm。种子斜倒卵圆形，长约3.5mm，连翅长约1.2cm，种翅倒卵

状，淡褐色，顶端圆。花期4—5月，球果9—10月成熟。

分布：青海省民和县，互助县，海东市乐都区，湟中县，湟源县，门源县，祁连县，海晏县，刚察县，同德县，兴海县，都兰县，乌兰县，格尔木市，同仁市，泽库县，河南县，玛沁县。

生态环境：生于海拔2 400～3 800m的河谷阶地、山地阴坡、半阴坡、山顶、沟谷两岸。

松属 *Pinus* L.

➤ 华山松 *Pinus armandii* Franch.

特征：乔木，高达35m，胸径大者约1m；树皮裂成块状，固着于树干上或脱落；一年生枝绿色或灰绿色，无毛，微被白粉；冬芽近圆柱形，褐色，微具树脂。针叶5针一束，长8～13cm，直径约1mm，边缘具细锯齿，腹面两侧各具4～8条白色气孔线；横切面三角形，具3个树脂道，中生或背面2个边生，腹面一个中生，叶鞘早落。球果圆锥状长卵圆形，长8～12cm，直径4.5～6cm，成熟时黄色或黄褐色，种鳞张开，种子脱落。果梗长1～2.5cm；中部种鳞斜方状倒卵形，鳞盾近斜方形或宽三角状斜方形，不具纵脊，顶端钝圆或微尖，不反曲或微反曲，鳞脐不明显。种子黄褐色、暗褐色或黑色，倒卵圆形，长0.6～1cm，直径4～6mm，无翅或两侧及顶端具棱脊，稀具极短的木质翅。花期5月，球果翌年10月成熟。

分布：青海省民和县，循化县。

生态环境：生于海拔2 200～2 600m的沟谷林中、山地阳坡和半阳坡。

桦木科 Betulaceae

桦木属 *Betula* Linn.

➤ 白桦 *Betula platyphylla* Sukaczev

特征：落叶乔木，高达 15m。树皮灰白色，具线形皮孔，呈层剥裂；小枝和枝条褐色、灰褐色或暗褐色，具圆形皮孔和树脂腺体，有时被疏柔毛。叶卵状三角形、菱状卵形或宽卵形，长 3～7cm，宽 2.5～5cm，顶端渐尖至尾状渐尖，基部楔形至截形，稀微心形，边缘具重锯齿或缺刻状重锯齿，两面有腺点，侧脉 5～7 对；叶柄长 1～2.5cm，有腺点。果序单生叶腋，圆柱形，粗壮，长 2～4cm，直径 5～12mm，序梗长 1～2cm；果苞长 5～6mm，背面密被短柔毛和缘毛，中裂片三角状卵形，顶端钝，侧裂片宽卵形或圆形，斜展或平展，下弯。小坚果倒卵状长圆形，长约 2mm，宽约 1.5mm，膜质翅比果稍长，与果近等宽。花期 5—6 月，果期 7—8 月。

分布：青海省民和县，互助县，海东市乐都区，循化县，化隆市，海东市平安区，湟中县，湟源县，大通县，门源县，祁连县，海晏县，贵德县，同德县，尖扎县，同仁市，泽库县，玛沁县，玉树市。

生态环境：生于海拔 2 200～3 900m 的山坡林中、沟谷林缘、河岸溪边。

➤ **糙皮桦** *Betula albo-sinensis* **Burk. var.** *septentrionalis* **Schneid.**

特征：高 5～15m。树皮暗红褐色或青紫色，厚革质，层状剥裂；枝条红褐色、灰褐色或褐色，密生树脂腺体和短柔毛。叶卵形或长圆状卵形，厚纸质，长 3～7cm，宽 2～4cm，顶端渐尖或短尾状，基部圆形或微心形，稀楔形，边缘具不规则重锯齿，幼时表面密被长柔毛，后渐脱落，背面密生腺点，沿背脉密生长柔毛，侧脉 8～12 对，脉腋有髯毛。雄花序 2～3 枚顶生，圆柱形，长 1.5～2cm，直径 3mm；果序 1～2 枚腋生，圆柱形，长 2～4cm，直径 1～1.2cm；果苞长 5～8mm，背面疏具短柔毛和缘毛，中裂片线状披针形或披针形，侧裂片卵形或长圆形，长为中裂片的 1/2。小坚果倒卵形，长 2～2.5mm，宽 1.5～2mm，翅与果近等宽。花期 5—6 月，果期 7—8 月。

分布：青海省民和县，互助县，海东市乐都区，循化县，湟中县，门源县，尖扎县，泽库县，班玛县，玉树市。

生态环境：生于海拔 2 500～3 900m 的山坡林下、沟谷林缘、河岸林中、山麓河边。

桑科 Moraceae

葎草属 *Humulus* Linn.

➤ **华忽布花** *Humulus lupulus* **Linn. var.** *cordifolius*（Miq.）**Maxim.**

特征：多年生草本，茎蔓生缠绕于他物，长达数米，粗糙，具细小倒生钩刺和密的曲柔毛单叶对生，叶长卵形，不裂或 3～5 掌状深裂，稀 7 裂，长 2.5～10cm，宽 2～10cm，不裂的叶片通常较小，基部心形，裂片卵状椭圆形或披针形，顶端锐尖或急尖，边缘具粗锯齿，表面密被短刺毛，背面疏生腺点，脉上有粗毛；叶柄长 2～4cm，有钩刺。花序腋生，单性，雌雄异株；雄花序疏散圆锥状，长达 10cm，有多数黄绿色小花，雄花被片 5，长圆形，长 3mm，密生长毛及细油点，中脉深绿，稍厚，雄蕊 5，与花被片近等长，花药大，花丝极短；雌花序短穗状卵圆形，直径约 1cm，每 1 鳞状苞内具 2 雌花，每 1 雌花具 1 长圆形小苞，成熟时苞片增大，膜质。果穗卵状或椭圆球状，长 2～3cm，瘦果卵球形，直径约 3mm，外被黄色腺点。花期 7—8 月，果期 9 月。

分布： 青海省循化县，大通县，海东市乐都区。

生态环境： 生于海拔 2 200～2 400m 的山坡林缘、沟谷草地、河岸水沟边、河沟灌丛、路边荒地。

檀香科 Santalaceae

百蕊草属 *Thesium* L.

➤ 砾地百蕊草 *Thesium saxatile* Turcz. ex A. DC.

特征： 多年生草本植物。根稍粗壮，直生或斜生，根颈顶部多头。茎多条丛生，直立或外围者基部稍弯曲斜上，高 5～15cm，有棱槽，中部以上分枝，全体被腺毛状骨质小刺，茎枝上部尤密。单叶互生，在茎下部被沙土淹埋部呈长 3～6mm 的鳞片状；中部叶线形，长 15～30mm，顶端尖，边缘及两面密生骨质小刺，基部狭窄无柄，具 1 条明显中脉。花单朵腋生，而多数顶生于茎枝上部小枝末端，组成总状或圆锥花序；花枝（小枝）通常短于花或等长于花；苞片 1，通常与花近等长，或比花稍长 1 倍；小苞片 2，长为花的 1/2～2/3 或近等长；苞片、小苞及花梗均密被骨质小刺，花梗长 1～1.5mm；花被白绿色，管状钟形或漏斗形，长 4～5mm，上部 5 中裂。坚果卵形至椭圆球形，长约 2mm 具纵脉棱，侧脉不呈网状。花期 6月，果期 7—8 月。

分布： 青海省海东市乐都区，西宁市，刚察县，同仁市。

生态环境： 生于海拔 2 300～3 300m 的山地阴坡、沙砾滩地、河岸草地。

蓼科 Polygonaceae

荞麦属 *Fagopyrum* Mill

➤ 苦荞麦 *Fagopyrum tataricum*（L.）Gaertn.

特征：一年生草本植物，高 15～40cm。茎直立，常在下部多分枝或不分枝，具细沟纹，绿色或带紫红色，小枝具乳头状突起。叶片三角状戟形或三角状心形，长 2～7cm，宽 2～8cm，顶端渐尖，下部 2 侧戟状开展，基部心形，全缘或微波状，两面沿叶脉具乳头状突起；托叶鞘黄褐色。穗形总状圆锥花序顶生或腋生，细长，开展。花被淡红色或白色，5 深裂，裂片椭圆形，长 1.5～2mm，被稀疏柔毛；雄蕊 8，短于花被，花柱 3，柱头头状。瘦果卵状圆锥形或圆形，长4～7mm，灰褐色，有沟槽，具 3 棱，上部长渐尖，基部圆钝；角棱在上端锐利，中部和下部钝并呈波状。花果期 6—9 月。

分布：青海省民和县，互助县，海东市乐都区，大通县，贵德县，同德县，兴海县，泽库县，同仁市，玛沁县，班玛县，称多县，玉树市，囊谦县，治多县。

生态环境：生于海拔 2 100～4 000m 的林缘草甸、沟谷灌丛边、山坡草地、河边湿地、渠岸水边、田边荒地；也有栽培。

冰岛蓼属 *Koenigia*

➤ 冰岛蓼 *Koenigia islandica* L.

特征：一年生细弱草本植物。茎多分枝，柔弱，平卧，铺散或斜展，长 3～8cm，无毛，红褐色。叶近对生或簇生，叶片宽椭圆形或倒卵形，长 3～5mm，宽 2～4mm，叶柄长 1～2mm；托叶鞘膜质，褐色。花小，簇生于叶腋；花被片 3，黄绿色，长约 3mm；雄蕊 3，与花被片互生；花柱极短，柱头 2～3。瘦果卵形，双凸镜状，稍突出宿存花被外。花期 7 月，果期 8—9 月。

分布：青海省民和县，互助县，海东市乐都区，循化县，门源县，贵德县，兴海县，同仁市，泽库县，河南县，玛沁县，久治县，称多县，玉树市，曲麻莱县，治多县。

生态环境：生于海拔 2 000～4 400m 的河滩沙砾地、河谷阶地、山坡草地、高山草甸、河沟石隙、沼泽草甸中岩缝。

蓼属 *Persicaria*（L.）Mill

➤ 头序蓼 *Polygonum alatum* Hamilt. et D. Don

特征： 一年生草本植物，高5～30cm。茎直立或斜展，常由基部多分枝呈铺散状，近节处疏生柔毛和腺毛。叶片卵形、三角状卵形或卵状披针形，长1～3cm，宽6～18mm，顶端渐尖，边全缘或微波状，基部楔形至圆形，沿叶柄下延成翅，无毛或有疏柔毛，背面密生淡黄色腺点；叶柄具翅，基部有时扩大呈耳状，上部近无柄或抱茎；托叶鞘膜质，淡褐色，筒状，顶端截形，基部具柔毛和腺点。头状花序近球形，直径6～12mm，顶生和腋生，花序梗上部有腺毛，花序下具叶状总苞；苞片膜质，卵状椭圆形，长2～3mm光滑，内含1花；花被淡紫色至白色，长2～3mm，通常深4裂，裂片长圆形，顶端钝；雄蕊5～6，与花被近等长；花柱2，下部合生。瘦果卵圆状双凸镜形，长2～3mm，黑褐色，具小点。花果期6—9月。

分布： 青海省治多县，曲麻莱县，囊谦县，班玛县，久治县，同仁市，泽库县，河南县，西宁市，循化县，海东市乐都区，民和县，互助县。

生态环境： 生于海拔2 000～4 100m的林下、林缘、灌丛、山坡崖下阴湿地。

➤ 两栖蓼 *Persicaria amphibia*（L.）Gray

特征： 多年生草本植物，为水陆两生。生于水中者：茎横走，疏生微柔毛，节部生不定根；叶浮于水面，具长柄，叶片长圆形或长圆状披针形，长4～10cm，宽1～2cm，顶端钝尖或钝，基部圆形或微心形，有时楔形，全缘，主脉在叶面下凹，在叶背凸起，侧脉多数，几同主脉平行。生于陆地者：茎直立或斜上，疏生细硬毛。叶具短柄，叶片长圆状披针形，长5～12cm，宽2～3cm，顶端渐尖，基部圆形至楔形，两面和叶缘有短硬毛；托叶鞘筒状，长约 1.5cm，顶端截形，水中者平滑，陆上者具长硬毛。密穗状花序顶生，圆柱形或椭圆形，长 2～4cm，总花梗较长；苞片三角形，每苞含 3～4；花被粉红色或白绿色，5 深裂，长约 4mm。瘦果倒卵形，黑褐色，两面凸起，长约 2.5mm。花期 7 月，果期 8—9 月。

分布：青海省共和县，西宁市，河南县。

生态环境：生于海拔 2 300～3 400m 的河滩草甸、溪水河沟边、水渠岸边、沼泽草甸、湖塘浅水、阴湿草地。

➤ 扁蓄 *Polygonum aviculare* Linn.

特征：一年生草本植物，高 10～40cm。茎平卧或斜生，由基部分枝，绿色，具纵沟纹，无毛，基部圆柱形，幼时有棱脊。叶有短柄或无柄；叶片长圆形、倒卵形、披针形或线状披针形，长 1～3cm，宽 5～12mm，顶端钝圆或锐尖，基部形，全缘，蓝绿色，无毛，基部具关节；托叶鞘筒状，膜质，下部褐色，上部白色，多裂。花遍生于茎上，常 1～5 朵簇生于叶腋；花梗细而短，顶部具关节；花被 5 深裂，裂片椭圆形，长约 2mm，绿色，边缘淡红色或白色；

雄蕊 8，比花被短；花柱 3，柱头头状。瘦果卵状，具 3 棱，长约 3mm，褐色或黑色，无光泽，微露出于宿存花被之外。花果期 6—9 月。

分布： 青海省杂多县，囊谦县，玉树市，称多县，久治县，玛沁县，尖扎县，同仁市，泽库县，河南县，海南藏族自治州（以下简称海南州），海北藏族自治州，大通县，海东市。

生态环境： 生于海拔 1 700～3 600m 的田边、路边荒地及河边、渠旁。

➤ 叉分蓼 *Koenigia divaricata*（L.）*T. M. Schust. & Reveal*

特征： 多年生草本植物，高 70～120cm。块根肥大，直径达 20cm；根茎由块根端部抽出，丛生，深褐色，节部密生细根。茎丛生，直立和斜生，中空，具条棱，分枝多，开展，疏生柔毛，节部彭大，毛较密。叶片披针形、椭圆状披针形或长圆状尖卵形，长 5～10cm，宽 0.5～2.5cm，顶端渐尖，基部渐窄，边缘密生睫状毛，两面疏生柔毛或近无毛；叶柄短；托叶鞘褐色，干膜质，脉明显，易破碎脱落。圆锥花序大型，顶生，开展；苞片狭披针形，膜质，褐色，内具 2～3 花；花白色或乳黄色，花被 5 深裂，裂片近相等，椭圆形，长 2.5～3mm；雄蕊 8，长约为花被长的一半；花柱 3，短，柱头头状。瘦果卵状菱形或椭圆形，具 3 棱，长 3～5mm，黄褐色，有光泽。花期 7—8 月，果期 9—10 月。

分布： 青海省玛沁县，久治县，班玛县，称多县，玉树市，囊谦县。

生态环境： 生于海拔 3 200～3 900m 的山坡林缘、灌丛草地、渠岸河边、阳坡林下。

➤ 硬毛蓼 *Koenigia hookeri*（Meisn.）*T. M. Schust. & Reveal*

特征： 多年生草本植物，具粗厚的根状茎，直径 1～2cm，长达 10cm，被深褐色鳞片和细根。茎直立，高 10～30cm，不分枝，或从基部少分枝，褐红色，具沟纹，被粗硬毛。基生叶长圆形或椭圆形，近革质，具短柄或近无柄，叶片长 1.5～8cm，宽 1～3cm，顶叶长圆形或椭圆形，近革质，具短柄或近无柄，叶片长 1.5～8cm，宽 1～3cm，顶端钝圆或急尖，基部渐窄，全缘，两面被粗硬毛，沿中脉和叶缘毛较密，有时茎上具 2～3 叶，或基部丛生具簇生叶的短枝；托叶鞘筒状，顶端偏斜，松散，具密毛。花序圆锥状，顶生，分枝稀疏，花序轴生长硬毛；花单性，雌、雄异株，花被5深裂，裂片大小不等，长圆形，长1.5～2mm；雄株花无子房，雄蕊8，完全发育；雌株雄蕊小，花药不发育；子房卵形，花柱3，柱头稍膨大。瘦果卵状三棱形，紫褐色，长约3mm，顶端尖，基部紧缩呈短柄状。花期6—7月，果期7—8月。

分布：青海省兴海县，尖扎县，同仁市，泽库县，河南县，玛沁县，甘德县，久治县，班玛县，达日县，玛多县，称多县，玉树市，囊谦县，曲麻莱县，杂多县，治多县。

生态环境：生于海拔3 400～4 500m的高寒草甸、高寒灌丛草甸、河滩草地、湖滨湿沙地、高寒沼泽草甸。

➤ 酸模叶蓼 *Persicaria lapathifolia*（L.）Delarbre

特征：一年生草本植物，高20～80cm，茎直立，具分枝，无毛。叶披针形，卵状披针形或长圆状椭圆形，长3～12cm，宽0.5～4cm，顶端渐尖，基部楔形，全缘，表面常有黑色斑块，边缘和主脉具平伏短刺毛；叶柄短，被短刺毛；托叶鞘筒状，膜质，多脉，顶端截形，无毛或稀有短缘毛。

穗状花序腋生和顶生或呈总状或圆锥状，长2～6cm，花穗紧密，近直立，具长梗，侧生花穗较小，被腺点；苞漏斗状，无毛，顶端斜形，疏生短缘毛，内含3～6花；花被绿色或粉红色，长2～2.5mm，4深裂，稀5裂，具腺点，外侧2裂片各具3条突起而顶端2叉弯曲的脉；雄蕊通常6枚；花柱2，向外弯曲。瘦果卵圆形或宽卵形，侧扁，两面微凹，微具棱，长2～3mm，黑褐色，光亮。花期6月，果期7—8月。

分布：青海省民和县，海东市乐都区，湟源县、大通县，贵德县，共和县，兴海县。

生态环境：生于海拔1 800～2 600m的河沟水边、田边渠旁、沟谷林下、林缘灌丛、河滩草甸、山沟阴湿地。

➤ 圆穗蓼 *Bistorta macrophylla*（D. Don）Soják

特征：多年生草本植物。根状茎粗短、肥厚，下部具多数须根，上部具残留叶柄和叶鞘。茎直立，不分枝，高3～30cm，2～3条丛生或单生。基生叶具长柄，叶片长圆形或宽披针形，长2～8cm，宽5～20mm，顶端急尖，基部圆形或楔形，边缘翻卷，具突起增粗的脉端，表面绿色，光滑，背面疏生白色柔毛；茎生叶较小，无柄或具短柄，披针形；托叶鞘膜质，筒状，褐色，顶端偏斜，长2～3cm。穗状花序顶生，密集呈圆头状卵圆形或短圆柱形，长1～2.5cm，直径0.5～1.5cm；苞片褐色，膜质，每苞具1～3花；花梗细，长1～3mm，上端具关节；花被粉红色或白色，长约 2mm，5 深裂，雄蕊 8，花药常带紫黑色；花柱 3，柱头头状，伸出花被。瘦果卵状三棱形，长约 2mm，黄褐色。花期 7—8 月，果期 8—9 月。

分布： 青海省民和县，互助县，海东市乐都区，循化县，化隆县，海东市平安区，湟中县、湟源县、大通县，门源县，祁连县，海晏县，刚察县，贵德县，贵南县，同德县，共和县，兴海县，天峻县，都兰县，乌兰县，格尔木市，茫崖市，尖扎县，同仁市，泽库县，玛沁县，甘德县，久治县，班玛县，达日县，玛多县，称多县，玉树市，囊谦县，曲麻莱县，杂多县，治多县，唐古拉镇。

生态环境： 生于海拔 3 000～4 600m 的河滩草甸、高寒草甸、高山灌丛、河谷阶地、山坡及沟谷草甸、河岸溪流边、林缘灌丛草甸。

➤ **柔毛蓼** *Koenigia pilosa* Maxim.

特征： 一年生草本植物，高 5～30cm。茎直立，细弱，具分枝，节上有倒生的白色柔毛。叶具短柄；叶片宽卵形至卵状三角形，长 5～15mm，宽 4～10mm，顶端钝或微尖，基部圆形或截形，有时稍下延，两面疏生柔毛或表面近无毛，有缘毛；托叶鞘膜质，褐色，上部二裂，有柔毛。花簇生枝端呈头状花序，顶生或腋生，下部具叶状总苞；苞片膜质；花梗短或几无花梗；花被白色，长约 1.5mm，4 深裂，裂片不等；雄蕊 7～8，3～5 枚发育，短于花被；花柱 3，柱头头状。瘦果卵状椭圆形，具 3 棱，长约 2mm，黄褐色，有光泽，包于宿存的花被内。花果期 6—9 月。

分布： 青海省民和县，互助县，大通县，同仁市，泽库县，玛沁县，久治县，班玛县，玉树市，囊谦县，治多县。

生态环境： 生于海拔 1 700～4 100m 的河谷林缘、山坡林下、灌丛草甸、河滩草甸、沟谷河岸、阴湿山坡、沼泽草甸、山麓草地。

➤ **西伯利亚蓼** *Knorringia sibirica*（Laxm.）Tzvelev

特征： 多年生草本植物，高 5～30cm。根茎细弱；茎自基部分枝，直立或外倾，节间较短，无毛。叶具短柄；叶片稍肥厚，近肉质，长椭圆形或披针形，长 3～10cm，宽 0.5～2cm，顶端尖或钝，全缘，基部戟形，两侧具耳状尖突，向下渐窄呈楔形至叶柄，有时叶耳不显，中脉宽，侧脉不显，两面无毛；托叶鞘筒状，膜质，松散，易破碎，长 5～20mm，顶端斜。圆锥花序小型，顶生，由数个花穗组成；苞漏斗状，膜质，内生 5～6 花；花具短梗，长 2～4mm；上部具关节；花被淡绿色，5 深裂；雄蕊 7～8，着生于花盘上，2 轮，花丝短；花柱 3，短，柱头头状。瘦果卵状长圆形，黑色，具 3 棱，具光泽，与花被等长，包被于宿存花被内。花期 7—8 月，果期 8—9 月。

分布： 青海省民和县，互助县，海东市乐都区，循化县，化隆县，海东市平安区，西宁市，门源县，祁连县，海晏县，刚察县，贵德县，贵南县，同德县，共和县，兴海县，天峻县，都兰县，乌兰县，格尔木市，德令哈市，大柴旦行政区，茫崖市，尖扎县，同仁市，泽库县，玛沁县，甘德县，久治县，班玛县，达日县，玛多县，称多县，玉树市，囊谦县，曲麻莱县，杂多县，治多县（可可西里）。

生态环境： 生于海拔 1 800～4 600m 的河岸草地、湖滨沙砾地、河谷阶地、沼泽草甸、河滩潮湿砾地、盐碱沼泽地、高山泉水出露处、渠岸溪边、高山草甸裸露处、畜圈周围、牛粪堆上。

➤ 珠芽蓼 *Bistorta vivipara*（L.）Gray

特征： 多年生草本植物，高 10～35cm。根状茎粗短，肥厚，具残存纤状叶鞘和密生须根，断面紫红色。茎一至数枚从根茎生出，直立，不分枝，棕红色，具条纹，基生叶和下部茎生叶有长柄，叶片长圆形、长卵形或卵状披针形，长 3～10cm，宽 6～20mm，顶端渐尖，基部圆形或楔形，全缘，两面无毛，叶脉在边缘增粗使叶缘向下反卷；茎上部叶较狭小，披针形，无柄；托叶鞘筒状，膜质，淡褐色，顶端斜形，长

1.5～5cm；花序穗状，顶生，长 3～7cm，下部有珠芽；苞片宽卵形，膜质，淡褐色，具 1 珠芽或 1～2 花；珠芽卵圆形，绿带紫红色，长约 2.5mm，宽约 2mm；花被白色或淡紫红色，5 深裂；雄蕊 8，花药暗紫色；花柱 3 裂。瘦果深紫褐色，卵状三棱形，长 2～3mm。花期 6—8 月，果期 7—9 月。

分布： 青海省民和县，互助县，海东市乐都区，循化县，化隆市，海东市平安区，湟中县，湟源县，大通县，门源县，祁连县，海晏县，刚察县，贵德县，贵南县，同德县，共和县，兴海县，天峻县，都兰县，乌兰县，格尔木市，德令哈县，茫崖市，尖扎县，同仁市，泽库县，河南县，玛沁县，甘德县，久治县，班玛县，达日县，玛多县，称多县，玉树市，囊谦县，曲麻莱县，杂多县，治多县（可可西里）。

生态环境：生于海拔 2 000～4 800m 的高寒草甸、高寒沼泽草甸、湖滨潮湿草地、沟谷灌丛、河谷阶地、林下林缘、河滩草甸、渠岸沟边。

大黄属 *Rheum* L.

➤ 丽江大黄 *Rheum likiangense* Sam.

特征：多年生草本植物。根粗大，伸直，常具分枝；根茎上部膨大，密被残存叶柄。茎单一，稀 2～3 枚丛生，高 30～50cm，具软骨质扁硬毛，有时近无毛。基生叶片卵圆形、卵形或宽卵形，长（6）8～12cm，宽 3.5～10cm，顶端急尖或钝，边缘不规则波状皱褶，基部浅心形、宽楔形或圆形，两面具软骨质扁长或鳞片状钝短毛，背面沿脉毛较密，具 3～5 条基出脉；叶柄粗壮，长 3～7cm，具扁硬毛；茎生叶 2～3 枚，较小，上部 2 枚腋部生花枝，具短柄。花序圆锥状，成熟时狭长，多分枝，具白色扁齿状毛；苞片线形，长 5～7mm，褐色；花被片淡绿色或带淡粉红色，近圆形，长 1～1.5mm；花梗细瘦，长 3～4mm，中下部具关节。瘦果宽椭圆形，长 7～8mm，宽 5～6mm。

分布：青海省称多县，玉树市，囊谦县，治多县，杂多县。

生态环境：生于海拔 3 600～4 200m 的林下林缘、山坡草地、河湖水边、河谷阶地、高寒草甸、沼泽草甸砾地、沟谷灌丛草地。

➤ 歧穗大黄 *Rheum przewalskyi* Losinsk.

特征：多年生低矮、无茎草本植物。根粗壮，伸长，直径 2～4cm；根茎上部膨大，宿存枯老叶柄。叶全部基生，具柄，叶片宽卵形、卵形或菱状宽卵形，长 11～25cm，宽 8～15cm，顶端圆或钝，边缘不规则浅波状或近全缘，微皱，基部心形、圆形或楔形，两面疏生鳞片状短毛，具 5 条基出脉，基出脉粗壮，突出；叶柄粗壮，长 4～8cm，疏生微柔毛或近无毛。穗状总状黄序 1～5 枚，由根茎顶部生出，具 2～3 歧状分枝，长 8～20cm；花被片绿白色，宽卵形或卵状长圆形，长 1.5～2mm；雄蕊 8～9，花药紫褐色；花柱 3，外弯，柱头盾状。瘦果宽卵形或长圆状宽卵形，长（7）8～9mm，宽（6）7～8mm，顶端微凹，基部心形，紫红色。花期 6—8 月，果期 7—9 月。

分布： 青海省门源县，祁连县，共和县，德令哈市，大柴旦行政区，玛沁县，玛多县，治多县，杂多县。

生态环境： 生于海拔 3 400～4 900m 的高山流石坡、沟谷石缝、河谷阶地、高寒草原砾地、沙砾滩地、砾石山坡、山前冲积扇、干旱的河滩地。

➤ 小大黄 *Rheum pumilum* Maxim.

特征： 多年生草本植物，高 5～25cm。根粗壮，肉质，黄褐色，萝卜形，外皮多横皱纹，直径 1～2.5cm；根茎单一或具分枝，被枯存叶柄和叶鞘。茎单一或数枚生于根茎或分枝顶端，被柔毛。叶多基生，具柄，叶片长圆状卵形至宽卵形，长 2～4.5cm，宽 1.5～3cm，近革质顶端圆钝，边全缘，基部心形，表面无毛或沿叶脉疏生短柔毛，边缘有柔毛，背面中脉粗壮，稍凸，叶柄与叶片近等长；茎生叶 1～2，稍小；托叶鞘褐色，膜质。花序穗状，顶生和侧生呈密穗状总状花序；苞片小，钻形，棕褐色；花梗细，与花近等长，近基部具关节；花淡绿色或带紫红色，直径约 2mm；花被片椭圆形，外轮 3 片较小；雄蕊 9；花柱 3，极短，外弯，柱头稍膨大。瘦果卵状三角形，长 5mm，宽 3～4mm，顶端微凹。花果期 6—8 月。

分布： 青海省互助县，海东市乐都区，湟中县，大通县，门源县，祁连县，海晏县，刚察县，贵德县，贵南县，同德县，共和县，兴海县，天峻县，乌兰县，尖扎县，同仁市，泽库县，河南县，玛沁县，甘德县，久治县，班玛县，达日县，玛多县，称多县，玉树市，囊谦县，曲麻莱县，杂多县，治多县。

生态环境： 生于海拔 3 000～4 700m 的高山草甸、高山沼泽草甸裸地、河谷阶地、湖滨草甸、河滩林缘、高山流石坡、高山灌丛草地。

➤ 穗序大黄 *Rheum spiciforme* **Royle**

特征：多年生无茎草本植物。根粗大，肥厚；根状茎密被黑褐色大型膜质鳞片。叶基生，宽卵形或卵圆形，稀卵形，长宽近相等，8～22cm，顶端圆钝或稍尖，边缘不规则浅波状，稍皱，基部浅心形，革质，两面或背面密生粒状小突起，基出5脉，背面常紫红色，网脉明显，常凸皱。穗状花序一至数枚基生，高10～20（30）cm；花被片长圆形，淡绿色或稍带淡紫色，长1.5～2mm，内轮的3枚较长；花药黄色；花柱短，外弯，柱头膨大，头状，表面凹凸不平。瘦果宽卵状长圆形，长宽近相等，（6）7～8mm，顶端微凹，基部心形，翅黄褐色。花期6月，果期7—8月。

分布：青海省互助县，祁连县，贵德县，天峻县，格尔木市，玛多县，玉树市，囊谦县，曲麻莱县。

生态环境：生于海拔3 800～4 800m的高山流石滩、河谷阶地、山前冲积扇、沟谷岩隙、砾石山坡、河滩沙砾地。

➤ 鸡爪大黄 *Rheum tanguticum* Maxim. ex Regel

特征： 多年生高大草本植物。根粗大，肥厚，直径达10cm，外皮棕褐色，有纵、横皱纹，断面棕黄色，具多数星点排列成环圈。茎直立，连同花序高达2m，圆柱形，直径2～4cm，中空，少髓，节部膨大，上部具分枝。基生叶和茎下部叶具长柄，与叶片等长或稍短，被柔毛；叶片轮廓宽心形，掌状二至三回深裂，长宽近相等，30～50cm，一回裂片3～7枚，裂片再一至二回羽状深裂，小裂片披针形或线状披针形，狭尖，表面具乳头状小突起，背面有柔毛；茎上部叶较小，柄短；托叶鞘褐色，膜质，被短柔毛。大型圆锥花序紧密，分枝向上，贴近花序轴，密被乳头状毛；花小，淡黄色至乳白色或紫红色，花被片椭圆形或长圆状卵形，长约1.5mm。瘦果椭圆状三棱形，长8～10mm，宽6～8mm，顶端微凹，基部浅心形，暗褐色。花期6—7月，果期7—8月。

分布： 青海省民和县，互助县，海东市乐都区，循化县，同德县，泽库县，河南县，玛沁县，久治县，班玛县，杂多县。

生态环境： 生于海拔2 300～4 200m的沟谷林缘、山坡林下、河岸溪水边、半阳坡灌丛。

酸模属 *Rumex* Linn

➤ 水生酸模 *Rumex aquaticus* L.

特征： 多年生草本植物，茎直立，具槽，上部具伏毛，分枝，高60～150cm，叶柄有沟，长达30cm；下部叶较大，卵形或长圆状卵形，长达30cm，宽达15cm，基部心形，先端渐尖，上部叶具短柄，较狭小，长圆形或广披针形，基部心形。顶生狭圆锥花序分枝多，每个分枝成总状，多花轮生，枝紧密，基部具少数叶；外花被片长圆形，钝

生态环境： 生于海拔3 470～4 600m的高寒草甸、河滩湿沙地、河岸石隙、高寒河谷草甸砾地。

梅花草属 *Parnassia* Linn.

➤ 黄瓣梅花草 *Parnassia lutea* Batalin

特征： 多年生草本植物，高约22cm。基生叶卵形至狭卵形，长1.6～1.7cm，宽0.65～1cm，叶柄长1.2～2.4cm。花葶纤细，具棱脊，无毛。花单生；萼片直立，卵形，长约5.2mm，宽约2.8mm，先端钝，仅基部边缘疏具褐色柔毛，3脉于先端汇合；花瓣白色，倒卵形，长约1.4cm，宽约8mm，先端微凹，基部渐狭成长约4mm之爪，约具8脉；退化雄蕊之瓣片长约2.3mm，宽约1.7mm，先端3浅裂，基部渐狭成爪，爪长约2mm，宽约0.8mm；子房半上位，长约5mm，花柱短，柱头3裂。花期7—8月。

分布： 青海省互助县，祁连县，刚察县，共和县，称多县，玉树市，杂多县。

生态环境： 生于海拔3 700～4 300m的高山草甸、河沟石隙、高山灌丛、河漫滩沼泽草甸。

➤ 多枝梅花草 *Parnassia palustris* Linn.

特征： 多年生草本植物，高10～15.5cm，体具褐色小斑点。茎具棱，无毛，中下部具1叶。基生叶近心形，长约1cm，宽约9mm，先端钝，全缘，基部心形，无毛，柄长1～2cm；茎生叶无柄，心形至卵状心形，长1.1～2cm，宽8～17mm，先端钝，全缘，基部心形而抱茎。花单生于茎顶；萼片长椭圆形，长6.5～7mm，宽2～2.3mm，先端钝，全缘，多脉于先端汇合，无毛；花瓣白色，卵形至圆形，长约12mm，宽约8mm，先端微凹，基部具长约2mm之爪，具10余脉；雄蕊长约7mm，退化雄蕊轮廓匙形，长约8mm，宽约4.5mm，13～14裂，裂片钻形，长1～4mm，先端具球形腺体，中裂片最长，侧裂片向两侧渐变短；子房上位，长约4mm，花柱短，4裂。花果期6—9月。

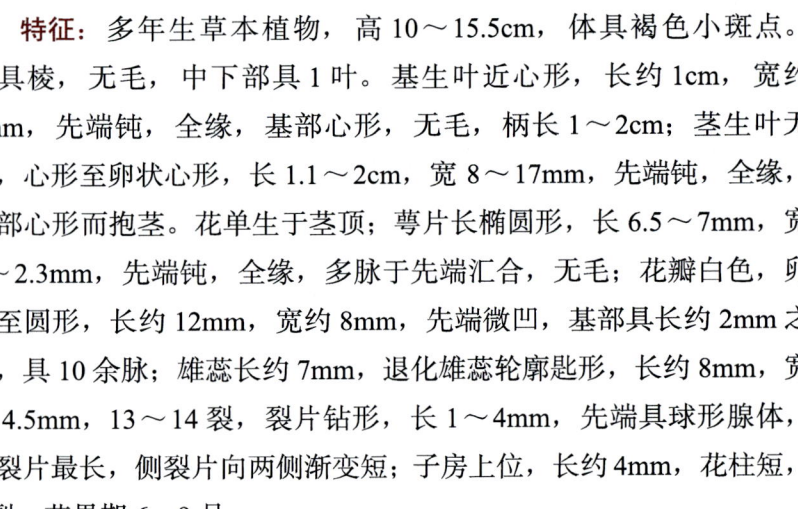

分布： 青海省循化县。

生态环境：生于海拔 2 200m 左右的山沟林缘湿草地、阴坡岩缝、沟谷灌丛草甸、河谷草地。

➤ 三脉梅花草 *Parnassia trinervis* **Drude**

特征：多年生草本植物，高 7～20（30）cm。根状茎块状、圆锥状或呈不规则形状，其上有褐色膜质鳞片，周围长出发达纤维状之根。基生叶 4～9，具柄；叶片长圆形、长圆状披针形或卵状长圆形，长 8～15mm，宽 5～12mm，先端急尖，基部微心形、截形或下延而连于叶柄，上面深绿色，下面淡绿色，有突起 3～5 条弧形脉；叶柄长 8～15mm，稀达 4cm，扁平，两边为窄膜质，有褐色条纹；托叶膜质。茎（1-）2～4（-8）条，近基部具单个茎生叶，茎生叶与基生叶同形，但较小，偶有甚小者，无柄半抱茎。花单生于茎顶，直径约 1cm；萼筒管漏斗状；萼片披针形或长圆披针形，长约 4mm，宽约 1.5mm，先端钝，全缘，外面有明显 3 条脉；花瓣白色，倒披针形，长约 7.8mm，宽约 2mm，先端圆，基部楔形下延成长约 1.5mm 之爪，边全缘，有明显 3 条脉；雄蕊 5，长约 2.9mm，花丝长短不等，长者约 2mm，短者则约 1.5mm，花药较大，椭圆形，顶生；退化雄蕊 5，长约 2.5mm，具长约 1mm，宽约 0.7mm 之柄，头部宽约 1.3mm，先端 1/3 浅裂，裂片短棒状，先端截形；子房长圆形，半下位，花柱极短，长约 0.5mm，柱头 3 裂，裂片直立，花后反折。蒴果 3 裂；种子多数，褐色，有光泽。花期 7—8 月，果期 9 月开始。

分布：青海省门源县，祁连县，共和县，兴海县，德令哈市，泽库县，玛沁县，久治县，玉树市，囊谦县，杂多县。

生态环境：生于海拔 2 800～4 500m 的阴坡灌丛、高山草甸、沟谷河滩、山坡林缘、林下灌丛、山沟石缝、河谷滩地高寒沼泽草甸。

山梅花属 *Philadelphus* **Linn.**

➤ 毛柱山梅花 *Philadelphus subcanus* **Koehne**

特征：灌木，高 3～6m；二年生小枝灰棕色，表皮呈片状脱落，当年生小枝紫色或暗紫色，疏被白色柔毛或无毛。叶纸质，卵形或阔卵形，较大，长 6～14cm，宽 3～7cm，花枝上的叶常较小，卵形或卵状披针形，长 3～12cm，宽 2～5cm，先端急尖或渐尖，基部阔楔形或圆形，边缘具疏离小锯齿，上面疏被长硬毛，下面仅沿主脉和侧脉密被长柔毛；叶脉离基出 3～5 条，边缘 2 条有时不明显；叶柄长 5～10mm，稍被毛。总状花序有花 9～15（-25）朵，有时下部 1～3 对分枝顶端具 3 至多花排成聚伞状或圆锥状，其基部常具叶；花序轴长 2.5～15cm，疏被长柔毛或无毛；花梗长 5～10（-15）mm，密被长柔毛；花萼外面被金黄色或灰黄色微柔毛；裂片卵形，长 6～7mm，宽 3～

4mm，先端急尖或渐尖，尖头长 1～1.5mm，被毛较萼筒稀疏；花冠盘状，直径 2.5～3（-4）cm；花瓣白色，倒卵形或椭圆形，稀卵状椭圆形，长 1～1.8cm，宽 7～13mm，背面基部有时被刚毛；雄蕊 25～33，最长的长达 10mm；花药长圆形，长约 1.5mm；花盘和花柱下部密被金黄色微柔毛；花柱长约 6mm，近顶端稍分裂，柱头近匙形，长 1.5～2mm，较花药长。蒴果倒卵形，长 8～10mm，直径约 6mm，宿存萼裂片着生于近顶部；种子长 3～3.5mm，尾长约 1mm。花期 6—7 月，果期 8—10 月。

分布：青海省互助县，西宁市。

生态环境：生于海拔 2 240～2 600m 的山沟林缘灌丛、河岸道旁、村舍庭院、河溪水边。

茶藨子属 *Ribes* Linn.

➤ 糖茶藨子 *Ribes himalense* Royle ex Decne

特征：落叶小灌木或小乔木。叶互生，掌状分裂。高 1～2m；枝粗壮，小枝黑紫色或暗紫色，皮长条状或长片状剥落，嫩枝紫红色或褐红色，无毛，无刺；芽小，卵圆形或长圆形，长 3～5mm，宽 1～2.5mm，先端急尖，具数枚紫褐色鳞片，外面无毛或仅鳞片边缘具短柔毛。叶卵圆形或近圆形，长 5～10cm，宽 6～11cm，基部心脏形，上面无柔毛，常贴生腺毛，下面无毛，稀微具柔毛，或混生少数腺毛，掌状 3～5 裂，裂片卵状三角形，先端急尖至短渐尖，顶生裂片比侧生裂片稍长大，边缘具粗锐重锯齿或杂以单锯齿；叶柄长 3～5cm，稀与叶片近等长，红色，无柔毛或有少许短柔毛，近基部有少数褐色长腺毛。花两性，开花时直径 4～6mm；总状花序长 5～10cm，具花 8～20 朵，花朵排列较密集；花序轴和花梗具短柔毛，或杂以稀疏短腺毛；花梗长 1.5～3mm；苞片卵圆形，稀长圆形，长 1～2mm，宽 0.8～1.5mm，位于花序下部的苞片近披针形，先端稍钝，微具短柔毛；花萼绿色带紫红色晕或紫红色，外面无毛；萼筒钟形，长 1.5～2mm，宽 2.5～3.5mm；萼片倒卵状匙形或近圆形，长 2～3.5mm，宽 2～3mm，先端圆钝，边缘具缘毛，直立；花瓣近匙形或扇形，长 1～1.7mm，宽 1～1.4mm，先端圆钝或平截，边缘微有缘毛，红色或绿色带浅紫红色；雄蕊几与花瓣等长，着生在与花瓣同一水平上，花丝丝状，花药圆形，白色；子房无毛；花柱约与雄蕊等长，先端 2 浅裂。果实球形，直径 6～7mm，红色或熟后转变成紫黑色，无毛。花期 4—6 月，果期 7—8 月。

分布：青海省民和县，互助县，海东市乐都区，循化县，大通县，门源县，祁连县，海晏县，乌兰县，尖扎县，同仁市，河南县，玛沁县，班玛县，玉树市，囊谦县，治多县。

生态环境：生于海拔2 300～4 100m的沟谷灌丛、山坡林下、河谷林缘、河滩沟谷灌丛、河溪水边。

虎耳草属 *Saxifraga*（Tourn ex Linn.）Linn.

➤ 矮生虎耳草 *Saxifraga nana* Engl.

特征：多年生草本植物，高1～1.5cm；小主轴极多分枝，叠结呈座垫状。花茎无叶，花葶状，长5～6mm，被短腺毛。小主轴枝叶密集呈莲座状，肉质，近匙状长圆形，长3.9～4mm，宽0.9～1mm，先端增厚且向外稍反折，具1不明显之窝孔，无毛，单脉。花单生于茎顶；萼片在花期反曲，稍肉质，近椭圆形至卵形，长1.4～1.5mm，宽约1mm，先端钝圆，无毛，3脉于先端汇合成1疣点；花瓣白色，椭圆形，长约2.5mm，宽约1.4mm，先端钝，基部狭缩成长约0.4mm之爪，3脉，侧脉旁具2不明显之痂体；雄蕊长约2.8mm，花丝钻形；子房近上位，卵球形，长约1.2mm，花柱直，长约0.7mm。花期7—8月。

分布：青海省互助县。

生态环境：生于海拔3 900～4 100m的高山碎石隙、山坡高寒草甸砾地、河谷阶地草甸、沙砾质河漫滩。

蔷薇科 Rosaceae

地蔷薇属 *Chamaerhodos* Bunge

➤ 砂生地蔷薇 *Chamaerhodos sabulosa* Bunge

特征：多年生草本植物。茎多数，丛生，平铺或上升，高 6～10cm，少有达 18cm，微坚硬，茎叶及叶柄均有短腺毛及长柔毛。基生叶莲座状，长 1～3cm，三回 3 深裂，一回裂片 3 全裂，二回裂片 2～3 回浅裂或不裂，小裂片长圆匙形，长 1～2mm，先端圆钝，在果期不枯萎；叶柄长 1.5～2.5cm；托叶不裂；茎生叶少数或不存，似基生叶，3 深裂，裂片 2～3 全裂或不裂。圆锥状聚伞花序顶生，多花，在花期初紧密后疏散；苞片及小苞片条形，长 1～2mm，不裂；花小，直径 3～5mm；萼筒钟形或倒圆锥形，长 2～4.5mm，有柔毛，萼片三角卵形，直立，先端锐尖，和萼筒等长或稍长；花瓣披针状匙形或楔形，长 2～3mm，比萼片短或等长，白色或粉红色，先端圆钝；花丝无毛，比花瓣短；心皮 6～8，离生。瘦果卵形，长 1mm，褐色，有光泽。

分布：青海省西宁市，刚察县，共和县。

生态环境：生于海拔 2 440～3 200m 的阳坡草地、河谷阶地、河滩沙地、河湖岸边。

无尾果属 *Coluria* R. Br.

➤ 长叶无尾果 *Coluria longifolia* Maxim.

特征：小叶片 9～20 对，上部者较大，愈向下方裂片愈小，皆无柄；上部小叶片宽卵形或近圆形；长 5～15mm，宽 3～8mm；先端圆钝窄，急尖，基部歪形，无柄，边缘有锐锯齿及黄色长缘毛，两面有柔毛或近无毛，下部小叶片卵形或长圆形，长 1～3mm，宽 0.5～1mm，歪形，全缘或有圆钝锯齿，具缘毛；叶柄长 1～3cm，疏生长柔毛，基部膜质下延抱茎；托叶卵形，全缘或有 1～2 锯齿，两面具柔毛乏缘毛；茎生叶 1～4 个，宽条形，长 1～1.5cm，羽裂或 3 裂。花茎直立，高 4～20cm，上部分枝，有短柔毛；

聚伞花序有 2～4 花，稀具 1 花；苞片卵状披针形，长 3～4mm，具长缘毛；花梗长 1～2.5cm，密生短柔毛；花直径 1.5～2.5cm；副萼片长圆形，长约 2mm，先端圆钝，有长柔毛及缘毛；萼筒钟形，长 2mm，外面密生短柔毛并有长柔毛，萼片三角卵形，长 3～4mm，先端锐尖，外面密生短柔毛并有长柔毛；花瓣倒卵形或倒心形，长 5～7mm，黄色，先端微凹，无毛；雄蕊 40～60，花丝锥形，比花瓣短，无毛，基部扩大，宿存；心皮数个，子房长圆形，无毛，花柱丝状。瘦果长圆形，长 2mm，黑褐色，光滑无毛。花期 6—7 月，果期 8—10 月。

分布：青海省互助县，循化县，湟中县，大通县，门源县，祁连县，共和县，兴海县，泽库县，河南县，玛沁县，甘德县，久治县，达日县，玛多县，称多县，玉树市，曲麻莱县，治多县。

生态环境：生于海拔 2 600～4 850m 的高山草甸、高山砾石坡草地、河滩草地、阴坡灌丛。

沼委陵菜属 *Comarum* Linn.

➤ 西北沼委陵菜 *Farinopsis salesoviana*（Stephan）Chrtek & Soják

特征：亚灌木，高 30～100cm；茎直立，有分枝，幼时有粉质蜡层，具长柔毛，红褐色，冬季仅残留木质化基部。奇数羽状复叶，连叶柄长 4.5～9.5cm，叶柄长 1～1.5cm，小叶片 7～11，纸质，互生或近对生，长圆披针形或卵状披针形，稀倒卵状披针形，长 1.5～3.5cm，宽 4～12mm，越向下越小，先端急尖，基部楔形，边缘有尖锐锯齿，上面绿色，无毛，下面有粉质蜡层及贴生柔毛，中脉在下面微隆起，侧脉 4～5 对，不明显；叶轴带红褐色，有长柔毛；小叶柄极短或无；托叶膜质，先端长尾尖，大部分与叶柄合生，有粉质蜡层及柔毛，上部叶具 3 小叶或成单叶。聚伞花序顶生或腋生，有数朵疏生花；总梗及花梗有粉质蜡层及密生长柔毛，花梗长 1.5～3cm；苞片及小苞片线状披针形，长 6～20mm，红褐色，先端渐尖；花直径 2.5～3cm；萼筒倒圆锥形，肥厚，外面被短柔毛及粉质蜡层，萼片三角卵形，长约 1.5cm，带红紫色，先端渐尖，外面有短柔毛及粉质蜡层，内面贴生短柔毛，副萼片线状披针形，长 7～10mm，紫色，先端渐尖，外被柔毛；花瓣倒卵形，长 1～1.5cm，约和萼片等长，白色或红色，无毛，先端圆钝，基部有短爪；雄蕊约 20，花丝长 5～6mm；花托肥厚，半球形，密生长柔毛；子房长圆卵形，有长柔毛。瘦果多数，长圆卵形，长约 2mm，有长柔毛，埋藏在花托长柔毛内，外有宿存副萼片及萼片包裹。花期 6—8 月，果期 8—10 月。

分布：青海省大通县，门源县，循化县等。

生态环境：生长在海拔 3 600～4 000m 的山坡、沟谷或河岸。

栒子属 *Cotoneaster* B. Ehrhart

➤ 水栒子 *Cotoneaster multiflorus* Bunge in Ledeb.

特征： 落叶灌木，高达 4m；枝条细瘦，常呈弓形弯曲，小枝圆柱形，红褐色或棕褐色，无毛，幼时带紫色，具短界毛，不久脱落。叶片卵形或宽卵形，长 2～4cm，宽 1.5～3cm，先端急尖或圆钝，基部宽楔形或圆形，上面无毛，下面幼时稍有茸毛，后渐脱落；叶柄长 3～8mm，幼时有柔毛，以后脱落；托叶线形，疏生柔毛，脱落。花多数，5～21 朵，成疏松的聚伞花序，总花梗和花梗无毛，稀微具柔毛；花梗长 4～6mm；苞片线形，无毛或微具柔毛；花直径 1～1.2cm；萼筒钟状，内外两面均无毛；萼片三角形，先端急尖，通常除先端边缘外，内外两面均无毛；花瓣平展，近圆形，直径 4～5mm，先端圆钝或微缺，基部有短爪，内面基部有白色细柔毛，白色；雄蕊约 20，稍短于花瓣；花柱通常 2，离生，比雄蕊短；子房先端有柔毛。果实近球形或倒卵形，直径 8mm，红色，有 1 个由 2 心皮合生而成的小核。花期 5—6 月，果期 8—9 月。

分布： 青海省玉树市，班玛县，玛沁县，尖扎县，同仁市，泽库县，兴海县，大通县，湟源县，湟中县，海东市平安区，循化县，民和县，互助县，门源县。

生态环境： 生长于海拔 1 200～3 500m 的沟谷、山坡杂木林中。

草莓属 *Fragaria* Linn.

➤ 东方草莓 *Fragaria orientalis* Lozinsk.

特征：多年生草本植物，高 5～30cm。茎被开展柔毛，上部较密，下部有时脱落。3 出复叶，小叶几无柄，倒卵形或菱状卵形，长 1～5cm，宽 0.8～3.5cm，顶端圆钝或急尖，顶生小叶基部楔形，侧生小叶基部偏斜，边缘有缺刻状锯齿，上面绿色，散生疏柔毛，下面淡绿色，有疏柔毛，沿叶脉较密；叶柄被开展柔毛有时上部较密。花序聚伞状，有花（1）2～5（6）朵，基部苞片淡绿色或具一有柄之小叶，花梗长 0.5～1.5cm，被开展柔毛。花两性，稀单性，直径 1～

1.5cm；萼片卵圆披针形，顶端尾尖，副萼片线状披针形，偶有 2 裂；花瓣白色，几圆形，基部具短爪；雄蕊 18～22，近等长；雌蕊多数。聚合果半圆形，成熟后紫红色，宿存萼片开展或微反折；瘦果卵形，宽 0.5mm，表面脉纹明显或仅基部具皱纹。染色体 n=28。花期 5—7 月，果期 7—9 月。东方草莓随着生态环境变化，形态特征上相应也有一定的变异，从中国东部向西随着海拔高度上升，植株一般变矮小，花朵减少至 1～2 朵，茎、叶柄上毛也变稀疏至脱落。

分布：青海省民和县，互助县，海东市乐都区，循化县，化隆县，海东市平安区，湟中县，大通县，门源县，祁连县，同德县，兴海县，尖扎县，同仁市，泽库县，河南县，玛沁县，班玛县，玉树市，囊谦县。

生态环境：生于海拔 2 300～4 100m 的高山灌丛、山顶疏林下、沟谷林缘、灌丛草甸、河滩草甸、山坡草丛。

水杨梅属 *Geum* Linn.

➤ 路边青 *Geum aleppicum* Jacq.

特征： 多年生草本植物。须根簇生。茎直立，高30～100cm，被开展粗硬毛稀几无毛。基生叶为大头羽状复叶，通常有小叶2～6对，连叶柄长10～25cm，叶柄被粗硬毛，小叶大小极不相等，顶生小叶最大，菱状广卵形或宽扁圆形，长4～8cm，宽5～10cm，顶端急尖或圆钝，基部宽心形至宽楔形，边缘常浅裂，有不规则粗大锯齿，锯齿急尖或圆钝，两面绿色，疏生粗硬毛；茎生叶羽状复叶，有时重复分裂，向上小叶逐渐减少，顶生小叶披针形或倒卵披针形，顶端常渐尖或短渐尖，基部楔形；茎生叶托叶大，绿色，叶状，卵形，边缘有不规则粗大锯齿。花序顶生，疏散排列，花梗被短柔毛或微硬毛；花直径1～1.7cm；花瓣黄色，几圆形，比萼片长；萼片卵状三角形，顶端渐尖，副萼片狭小，披针形，顶端渐尖稀2裂，比萼片短1倍多，外面被短柔毛及长柔毛；花柱顶生，在上部1/4处扭曲，成熟后自扭曲处脱落，脱落部分下部被疏柔毛。聚合果倒卵球形，瘦果被长硬毛，花柱宿存部分无毛，顶端有小钩；果托被短硬毛，长约1mm。花果期7—10月。

分布： 青海省民和县，互助县，海东市乐都区，循化县，化隆县，海东市平安区，湟中县，大通县，门源县，同德县，泽库县，河南县，玛沁县，班玛县，玉树市。

生态环境： 生于海拔1 850～3 800m的沟谷林下、林缘灌丛边、河漫滩草甸、路边荒地、溪边沟沿、山坡草地。

委陵菜属 *Potentilla* Linn.

➤ 鹅绒委陵菜 *Potentilla anserina* Linn.

特征： 多年生草本植物。根向下延长，有时在根的下部长成纺锤形或椭圆形块根。茎匍匐，在节处生根，常着地长出新植株，外被伏生或半开展疏柔毛或脱落几无毛。基生叶为间断羽状复叶，有小叶6～11对，连叶柄长2～20cm，叶柄被伏生或半开展疏柔毛，有时脱落几无毛。小叶对生或互生，无柄或顶生小叶有短柄，最上面一对小叶基部下延与叶轴汇合，基部小叶渐小呈附片状；小叶片通常椭圆形，倒卵椭圆形或长椭圆形，长1～2.5cm，宽0.5～1cm，顶端圆钝，基部楔形或阔楔形，边缘有多数尖锐锯齿或呈裂片状，上面绿色，被疏柔毛或脱落几无毛，下面密被紧贴银白色绢毛，叶脉明显或不明显，茎生叶与基生叶相似，惟小叶对数较少；基生叶和下部茎生叶托叶膜质，褐色，和叶柄连成鞘状，外面被疏柔毛或脱落几无毛，上部茎生叶托叶草质，多分裂。单花腋生；花梗长2.5～8cm，被疏柔毛；花直径1.5～2cm；萼片三角卵形，顶端急尖或渐尖，副萼片椭圆形或椭圆披针形，常2～3裂稀不裂，与副萼片近等长或稍短；花瓣黄色，倒卵形、顶端圆形，比萼片长1倍；花柱侧生，小枝状，柱头稍扩大。

分布：青海省民和县，互助县，海东市乐都区，循化县，化隆县，海东市平安区，湟源县，湟中县，大通县，门源县，祁连县，海晏县，刚察县，贵德县，贵南县，同德县，共和县，兴海县，天峻县，乌兰县，都兰县，格尔木市，德令哈市，茫崖市，尖扎县，同仁市，泽库县，河南县，玛沁县，甘德县，久治县，班玛县，达日县，玛多县，称多县，玉树市，囊谦县，曲麻莱县，杂多县，治多县。

生态环境：生于海拔1 700～4 400m的高山草甸、山麓砾地、山前凹地、湖滨宽谷草甸、山坡湿润草地、河谷疏林下、河滩草甸、溪水沟边、田埂路旁、畜圈附近。

➤ 无毛蕨麻 *Potentilla anserina* L.

特征：蕨麻多年生草本植物。根向下延长，有时在根的下部长成纺锤形或椭圆形块根。茎匍匐，在节处生根，常着地长出新植株，外被伏生或半开展疏柔毛或脱落几无毛。基生叶为间断羽状复叶，有小叶6～11对，连叶柄长2～20cm，叶柄被伏生或半开展疏柔毛，有时脱落几无毛。小叶对生或互生，无柄或顶生小叶有短柄，最上面一对小叶基部下延与叶轴汇合，基部小叶渐小呈附片状；小叶片通常椭圆形，倒卵椭圆形或长椭圆形，长1～2.5cm，宽0.5～1cm，顶端圆钝，基部楔形或阔楔形，边缘有多数尖锐锯齿或呈裂片状，上面绿色，被疏柔毛或脱落几无毛，下面密被紧贴银白色绢毛，叶脉明显或不明显，茎生叶与基生叶相似，惟小叶对数较少；基生叶和下部茎生叶托叶膜质，褐色，和叶柄连成鞘状，外面被疏柔毛或脱落几无毛，上部茎生叶托叶草质，多分裂。单花腋生；花梗长2.5～8cm，被疏柔毛；花直径1.5～2cm；萼片三角卵形，顶端急尖或渐尖，副萼片椭圆形或椭圆披针形，常2～3裂稀不裂，与副萼片近等长或稍短；花瓣黄色，倒卵形、顶端圆形，比萼片长1倍；花柱侧生，小枝状，柱头稍扩大。无毛蕨麻不同在于小叶下面仅在脉上被紧贴柔毛，其余均被明显白色茸毛，小叶两面均绿色，下面仅被稀疏平铺柔毛，或脱落几无毛。

分布：青海省门源县，乌兰县，杂多县。

生态环境：生于海拔2 900～4 300m的田边湿草地、山坡草甸、河岸水沟边、河滩疏林下、沙砾草甸、村庄附近。

➤ 多裂委陵菜 *Potentilla multifida* Linn.

特征：多年生草本植物。根圆柱形，稍木质化。花茎上升，稀直立，高12～40cm，被紧贴或开展短柔毛或绢状柔毛。基生叶羽状复叶，有小叶3～5对，稀达6对，间隔0.5～2cm，连叶柄长5～17cm，叶柄被紧贴或开展短柔毛；小叶片对生稀互生，羽状深裂几达中脉，长椭圆形或宽卵形，长1～5cm，宽0.8～2cm，向基部逐渐减小，裂片带形或带状披针形，顶端舌状或急尖，边缘向下反卷，上面伏生短柔毛，稀脱落几无毛，中脉侧脉下陷，下面被白色茸毛，沿脉伏

生绢状长柔毛；茎生叶2～3，与基生叶形状相似，惟小叶对数向上逐渐减少；基生叶托叶膜质，褐色，外被疏柔毛，或脱落几无毛；茎生叶托叶草质，绿色，卵形或卵状披针形，顶端急尖或渐尖，二裂或全缘。花序为伞房状聚伞花序，花后花梗伸长疏散；花梗长1.5～2.5cm，被短柔毛；花直径1.2～1.5cm；萼片三角状卵形，顶端急尖或渐尖，副萼片披针形或椭圆披针形，先端圆钝或急尖，比萼片略短或近等长，外面被伏生长柔毛；花瓣黄色，倒卵形，顶端微凹，长不超过萼片1倍；花柱圆锥形，近顶生，基部具乳头膨大，柱头稍扩大。瘦果平滑或具皱纹。

分布：青海省互助县，海东市乐都区，湟中县，大通县，门源县，祁连县，贵德县，共和县，尖扎县，同仁市，称多县，玉树市。

生态环境：生于海拔 3 200～4 200m 的山坡草地、河漫滩、河谷阶地、高山草原、湖滨沙砾滩地、田林路边、宅旁荒地、沟谷灌丛、林缘草地。

➢ 高原委陵菜 *Potentilla pamiroalaica* Juzep.

特征：多年生草本植物。根粗壮，圆柱形，根茎常有数个分枝，残存多数褐色枯死托叶。花茎通常上升，稀直立，高 5～22cm，被白色伏生柔毛，下部彼毛近于伸展。基生叶为羽状复叶，有小叶 3～5 对，极稀小叶接近掌状排列，间隔 0.3～0.5cm，连叶柄长 3～10cm，叶柄被白色伏生柔毛，小叶对生或互生，无柄，上部小叶大于下部小叶，小叶片卵形或倒卵长圆形，通常长 0.5～1.3cm，宽 0.3～0.7cm，边缘羽状深裂，裂片长圆带形，顶端圆钝，边缘平坦，靠近，常微弯曲，上面绿色或灰绿色，密被白色伏生柔毛，下面密被白色茸毛，脉上密被白色绢状长柔毛，茎生叶 1～2；基生叶托叶褐色膜质，外面被白色绢毛，稀以后脱落几无毛，茎生叶托叶草质，绿色，卵形或卵披针形，全缘。花序疏散，少花，花梗长 1.5～3cm，密被伏生柔毛；花直径 1.2～1.5cm；萼片三角披针形或卵状披针形，顶端急尖或渐尖，副萼片披针形或椭圆披针形，顶端圆钝，比萼片短稀近等长；花瓣黄色，倒卵形，顶端微凹，比萼片长；花柱近顶生，基部稍膨大。瘦果光滑。

分布：青海省天峻县，玛多县。

生态环境：生于海拔 4 000～4 300m 的高山草原、河谷阶地、沙砾质山坡草地、山坡石缝、高寒草甸砾地、河漫滩湿沙地、沙砾山坡草甸。

➢ 钉柱委陵菜 *Potentilla saundersiana* Royle

特征：多年生草本植物。根粗壮，圆柱形。花茎直立或上升，高 10～20cm，被白色绒毛及疏柔毛。基生叶 3～5 掌状复叶，连叶柄长 2～5cm，被白色茸毛及疏柔毛，小叶无柄；小叶片长圆倒卵形，长 0.5～2cm，宽 0.4～1cm，顶端圆钝或急尖，基部楔形，边缘有多数缺刻状锯齿，齿顶端急尖或微钝，上面绿色，伏生稀疏柔毛，下面密被白色茸毛，沿脉伏生疏柔毛，茎生叶 1～2，小叶 3～5，与基生叶小叶相似；基生叶托叶膜质，褐色，外面被白色长柔毛或脱落几无毛，茎生叶托叶草质，绿色，卵形或卵状披针形，通常全缘，顶端渐尖或急尖，下面被白色茸毛及疏柔毛。聚伞花序顶生，有花多朵，疏散，花梗长 1～3cm，外被白色茸毛；花直径 1～1.4cm；萼片三角卵形或三角披针形，副萼片披针形，顶端尖锐，比萼片短或几等长，外被白色茸毛及柔毛；花瓣黄色，倒卵形，顶端下凹，比萼片略长或长 1 倍；花柱近顶生，基部膨大不明显，柱头略扩大。瘦果光滑。花果期 6—8 月。钉柱委陵菜广布于中国北部及西南部高山地区，植株高矮，茸毛多少均有变异，掌状复叶以 5 小叶为多，也有 3 小叶，有时最下两小叶稍有间隔成亚羽状，叶边锯齿或深或浅，有的成裂片状变异较大。

分布：青海省互助县，海东市乐都区，湟中县，湟源县，大通县，门源县，祁连县，海晏县，贵德县，同德县，共和县，兴海县，天峻县，乌兰县，德令哈市，尖扎县，同仁市，泽库县，河南县，玛沁县，甘德县，久治县，达日县，玛多县，称多县，玉树市，囊谦县，曲麻莱县，杂多县，治多县，唐古拉镇。

生态环境：生于海拔 2 500～5 400m 的阴坡岩隙、山坡高寒草原、沟谷高山灌丛、高山草甸砾地、河谷阶地草甸、山前洪积扇、山坡草地、沙砾河漫滩、高山流石坡稀疏植被、高原多石山顶、高山冰缘湿沙地。

蔷薇属 *Rosa* L.

➤ 峨眉蔷薇 *Rosa omeiensis* Rolfe

特征：直立灌木植物。高 3～4m；小枝细弱，无刺或有扁而基部膨大皮刺，幼嫩时常密被针刺或无针刺。小叶 9～13（–17），连叶柄长 3～6cm；小叶片长圆形或椭圆状长圆形，长 8～30mm，宽 4～10mm，先端急尖或圆钝，基部圆钝或宽楔形，边缘有锐锯齿，上面无毛，中脉下陷，下面无毛或在中脉有疏柔毛，中脉突起；叶轴和叶柄有散生小皮刺；托叶大部贴生于叶柄，顶端离生部分呈三角状卵形，边缘有齿或全缘，有时有腺。花单生于叶腋，无苞片；花梗长 6～20mm，无毛；花直径 2.5～3.5cm；萼片 4，披针形，全缘，先端渐尖或长尾尖，外面近无毛，内面有稀疏柔毛；花瓣 4，白色，倒三角状卵形，先端微凹，基部宽楔形；花柱离生，被长柔毛，比雄蕊

039

短很多。果倒卵球形或梨形，直径 8～15mm，亮红色，果成熟时果梗肥大，萼片直立宿存。花期 5—6 月，果期 7—9 月。

分布：青海省民和县，互助县，海东市乐都区，循化县，化隆县，海东市平安区，湟中县，湟源县，大通县，门源县，祁连县，尖扎县，同仁市，泽库县，班玛县。

生态环境：生于海拔 2 300～3 900m 的阴坡林内、沟谷林缘、山坡灌丛、河谷山坡、河岸溪边。

➤ 紫色悬钩子 *Rubus irritans* Focke

特征：矮小半灌木或近草本状植物，高 10～60cm；枝被紫红色针刺、柔毛和腺毛。小叶 3 枚，稀，枚，卵形或椭圆形，长 3～5cm，宽 2～3.5cm，顶端急尖至短渐尖，基部宽楔形至近圆形，顶生小叶基部近截形，上面具细柔毛，下面密被灰白色茸毛，边缘有不规则粗锯齿或重锯齿；叶柄长 3～5cm，顶生小叶柄长 1～2cm，侧生小叶几无柄，具紫红色针刺、柔毛和腺毛；托叶线形或线状披针形，具柔毛和腺毛。花下垂，

常单生或 2～3 朵生于枝顶；花梗长 1.5～3cm，被针刺、柔毛和腺毛；苞片与托叶相似，但稍小；花直径 1.5～2cm；花萼带紫红色，外面被紫红色针刺、柔毛和腺毛；萼筒浅杯状；萼片长卵形或卵状披针形，长 1～1.5cm，顶端渐尖至尾尖，花后直立；花瓣宽椭圆形或匙形，白色，具柔毛，基部有短爪，短于萼片；雄蕊多数，花丝线形，几与花柱等长或稍长；雌蕊多数，子房具灰白色茸毛。

分布： 青海省互助县，海东市乐都区，湟中县，大通县，门源县，祁连县，兴海县，尖扎县，同仁市，泽库县，玛沁县，班玛县，玉树市。

生态环境： 生于海拔2700～3800m的高山灌丛、山坡林下、林缘灌丛、河岸草甸、山沟湿润处。

➤ 菰帽悬钩子 *Rubus pileatus* Focke

特征： 攀缘灌木，高1～3m；小枝紫红色，无毛，被白粉，疏生皮刺。小叶常5～7枚，卵形、长圆状卵形或椭圆形，长2.5～6（8）cm，宽1.5～4（6）cm，顶端急尖至渐尖，基部近圆形或宽楔形，两面沿叶脉有短柔毛，顶生小叶稍有浅裂片，边缘具粗重锯齿；叶柄长3～10cm，顶生小叶柄长1～2cm，侧生小叶近无柄，与叶轴均被疏柔毛和稀疏小皮刺；托叶线形或线状披针形。伞房花序顶生，具花3～5朵，稀单花腋生；花梗细，长2～3.5cm，无毛，疏生细小皮刺或无刺；苞片线形，无毛；花直径1～2cm；花萼外面无毛，紫红色；萼片卵状披针形，长7～10mm，宽2～4mm，顶端长尾尖，外面无毛或仅边缘具茸毛，在果期常反折；花瓣倒卵形，白色，基部具短爪并疏生短柔毛，比萼片稍短或几等长；雄蕊长5～7mm，花丝线形；花柱下部和子房密被灰白色长茸毛，花柱在果期增长。果实卵球形，直径0.8～1.2cm，红色，具宿存花柱，密被灰白色茸毛；核具明显皱纹。花期6—7月，果期8—9月。

分布： 青海省民和县，互助县，循化县。

生态环境： 生于海拔2000～2380m的山沟林下、山坡林缘、沟谷河岸草地、山坡灌丛草甸。

地榆属 *Sanguisorba* Linn.

➤ 地榆 *Sanguisorba officinalis* Linn.

特征： 多年生草本植物，高30～120cm。根粗壮，多呈纺锤形，稀圆柱形，表面棕褐色或紫褐色，有纵皱及横裂纹，横切面黄白或紫红色，较平正。茎直立，有棱，无毛或基部有稀疏腺毛。基生叶为羽状复叶，有小叶4～6对，叶柄无毛或基部有稀疏腺毛；小叶片有短柄，卵形或长圆状卵形，长1～7cm，宽0.5～3cm，顶端圆钝稀急尖，基部心形至浅心形，边缘有多数粗大圆钝稀急尖的锯齿，两面绿色，无毛；茎生叶较少，小叶片有短柄至几无柄，长圆形至长圆披针形，狭长，基部微心形至圆形，顶端急尖；基生叶托叶膜质，褐色，外面无，毛或被稀疏腺毛，茎生叶托叶大，草质，半卵形，外侧边缘有尖锐锯齿。穗状花序椭圆形，圆柱形或卵球形，直立，通常长1～3（4）cm，横径 0.5～1cm，从花序顶端向下开放，花序梗光滑或偶有稀疏腺毛；苞片膜质，披针形，顶端渐尖至尾尖，比萼片短或近等长，背面及边缘有柔毛；萼片 4 枚，紫红色，椭圆形至宽卵形，背面被疏柔毛，中央微有纵棱脊，顶端常具短尖头；雄蕊 4 枚，花丝丝状，不扩大，与萼片近等长或稍短；子房外面无毛或基部微被毛，柱头顶端扩大，盘形，边缘具流苏状乳头。果实包藏在宿存萼筒内，外面有斗棱。花果期 7—10 月。

分布： 青海省民和县，互助县，海东市乐都区，循化县，化隆县，海东市平安区，湟中县，大通县，门源县，尖扎县，同仁市，泽库县。

生态环境： 生于海拔 2 000～3 000m 的田边路旁、水沟草丛、宅旁荒地、渠岸碎石丛、山坡草地、河岸草甸。

山莓草属 *Sibbaldia* Linn.

➤ 隐瓣山莓草 *Sibbaldia procumbens* Linn. var. *aphanopetala*（Hand.–Mazz.）Yü et Li

特征： 山莓草多年生草本。根茎匍匐，粗壮，圆柱形。花茎直立或上升，高 4～20cm，被伏生疏柔毛。基生叶为 3 出复叶，连叶柄长 3～12cm，叶柄被疏柔毛，小叶有短柄或几无柄，倒卵长圆形，长 1～3cm，宽 0.6～1.5cm，顶端截平，有 3～5 三角形稀卵形急尖锯齿，基部楔形，上面被疏柔毛，或有时脱落几无毛，下面被伏生疏柔毛；茎生叶 1，与基生叶相似，唯叶柄较短；基生叶托叶膜质，褐色，外面被疏柔毛或脱落几无毛，茎生叶托叶披针形或卵形，全缘，

外被疏柔毛。顶生伞房花序密集，有花 8～12 朵；花直径 4～6mm；萼片卵形至三角卵形，顶端急尖，副萼片细小；披针形，比萼片短一半以上；花瓣黄色，倒卵长圆形，顶端圆钝，比萼片短 1 倍；雄蕊 5；花柱侧生。瘦果光滑。隐瓣山莓草与山莓草区别在于，植株生长旺盛，高可达 30cm，全身

分布： 青海省民和县，互助县，海东市乐都区，循化县，化隆县，海东市平安区，湟中县，湟源县，大通县，门源县，尖扎县，同仁市，贵德县，贵南县，同德县，共和县，兴海县。

生态环境： 生于海拔1 800～2 900m的阳坡草地、沟谷砾地、河滩沙地、宅旁荒地、田边土崖、水沟边及人工疏林下的沙质土中。

➤ 大花多枝黄芪 *Astragalus polycladus* var. *magniflorus* Y. H. Wu

特征： 多年生草本植物。主根粗壮。茎直立或斜生，高30～50cm，多分枝，具条棱，被白色短柔毛或近无毛。羽状复叶有5～7片小叶，长1～3cm；叶柄与叶轴近等长；托叶离生，三角形或披针形，长1～1.5mm；小叶长圆状楔形或线状长圆形，长7～20mm，宽1.5～3mm，先端截形或微凹，基部渐狭，具极短的柄，两面均被白色细伏贴柔毛。总状花序生多数花，稀疏；总花梗远较叶长；花小；苞片小，披针形，长约1mm；花梗长1～2mm，连同花序轴均被白色短伏贴柔毛；花萼短钟状，长约1.5mm，被白色短伏贴柔毛，萼齿三角形，较萼筒短；花冠白色或带粉红色，旗瓣近圆形或宽椭圆形，长约5mm，先端微凹，基部具短瓣柄，翼瓣较旗瓣稍短，先端有不等的2裂或微凹，基部具短耳，瓣柄长约1mm，龙骨瓣较翼瓣短，瓣片半月形，先端带紫色，瓣柄长为瓣片的1/2；子房近无柄，无毛。荚果宽倒卵状球形或椭圆形，先端微凹，具短喙，长2.5～3.5mm，假2室，背部具稍深的沟，有横纹；种子4～5颗，肾形，暗褐色，长约1mm。花期7—8月，果期8—9月。

分布： 青海省民和县，互助县，海东市乐都区，循化县，化隆县，海东市平安区，湟中县，湟源县，大通县，门源县，尖扎县，同仁市，贵德县，贵南县，同德县，共和县，兴海县。

生态环境： 生于海拔1 800～2 900m的阳坡草地、沟谷砾地、河滩沙地、宅旁荒地、田边土崖、水沟边及人工疏林下的沙质土中。

圆状卵形，长3～5mm，宽1.5～3mm，先端钝或尖，基部宽楔形，具短柄。总状花序生3～5花，花序轴较短，顶生；总花梗较叶长，被白色伏贴柔毛，上部混有黑色柔毛；苞片膜质，披针形，长2～3mm，边缘被黑色柔毛；花梗较苞片稍短，被黑色柔毛；花萼钟状，长6～7mm，密被黑色或混有白色柔毛，萼齿线状披针形，与萼筒近等长或较萼筒稍长；花冠青紫色、旗瓣近圆形，长12～13mm，先端微凹，基部渐狭，翼瓣长10～11mm，瓣片长圆形，基部具短耳，瓣柄长约2.5mm，龙骨瓣宽斧形，较翼瓣长，基部具短耳；子房披针形，被柔毛，具柄，有5～7枚胚珠。花期7月。

分布：青海省同德县，泽库县，河南县，玛沁县，玛多县，曲麻莱县，治多县。

生态环境：生于海拔4 000～4 800m的高山草甸、河谷阶地、林缘灌丛草甸、河滩沙砾地、阴坡草地、高山冰缘雪线附近之砾石地。

➤ 草木樨状黄芪 *Astragalus melilotoides* Pall.

特征：多年生草本植物。主根粗壮。茎直立或斜生，高30～50cm，多分枝，具条棱，被白色短柔毛或近无毛。羽状复叶有5～7片小叶，长1～3cm；叶柄与叶轴近等长；托叶离生，三角形或披针形，长1～1.5mm；小叶长圆状楔形或线状长圆形，长7～20mm，宽1.5～3mm，先端截形或微凹，基部渐狭，具极短的柄，两面均被白色细伏贴柔毛。总状花序生多数花，稀疏；总花梗远较叶长；花小；苞片小，披针形，长约1mm；花梗长1～2mm，连同花序轴均被白色短伏贴柔毛；花萼短钟状，长约1.5mm，被白色短伏贴柔毛，萼齿三角形，较萼筒短；花冠白色或带粉红色，旗瓣近圆形或宽椭圆形，长约5mm，先端微凹，基部具短瓣柄，翼瓣较旗瓣稍短，先端有不等的2裂或微凹，基部具短耳，瓣柄长约1mm，龙骨瓣较翼瓣短，瓣片半月形，先端带紫色，瓣柄长为瓣片的1/2；子房近无柄，无毛。荚果宽倒卵状球形或椭圆形，先端微凹，具短喙，长2.5～3.5mm，假2室，背部具稍深的沟，有横纹；种子4～5颗，肾形，暗褐色，长约1mm。花期7—8月，果期8—9月。

豆科 Fabaceae

黄芪属 *Astragalus* Linn.

➤ 丛生黄芪 *Astragalus confertus*

特征：多年生草本植物。根粗壮，木质，直伸。茎多数丛生，高 5～15cm。奇数羽状复叶，具 11～19 片小叶，长 1.5～3cm；托叶膜质，基部互相多少合生，披针形，长 1～1.5mm，下面散生白色柔毛；小叶卵形或长圆状卵形，长 2～5mm，宽 1.5～2.5mm，先端钝尖或微凹，基部宽楔形，两面被白色伏贴柔毛，具短柄。总状花序生 6～8 花，密集呈头状；总花梗近顶生，通常较叶短，被白色或混有黑色伏贴柔毛；苞片膜

质，披针形，长约 1.5mm；小苞片缺；花梗短，密被黑色柔毛；花萼钟状，长约 3mm，外面散生黑色或混有白色柔毛，萼齿披针形，长约 1mm；花冠青紫色，旗瓣宽倒卵形，长约 7mm，先端微凹，基部渐狭成瓣柄，契瓣与旗瓣近等长或稍短，瓣片长圆形，具短耳，瓣柄长约 3mm，龙骨瓣较翼瓣稍短，瓣片半圆形，先端深蓝色，具短耳，瓣柄长约 3mm；子房线形，被伏贴短柔毛，具短柄。荚果长圆形，稍弯曲，长 5～8mm，两端尖，被伏贴短柔毛，果颈较宿萼稍短，1 室，有少数种子。花期 7—8 月，果期 8—9 月。

分布：青海省湟中县，大通县，贵德县，贵南县，同德县，共和县，兴海县，乌兰县，都兰县，格尔木市，玛沁县，甘德县，达日县，玛多县，玉树市，称多县，囊谦县，曲麻莱县，治多县。

生态环境：生于海拔 3 500～4 700m 的高山草地、河滩沙地、林缘草甸。

➤ 茵垫黄芪 *Astragalus mattam* Tsai et Yü

特征：多年生草本植物。茎枝交错呈垫状，高 2～5cm，被较密的白色柔毛。奇数羽状复叶，具 9～15 片小叶，长 2～4cm；托叶膜质，基部多少互相合生，三角状披针形，长 1～3mm；小叶长

被糙伏毛，茎生叶1～2，副萼片狭长，披针形，与萼片近等长或稍短，但不短于一半，花瓣比萼片短1～4倍，可以区别。

分布：青海省互助县，海东市乐都区，同仁市，河南县，久治县，班玛县，玉树市，囊谦县。

生态环境：生于海拔3 200～4 500m的高山草地、河谷阶地、沼泽草甸、沙砾河滩、山坡灌丛。

鲜卑花属 Sibiraea Maxim.

➢ 窄叶鲜卑花 Sibiraea angustata（Rehd.）Hand.–Mazz.

特征：灌木，高达2～2.5m；小枝圆柱形，微有棱角，幼时微被短柔毛，暗紫色，老时光滑无毛，黑紫色；冬芽卵形至三角卵形，先端急尖或圆钝，微被短柔毛，有2～4片外露鳞片。叶在当年生枝条上互生，在老枝上通常丛生，叶片窄披针形、倒披针形，稀长椭圆形，长2～8cm，宽1.5～2.5cm，先端急尖或突尖，稀渐尖，基部下延呈楔形，全缘，上下两面均不具毛，仅在幼时边缘具柔毛，老时近于无毛，下面中脉明显，侧脉斜出；叶柄很短，不具托叶。顶生穗状圆锥花序，长5～8cm，直径4～6cm，花梗长3～5mm，总花梗和花梗均密被短柔毛；苞片披针形，先端渐尖，全缘，内外两面均被柔毛；花直径约8mm；萼筒浅钟状，外被柔毛；萼片宽三角形，先端急尖，全缘，内外两面均被稀疏柔毛；花瓣宽倒卵形，先端圆钝，基部下延呈楔形，白色；雄花具雄蕊20～25，着生在萼筒边缘，花丝细长，药囊黄色，约与花瓣等长或稍长，雌花具退化雄蕊，花丝极短；花盘环状，肥厚，具10裂片；雄花具3～5退化雌蕊，四周密被白色柔毛，雌花具雌蕊5，花柱稍偏斜，柱头肥厚，子房光滑无毛。蓇葖果直立，长约4mm，具宿存直立萼片，果梗长3～5mm，具柔毛。花期6月，果期8—9月。

分布：青海省互助县，海东市乐都区，海东市平安区，湟中县，湟源县，大通县，门源县，海晏县，刚察县，同德县，共和县，乌兰县，同仁市，泽库县，河南县，玛沁县，久治县，班玛县，称多县，玉树市，囊谦县，曲麻莱县，杂多县。

生态环境：生于海拔2 500～4 300m的高寒山坡灌丛、河谷灌丛、阴坡林缘、山顶疏林、河漫滩灌丛。

➤ 糙叶黄芪 *Astragalus scaberrimus* Bunge

特征：糙叶黄芪是豆科黄芪属多年生草本植物。密被白色伏贴毛。根状茎短缩，多分枝，木质化；地上茎不明显或极短，有时伸长而匍匐。羽状复叶有7～15片小叶，长5～17cm；叶柄与叶轴等长或稍长；托叶下部与叶柄贴生，长4～7mm，上部呈三角形至披针形；小叶椭圆形或近圆形，有时披针形，长7～20mm，宽3～8mm，先端锐尖、渐尖，有时稍钝，基部宽楔形或近圆形，两面密被伏贴毛。总状花序生3～5花，排列紧密或稍稀疏；总花梗极短或长达数厘米，腋生；花梗极短；苞片披针形，较花梗长；花萼筒状，长7～9mm，被细伏贴毛，萼齿线状披针形，与萼筒等长或稍短；花冠淡黄色或白色，旗瓣倒卵状椭圆形，先端微凹，中部稍缢缩，下部稍狭成不明显的瓣柄，翼瓣较旗瓣短，瓣片长圆形，先端微凹，较瓣柄长，龙骨瓣较翼瓣短，瓣片半长圆形，与瓣柄等长或稍短；子房有短毛。荚果披针状长圆形，微弯，长8～13mm，宽2～4mm，具短喙，背缝线凹入，革质，密被白色伏贴毛，假2室。花期4—8月，果期5—9月。

分布：青海省大通县。

生态环境：生于海拔2 000～3 200m的草原带山坡、河滩沙质地、湖滨草滩、田边荒地。

苜蓿属 *Medicago* Linn.

➤ 天蓝苜蓿 *Medicago lupulina* L.

特征：一、二年生或多年生草本植物，高15～60cm，全株被柔毛或有腺毛。主根浅，须根发达。茎平卧或上升，多分枝。叶茂盛，羽状三出复叶；托叶卵状披针形，长可达1cm，先端渐尖，基部圆或戟状，常齿裂；下部叶柄较长，长1～2cm，上部叶柄比小叶短；小叶倒卵形、阔倒卵形或倒心形，长5～20mm，宽4～16mm，纸质，先端多少截平或微凹，具细尖，基部楔形，边缘在上半部具不明显尖齿，两面均被毛，侧脉近10对，平行达叶边，几不分叉，上下均平坦；顶生小叶较大，小叶柄长2～6mm，侧生小叶柄甚短。花序小头状，具花10～20朵；总花梗细，挺直，比叶长，密被贴伏柔毛；苞片刺毛状，甚小；花长2～2.2mm；花梗短，长不到1mm；萼钟形，长约2mm，密被毛，萼齿线状披针形，稍不等长，比萼筒略长或等长；花冠黄色，旗瓣近圆形，顶端微凹，翼瓣和龙骨瓣近等长，均比旗瓣短；子房阔卵形，被毛，花柱弯曲，胚珠1粒。荚果肾形，长3mm，宽2mm，表面具同心弧形脉纹，被稀疏毛，熟时变黑；有种子1粒。种子卵形，褐色，平滑。花期7—9月，果期8—10月。

分布：青海省民和县，互助县，海东市乐都区，循化县，化隆县，海东市平安区，湟中县，湟源县，大通县，门源县，祁连县，海晏县，刚察县，贵德县，贵南县，同德县，共和县，兴海县，尖扎县，同仁市，河南县，泽库县，玛沁县，甘德县，久治县，班玛县，达日县，称多县，玉树市，囊谦县，曲麻莱县，杂多县，治多县。

生态环境：生于海拔2 000～3 500m的山坡草甸、沟谷草地、河滩草甸、山地田边、宅旁荒地、河溪水边湿草地。

草木樨属 *Melilotus* Mill.

草木樨 *Melilotus suaveolens* Ledeb.

特征：二年生草本植物，高40～100（-250）cm。茎直立，粗壮，多分枝，具纵棱，微被柔毛。羽状三出复叶；托叶镰状线形，长3～5（-7）mm，中央有1条脉纹，全缘或基部有1尖齿；叶柄细长；小叶倒卵形、阔卵形、倒披针形至线形，长15～25（-30）mm，宽5～15mm，先端钝圆或截形，基部阔楔形，边缘具不整齐疏浅齿，上面无毛，粗糙，下面散生短柔毛，侧脉8～12对，平行直达齿尖，两面均不隆起，顶生小叶稍大，具较长的小叶柄，侧小叶的小叶柄短。总状花序长6～15（-20）cm，腋生，具花30～70朵，初时稠密，花开后渐疏松，花序轴在花期中显著伸展；苞片刺毛状，长约1mm；花长3.5～7mm；花梗与苞片等长或稍长；萼钟形，长约2mm，脉纹5条，甚清晰，萼齿三角状披针形，稍不等长，比萼筒短；花冠黄色，旗瓣倒卵形，与翼瓣近等长，龙骨瓣稍短或三者均近等长；雄蕊筒在花后常宿存包于果外；子房卵状披针形，胚珠（4）6（-8）粒，花柱长于子房。荚果卵形，长3～5mm，宽约2mm，先端具宿存花柱，表面具凹凸不平的横向细网纹，棕黑色；有种子1～2粒。种子卵形，长2.5mm，黄褐色，平滑。花期5—9月，果期6—10月。

分布：青海省民和县，互助县，海东市乐都区，循化县，化隆县，海东市平安区，湟中县，湟源县，大通县，门源县，贵德县，贵南县，同德县，共和县，天峻县，乌兰县，都兰县，格尔木市，德令哈市，尖扎县，同仁市，泽库县。

生态环境：生于海拔1700～2550m的河滩草甸、沟谷山坡草地、河岸湖盆、山地田边、河谷山坡林缘、河溪水边等低湿或轻度盐化的草甸中。

棘豆属 *Oxytropis* DC.

➤ 二色棘豆 *Oxytropis bicolor* Bunge

特征：多年生草本植物，高5～20cm，外倾，植株各部密被开展白色绢状长柔毛，淡灰色。主根发达，直伸，暗褐色。茎缩短，簇生。轮生羽状复叶长4～20cm；托叶膜质，卵状披针形，与叶柄贴生很高，彼此于基部合生，先端分离而渐尖，密被白色绢状长柔毛；叶轴有时微具腺体；小叶7～17轮（对），对生或4片轮生，线形、线状披针形、披针形，长3～23mm，宽1.5～6.5mm，先端急尖，基部圆形，边缘常反卷，两面密被绢状长柔毛，上面毛较疏。10～15（-23）花组成或疏或密的总状花序；花葶与叶等长或稍长，直立或平卧，被开展长硬毛；苞片披针形，长4～10mm，宽1～2mm，先端尖，疏被白色柔毛；花长约20mm；花萼筒状，长9～12mm，宽2.5～4mm，密被长柔毛，萼齿线状披针形，长3～5mm；花冠紫红色、蓝紫色，旗瓣菱状卵形，长14～20mm，宽7～9mm，先端圆，或略微凹，中部黄色，干后有黄绿色斑，翼瓣长圆形，长15～18mm，先端斜宽，微凹，龙骨瓣长11～15mm，喙长2～2.5mm；子房被白色长柔毛或无毛，花柱下部有毛，上部无毛；胚珠26～28。荚果几革质，稍坚硬，卵状长圆形，膨胀，腹背稍扁，长17～22mm，宽约5mm，先端具长喙，腹、背缝均有沟槽，密被长柔毛，隔膜宽约1.5mm，不完全2室。种子宽肾形，长约2mm，暗褐色。

分布： 青海省湟源县，大通县，民和县，互助县，海东市乐都区，同德县，尖扎县。

生态环境： 生于海拔 2 100～3 600m 的干旱山坡草地、河谷山脊、沙砾滩地、河溪渠岸沙地、沙砾河滩草甸。

➤ 小花棘豆 *Oxytropis glabra*（Lam.）DC.

特征： 多年生草本植物，高 20（35）～80cm。根细而直伸。茎分枝多，直立或铺散，长 30～70cm，无毛或疏被短柔毛，绿色。羽状复叶长 5～15cm；托叶草质，卵形或披针状卵形，彼此分离或于基部合生，长 5～10mm，无毛或微被柔毛；叶轴疏被开展或贴伏短柔毛；小叶 11～19（-27），披针形或卵状披针形，长 5（10）～25mm，宽 3～7mm，先端尖或钝，

基部宽楔形或圆形，上面无毛，下面微被贴伏柔毛。多花组成稀疏总状花序，长 4～7cm；总花梗长 5～12cm，通常较叶长，被开展的白色短柔毛；苞片膜质，狭披针形，长约 2mm，先端尖，疏被柔毛；花长 6～8mm；花梗长 1mm；花萼钟形，长 42mm，被贴伏白色短柔毛，有时混生少量的黑色短柔毛，萼齿披针状锥形，长 1.5～2mm；花冠淡紫色或蓝紫色，旗瓣长 7～8mm，瓣片圆形，先端微缺，翼瓣长 6～7mm，先端全缘，龙骨瓣长 5～6mm，喙长 0.25～0.5mm；子房疏被长柔毛。荚果膜质，长圆形，膨胀，下垂，长 10～20mm，宽 3～5mm，喙长 1～1.5mm，腹缝具深沟，背部圆形，疏被贴伏白色短柔毛或混生黑、白柔毛，后期无毛，1 室；果梗长 1～2.5mm。

分布：青海省民和县，互助县，海东市乐都区，循化县，化隆县，海东市平安区，湟中县，湟源县，门源县，祁连县，海晏县，刚察县，贵德县，贵南县，同德县，共和县，兴海县，玛多县。

生态环境：生于海拔2 200～3 000m的干旱草原带、荒漠草原、荒漠区的河滩低湿沙地、湖盆边缘、沙丘间的盐湿地、山坡草地。

➤ 密花棘豆 *Oxytropis imbricata* Kom.

特征：多年生草本植物，高10～15cm，丛生，呈球状。根粗壮，圆柱形，直伸，暗褐色。茎缩短，基部多分枝羽。状复叶长约10cm，密生；托叶膜质，线状披针形，与叶柄贴生，密被长柔毛；叶柄上面有沟，被贴伏疏柔毛；小叶15（21）～23（31），长椭圆形或卵状披针形，长5～11mm，宽3～5mm，先端急尖或钝，基部圆，两面被贴伏疏柔毛，呈绢状灰色或白色。多花组成紧密总状花序，但结果的花序延伸而稀疏，通常偏向一侧；总花梗细弱，与叶等长或较叶长，被贴伏疏柔毛，向顶端呈白色；苞片卵形，小；花长约8mm；花萼钟状，长约5mm，被黑色和白色疏柔毛，萼齿披针状线形，与萼筒几等长；花冠红紫色，旗瓣长圆形，先端圆，翼瓣与旗瓣等长，先端钝，龙骨瓣与翼瓣近等长，喙长2.5mm；子房披针形，密被柔毛，具钩状喙和短柄。荚果宽卵形或近圆形，长5～6mm，喙短，钩状，被贴伏白色短疏柔毛，1室；果梗短。种子1～2颗，肾形，直径约2mm，深栗色。花期5—7月，果期7—8月。

分布：青海省湟中县，湟源县，大通县，民和县，互助县，海东市乐都区，门源县，刚察县，贵德县，同德县，共和县，兴海县，乌兰县，德令哈市，尖扎县，同仁市，玛沁县。

生态环境：生于海拔1 800～3 800m的山坡草地、河滩湿沙地、干山坡石隙、路边荒地、田埂、河岸、林间草地、沟谷台地。

➤ 少花棘豆 *Oxytropis pauciflora* Bunge

特征： 多年生草本植物，高 5～10cm。根细长，侧根多。茎缩短。羽状复叶长 3～8cm；托叶草质，长卵形，基部与叶柄贴生，彼此合生至中部，幼时疏被贴伏白色与黑色短柔毛；叶柄与叶轴疏被贴伏白色短柔毛；小叶 11～19，长圆状卵形、长圆形或长圆状披针形，长 3～6mm，宽 1.5～3mm，两面或仅下面疏被贴伏白色长柔毛。3～5 花组成近伞形短总状花序；总花梗与叶等长、或较叶稍长，疏被贴伏白色短柔毛；苞片长圆形，被毛；花萼钟状，长 6～7mm，密被贴伏黑色短柔毛，有时也混生一些白色短柔毛，萼齿披针形，长 3～4mm；花冠蓝紫色，旗瓣长 10～15mm，宽 9mm，瓣片宽圆形，先端深凹，翼瓣长 12～13mm，宽 4.5mm，瓣片倒卵状长圆形，先端凹，龙骨瓣稍短于翼瓣，喙长约 1mm；子房腹缝线被毛，几无柄。荚果长圆状圆柱形，长约 20mm，宽 33mm，被贴伏白色短柔毛，1 室。花期 6—7 月。

分布： 青海省大通县，互助县，乌兰县，格尔木市，同仁市，玛沁县，久治县，玛多县，称多县，囊谦县，曲麻莱县，杂多县，治多县。

生态环境： 生于海拔 3 600～5 000m 的高山草甸、河滩草地、阴坡灌丛、高寒草原、沙砾湿滩地。

苦马豆属 *Sphaerophysa* DC.

➤ 苦马豆 *Sphaerophysa salsula*（Pall.）DC.

特征： 半灌木或多年生草本植物，茎直立或下部匍匐，高 0.3～0.6m，稀达 1.3m；枝开展，具纵棱脊，被疏至密的灰白色丁字毛；托叶线状披针形，三角形至钻形，自茎下部至上部渐变小。叶轴长 5～8.5cm，上面具沟槽；小叶 11～21 片，倒卵形至倒卵状长圆形，长 5～15（25）mm，宽 3～6（10）mm，先端微凹至圆，具短尖头，基部圆至宽楔形，上面疏被毛至无毛，侧脉不明显，下面被细小、白色丁字毛；小叶柄短，被白色细柔毛。总状花序常较叶长，长 6.5～13（17）cm，生 6～16 花；苞片卵状披针形；花梗长 4～5mm，密被白色柔毛，小苞片线形至钻形；花萼钟状，萼齿三角形，上边 2 齿较宽短，其余较窄长，外面被白色柔毛；花冠初呈鲜红色，后变紫红色，旗瓣瓣片近圆形，向外反折，长 12～13mm，宽 12～16mm，先端微凹，基部具短柄，翼瓣较龙骨瓣短，连柄长 12mm，先端圆，基部具长 3mm 微弯的瓣柄及长 2mm 先端圆的耳状裂片，龙骨瓣长 13mm，宽 4～5mm，瓣柄长约 4.5mm，裂片近成直角，先端钝；子房近线形，密被白色柔毛，花柱弯曲，仅内侧疏被纵列髯毛，柱头近球形。荚果椭圆形至卵圆形，膨胀，长 1.7～3.5cm，直径 1.7～1.8cm，先端圆，果颈长约 10mm，果瓣膜质，外面疏被白色柔毛，缝线上较密；种子肾形至近半圆形，长约 2.5mm，褐色，珠柄长 1～3mm，种脐圆形凹陷。

分布：青海省民和县，互助县，海东市乐都区，循化县，化隆县，海东市平安区，湟中县，湟源区，大通县，门源县，贵德县，贵南县，同德县，共和县，乌兰县，都兰县，格尔木市，德令哈市，尖扎县，同仁市，泽库县。

生态环境：生于海拔 2 000～3 200m 的河谷滩地沙质土、河滩疏林下、农田水沟边。

野豌豆属 *Vicia* Linn.

➤ 三齿萼野豌豆 *Vicia bungei* Ohwi

特征：托叶半边箭形，长 2～3mm，具锐齿；小叶 6～10，长圆形或狭倒卵状长圆形，长 10～24mm，宽 3～8mm，先端截形或微凹，有小突尖，基部钝圆或宽楔形，下面疏被柔毛。总状花序腋生，较叶长，具 2～4 花；总花梗疏被柔毛；花生于一侧，长 20～23（27）mm；花梗被疏毛，长 2～3mm，萼斜钟形，长 7～8mm，外面疏被柔毛，萼齿卵状披针形，最下面的齿较长，约为萼筒的 1/2；花冠蓝紫色；旗瓣披针形，长达 23mm，先端凹；翼瓣长约 18mm，有爪及耳；龙骨瓣长约 15mm，有爪；子房具柄，背腹缝线上具金黄色毛，花柱上部被长柔毛。荚果稍扁平，长圆形，长 25～35mm，宽 6～8mm，含 3～8 种子。种子球形，直径约 3mm。花期 4—5 月，果期 6—7 月。

分布：青海省循化县，大通县，班玛县。

生态环境：生于海拔 2 200～2 500m 的河谷山坡林缘草地、沟谷草甸、河滩草甸、田边湿沙地。

➤ 歪头菜 *Vicia unijuga* R.Br.

特征：多年生草本植物，高（15）40～100（180）cm。根茎粗壮近木质，主根长达 8～9cm，直径 2.5cm，须根发达，表皮黑褐色。通常数茎丛生，具棱，疏被柔毛，老时渐脱落，茎基部表皮红褐色或紫褐红色。叶轴末端为细刺尖头；偶见卷须，托叶戟形或近披针形，长 0.8～2cm，宽 3～5mm，边缘有不规则齿蚀状；小叶一对，卵状披针形或近菱形，长（1.5）3～7（11）cm，宽 1.5～4（5）cm，先端渐尖，边缘具小齿状，基部楔形，两面均疏被微柔毛。总状花序单一，稀有分支，呈圆锥状复总状花序，明显长于叶，长 4.5～7cm；花 8～20 朵，密集于花序轴上部；花萼紫色，斜钟状或钟状，长约 0.4cm，直径 0.2～0.3cm，无毛或近无毛，萼齿明显短于萼筒；花冠蓝紫色、紫红色或淡蓝色长 1～1.6cm，旗瓣倒提琴形，中部缢缩，先端圆有凹，长 1.1～1.5cm，宽 0.8～1cm，翼瓣先端钝圆，长 1.3～1.4cm，宽 0.4cm，龙骨瓣短于翼瓣，子房线形，无毛，胚珠 2～8，具子房柄，花柱上部四周被毛。荚果扁、长圆形，长 2～3.5cm，宽 0.5～0.7cm，无毛，表皮棕黄色，近革质，两端渐尖，先端具喙，成熟时腹背开裂，果瓣扭曲。种子 3～7，扁圆球形，直径 0.2～0.3cm，种皮黑褐色，革质，种脐长相当于种子周长 1/4。花期 6—7 月，果期 8—9 月。

分布：青海省民和县，互助县，海东市乐都区，循化县，化隆县，海东市平安区，湟中县、湟源县、大通县、门源县、祁连县、海晏县、刚察县、贵德县、尖扎县，同仁市，泽库县，河南县，班玛县。

生态环境：生于海拔 1 800～3 000m 的林缘草甸、沟谷灌丛草甸、河岸水边草甸、河谷山坡湿草地。

藜科 Chenopodiaceae

轴藜属 *Axyris* Linn.

➤ 轴藜 *Axyris amaranthoides* Linn.

特征：一年生草本植物，高20～80cm。茎直立，粗壮，圆柱形，稍具条棱，幼时被星状毛，分枝纤细，多集中于茎中部以上，被星状毛。叶具短柄，披针状或长圆状披针形，长30～7cm，宽0.5～1.3cm，基部渐狭，先端渐尖，全缘，两面被星状软毛，后渐脱落，枝上叶及苞叶较小，长约1cm，宽2～3mm。花小，单性；雄花无柄，簇生于茎枝顶端，排成穗状花序，花被片3枚苞片，中间1枚较长，两侧短，花被片3，倒卵形，膜质，苞片及花被均被星状毛，柱头2，线形。胞果倒卵形，侧扁，顶端具一冠状附属物，基中央微凹。种子椭圆形。扁平，直立；胚马蹄铁形。花果期8—9月。

分布：青海省互助县，海东市乐都区，门源县，玉树市，曲麻莱县。

生态环境：生长于海拔2 400～4 100m的山沟路边河滩草丛、林缘灌丛、河谷阶地、田边荒地、河沟渠岸。

驼绒藜属 *Ceratoides*（Tourn.）Gagnebin

➤ 垫状驼绒藜 *Ceratoides compacta*（Losinsk.）Tsien et C. G. Ma

特征：垫状驼绒藜是苋科驼绒藜属，半匍匐型小半灌木，垫状驼绒藜是在强度大陆性寒旱生境下形成的一种低矮的寒旱生小半灌木。植株矮小，垫状，高10～25cm，具密集的分枝；老枝较短，粗壮，密被残存的黑色叶柄。叶小，密集，叶片椭圆形或矩圆状倒卵形，长约1cm，宽约3mm，先端圆形，基部渐狭，边缘向背部卷折；叶柄几与叶片等长，扩大下陷呈舟状，抱茎；后期叶片从叶柄上端脱落，柄下部宿存。雄花序短而紧密，头状。雌花管矩圆形，长约 0.5cm，上端具两个大而宽的兔耳状裂片，其长几与管长相等或较管稍长，先端圆形，向下渐狭，平展，果时管外被短毛。果椭圆形，被毛。花果期 6—8 月。

分布：青海省祁连县，格尔木市，德令哈市，大柴旦行政区，冷湖县，茫崖市，玛多县，曲麻莱县，治多县（可可西里）。

生态环境：生于海拔 4 100～5 000m 的高寒荒漠、高原河滩砾地、干旱山坡、湖滨盐碱滩地、荒漠草原、河谷阶地、山前冲积扇。

藜属 *Chenopodium* Linn.

➤ 藜 *Chenopodium album* L.

特征：一年生草本植物，高 30～150cm。茎直立，粗壮，具条棱及绿色或紫红色色条，多分枝；枝条斜升或开展。叶片菱状卵形至宽披针形，长 3～6cm，宽 2.5～5cm，先端急尖或微钝，基部楔形至宽楔形，上面通常无粉，有时嫩叶的上面有紫红色粉，下面多少有粉，边缘具不整齐锯齿；叶柄与叶片近等长，或为叶片长度的 1/2。花两性，花簇于枝上部排列成或大或小的穗状圆锥状或圆锥状花序；花被裂片 5，宽卵形至椭圆形，背面具纵隆脊，有粉，先端或微凹，边缘膜质；雄蕊 5，花药伸出花被，柱头 2。果皮与种子贴生。种子横生，双凸镜状，直径 1.2～1.5mm，边缘钝，黑色，有光泽，表面具浅沟纹；胚环形。花果期 5—10 月。全草黄绿色。茎具条棱。叶片皱缩破碎，完整者展平，呈菱状卵形至宽披针形，叶上表面黄绿色，下表面灰黄绿色，被粉粒，边缘具不整齐锯齿；叶柄长约 3cm。圆锥花序腋生或顶生。

分布：青海省民和县，互助县，海东市乐都区，循化县，化隆县，海东市平安区，湟中县，湟源县，大通县，门源县，祁连县，海晏县，刚察县，贵德县，贵南县，同德县，共和县，兴海县，天峻县，都兰县，乌兰县，格尔木市，德令哈市，大柴旦行政区，冷湖县，茫崖市，尖扎县，同仁市，泽库县，河南县，玛沁县，甘德县，久治县，班玛县，达日县，玛多县，称多县，玉树市，囊谦县，曲麻莱县，杂多县，治多县。

生态环境：生于海拔 1 700～4 300m 的山沟林缘、灌丛草地、畜圈周围、农田低湿地边、田林路旁、村舍宅旁、田边荒地、河沟渠岸、花坛墙角。

➤ 菊叶香藜 *Dysphania schraderiana*（Roem. & Schult.）Mosyakin & Clemants

特征： 一年生草本植物，高 20～60cm，有强烈气味，全体有具节的疏生短柔毛。茎直立，具绿色色条，通常有分枝。嫩茎叶可食用。叶片矩圆形，长 2～6cm，宽 1.5～3.5cm，边缘羽状浅裂至羽状深裂，先端钝或渐尖，有时具短尖头，基部渐狭，上面无毛或幼嫩时稍有毛，下面有具节的短柔毛并兼有黄色无柄的颗粒状腺体，很少近于无毛；叶柄长 2～10mm。复二歧聚伞花序腋生；花两性；花被直径 1～1.5mm，5 深裂；裂片卵形至狭卵形，有狭膜质边缘，背面通常有具刺状突起的纵隆脊并有短柔毛和颗粒状腺体，果时开展；雄蕊 5，花丝扁平，花药近球形。胞果扁球形，果皮膜质。种子横生，周边钝，直径 0.5～0.8mm，红褐色或黑色，有光泽，具细网纹；胚半环形，围绕胚乳。花期 7—9 月，果期 9—10 月。

分布： 青海省民和县，互助县，海东市乐都区，循化县，化隆县，海东市平安区，湟中县，湟源县，大通县，门源县，祁连县，海晏县，刚察县，贵德县，贵南县，同德县，共和县，兴海县，尖扎县，同仁市，泽库县，河南县，玛沁县，甘德县，久治县，班玛县，达日县，玛多县，称多县，玉树市，囊谦县，曲麻莱县，杂多县，治多县。

生态环境： 生于海拔 2 000～4 300m 的田边渠岸、宅旁墙脚、路边荒地、半干旱山坡、河滩沙地、林缘草地、沟渠河岸、污水坑边。

➤ 灰绿藜 *Oxybasis glauca*（L.）S. Fuentes， Uotila & Borsch

特征： 一年生草本植物，高20～40cm。茎平卧或外倾，具条棱及绿色或紫红色色条。叶片矩圆状卵形至披针形，长2～4cm，宽6～20mm，肥厚，先端急尖或钝，基部渐狭，边缘具缺刻状牙齿，上面无粉，平滑，下面有粉而呈灰白色，有稍带紫红色；中脉明显，黄绿色；叶柄长5～10mm。花两性兼有雌性，通常数花聚成团伞花序，再于分枝上排列成有间断而通常短于叶的穗状或圆锥状花序；花被裂片3～4，浅绿色，稍肥厚，通常无粉，狭矩圆形或倒卵状披针形，长不及1mm，先端通常钝；雄蕊1～2，花丝不伸出花被，花药球形；柱头2，极短。胞果顶端露出于花被外，果皮膜质，黄白色。种子扁球形，直径0.75mm，横生、斜生及直立，暗褐色或红褐色，边缘钝，表面有细点纹。花果期5—10月。

分布： 青海省民和县，互助县，海东市乐都区，循化县，化隆县，海东市平安区，湟中县，湟源县，大通县，同德县，共和县，都兰县，乌兰县，德令哈市，同仁市，泽库县，玉树市。

生态环境： 生于海拔1 800～3 760m的田林路边、宅院墙脚、河湖岸边、畜圈周围、灰堆旁、山脚潮湿地、盐碱性荒地。

盐爪爪属 *Kalidium* Moq.

➤ 盐爪爪 *Kalidium foliatum*（Pall.）Moq.

特征： 小灌木，高20～50cm。茎直立或平卧，多分枝；枝灰褐色，小枝上部近于草质，黄绿色。叶片圆柱状一，伸展或稍弯，灰绿色，长4～10mm，宽2～3mm，顶端钝，基部下延，半抱茎。花序穗状，无柄，长8～15mm，直径3～4mm，每3朵花生于1鳞状苞片内；花被合生，上部扁平成盾状，盾片宽五角形，周围有狭窄的翅状边缘；雄蕊2；种子直立，近圆形，直径约1mm，密生乳头状小突起。花果期7—8月。

分布： 青海省都兰县，乌兰县，格尔木市，德令哈市，大柴旦行政区。

生态环境： 生于海拔2 700～3 200m的盐碱化滩地、壁盐沼、盐湖边湿地。

➢ 细枝盐爪爪 *Kalidium gracile* Fenzl

特征：小灌木。高 20～40cm，茎直立，多分枝，互生，老枝灰黄色，秋季红褐色，幼枝纤细，黄绿色或黄褐色。叶不发达疣状，肉质，黄绿色，先端钝，叶基狭窄，下延。穗状花序顶生，细弱，圆柱状，长 1～3cm，直径 1.5mm 左右，每一鳞片状苞内着生 1 朵花。胞果皮膜质，密被乳头状突起。种子卵圆形，两侧压扁，胚马蹄形，淡红褐色。

分布：青海省共和县，都兰县，乌兰县，德令哈市。

生态环境：生于海拔 2 500～3 200m 的戈壁盐沼、荒漠地带、黄河谷地盐碱滩。

地肤属 *Kochia* Roth

➢ 地肤 *Bassia scoparia*（L.）A. J. Scott

特征：地肤为一年生草本植物，高 50～100cm。根略呈纺锤形。茎直立，圆柱状，淡绿色或带紫红色，有多数条棱，稍有短柔毛或下部几无毛；分枝稀疏，斜上。叶为平面叶，披针形或条状披针形，长 2～5cm，宽 3～9mm，无毛或稍有毛，先端短渐尖，基部渐狭入短柄，通常有 3 条明显的主脉，边缘有疏生的锈色绢状缘毛；茎上部叶较小，无柄，1 脉。花两性或雌性，通常 1～3 个生于上部叶腋，构成疏穗状圆锥状花序，花下有时有锈色长柔毛；花被近球形，淡绿色，花被裂片近三角形，无毛或先端稍有毛；翅端附属物三角形至倒卵形，有时近扇形，膜质，脉不很明显，边缘微波状或具缺刻；花丝丝状，花药淡黄色；柱头 2，丝状，紫褐色，花柱极短。胞果扁球形，果皮膜质，与种子离生。种子卵形，黑褐色，长 1.5～2mm，稍有光泽；胚环形，胚乳块状。花期 6—9 月，果期 7—10 月。

分布：青海省海东市乐都区，西宁市，贵南县，同德县，共和县，兴海县，乌兰县，格尔木市，同仁市。

生态环境：生于海拔 2 300～3 300m 的村舍田边、庭院花园、路边荒地、草滩畜圈、渠岸沟旁。

盐角草属 *Salicornia* Linn.

➤ 盐角草 *Salicornia europaea* L.

特征：盐角草，苋科盐角草属一年生草本植物，高 10～35cm。茎直立，多分枝；枝肉质，苍绿色。叶不发育，鳞片状，长约 1.5mm，顶端锐尖，基部连合成鞘状，边缘膜质。花序穗状，长 1～5cm，有短柄；花腋生，每 1 苞片内有 3 朵花，集成 1 簇，陷入花序轴内，中间的花较大，位于上部，两侧的花较小，位于下部；花被肉质，倒圆锥状，上部扁平成菱形；雄蕊伸出于花被之外；花药长圆形；子房卵形；柱头 2，钻状，有乳头状小突起。果皮膜质；种子矩圆状卵形，种皮革质，有钩状刺毛，直径约 1.5mm。花果期 6—7 月。

分布：青海省都兰县，乌兰县，格尔木市，德令哈市。

生态环境：生于海拔 2 600～3 000m 的盐湖湖沼、湖滨沙地、荒漠盐碱地、河谷盐碱滩地。

猪毛菜属 *Salsola* Linn

➤ 猪毛菜 *Kali collinum*（Pall.）Akhani & Roalson

特征：一年生草本植物。高 20～100cm；茎自基部分枝，枝互生，伸展，茎、枝绿色，有白色或紫红色条纹，生短硬毛或近于无毛。叶片丝状圆柱形，伸展或微弯曲，长 2～5cm，宽 0.5～1.5mm，生短硬毛，顶端有刺状尖，基部边缘膜质，稍扩展而下延。花序穗状，生枝条上部；苞片卵形，顶部延伸，有刺状尖，边缘膜质，背部有白色隆脊；小苞片狭披针形，顶端有刺状尖，苞片及小苞片与花序轴紧贴；花被片卵状披针形，膜质，顶端尖，果时变硬，自背面中上部生鸡冠状突起；花被片在突起以上部分，近革质，顶端为膜质，向中央折曲成平面，紧贴果实，有时在中央聚集成小圆锥体；花药长 1～1.5mm；柱头丝状，长为花柱的 1.5～2 倍。种子横生或斜生。花期 7—9 月，果期 9—10 月。

分布：青海省民和县，互助县，海东市乐都区，循化县，化隆县，海东市平安区，湟中县，湟源县，大通县，门源县，祁连县，海晏县，刚察县，贵德县，贵南县，同德县，共和县，兴海县，天峻县，都兰县，乌兰县，格尔木市，德令哈市，大柴旦行政区，茫崖市，尖扎县，同仁市，泽库县，河南县，玛沁县，甘德县，久治县，班玛县，玉树市，囊谦县。

生态环境：生于海拔 1 700～4 600m 的田边荒地、宅旁路边、沟谷渠岸、半干旱山坡、林缘草地、灌丛草甸、河滩沙地、河谷阶地、河沟水边。

➤ 刺沙蓬 *Kali tragus* Scop.

特征：一年生草本植物，高 30～100cm；茎直立，自基部分枝，茎、枝生短硬毛或近于无毛，有白色或紫红色条纹。叶片半圆柱形或圆柱形，无毛或有短硬毛，长 1.5～4cm，宽 1～1.5mm，顶端有刺状尖，基部扩展，扩展处的边缘为膜质。花序穗状，生于枝条的上部；苞片长卵形，顶端有刺状尖，基部边缘膜质，比小苞片长；小苞片卵形，顶端有刺状尖；花被片长卵形，膜质，无毛，背面有1 条脉；花被片果时变硬，自背面中部生翅；翅 3
个较大，肾形或倒卵形，膜质，无色或淡紫红色，有数条粗壮而稀疏的脉，2 个较狭窄，花被果时（包括翅）直径 7～10mm；花被片在翅以上部分近革质，顶端为薄膜质，向中央聚集，包覆果实；柱头丝状，长为花柱的 3～4 倍。种子横生，直径约 2mm。花期 8—9 月，果期 9—10 月。

分布：青海省兴海县，都兰县，德令哈市，河南县。

生态环境：生于海拔 2 900～3 300m 的荒漠草原、盐碱滩地、沙砾山坡、山前冲沟、干旱河道、湖滨河滩湿沙地。

碱蓬属 *Suaeda* Forsk ex Scop.

➤ 角果碱蓬 *Suaeda corniculata*（C.A.Mey.）Bunge

特征：一年生草本植物，高 15～60cm，无毛。茎平卧、外倾、或直立，圆柱形，微弯曲，淡绿色，具微条棱；分枝细瘦，斜升并稍弯曲。叶条形，半圆柱状，长 1～2cm，宽 0.5～1mm，劲直或茎下部的稍弯曲，先端微钝或急尖，基部稍缢缩，无柄。团伞花序通常含 3～6 花，于分枝上排列成穗状花序；花两性兼有雌性；花被顶基略扁，5 深裂，裂片大小不等，先端钝，结果时背面向外延伸增厚呈不等大的角状突出；花药

细小，近圆形，长 0.15～0.2mm，黄白色，花丝短，稍外伸；柱头 2，花柱不明显。胞果扁，圆形，果皮与种子易脱离。种子横生或斜生，双凸镜形，直径 1～1.5mm，种皮壳质，黑色，有光泽，表面具清晰的蜂窝状点纹，周边微钝。

分布：青海省西宁市，刚察县，贵德县，贵南县，共和县，都兰县，乌兰县，玛多县，囊谦县，杂多县。

生态环境：生于海拔 2 200～4 300m 的沙砾河滩、湖滨砾地、荒漠草原、河谷阶地、低洼盐碱地、盐碱荒漠沙地。

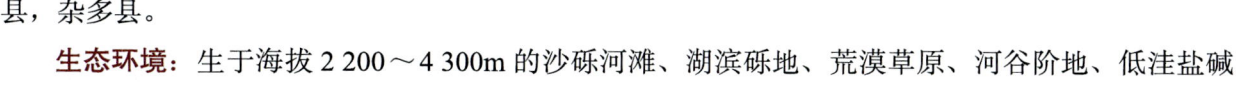

➤ 碱蓬 *Suaeda glauca*（Bunge）Bunge

特征：一年生草本植物，高 30～150cm。茎直立，有条棱，上部多分枝，枝细长，斜伸或开展。叶互生；无柄；叶片线形，半圆柱状，肉质，长 1.5～5cm，宽约 1.5mm，先端尖锐，灰绿色，光滑或微被白粉。花两性或兼有雌性，单生或 2～5 朵，集生于叶腋的短柄上，排列成聚伞花序；两性花花被环状；雌花的花被近球形；花被裂片果时增厚，小苞片短于花被；使花被略呈五角星状，干后变黑色；雄蕊 5，花丝很短；雌花的花柱伸出较长，柱头 2。胞果扁球形，包于多对有隆脊的花被内，先端露出。种子双凸镜形，黑色，表面有颗粒状点纹。花期 6—8 月，果期 9—10 月。

分布：青海省西宁市，共和县。

生态环境：生于海拔 2 200～3 200m 的干山坡草地、河滩沙地、荒漠盐碱滩。

➤ 平卧碱蓬 *Suaeda prostrata* Pall.

特征：一年生草本植物，高 20～50cm，无毛。茎平卧或斜升，基部有分枝并稍木质化，具微条棱，上部的分枝近平展并几等长。叶条形，半圆柱状，灰绿色，长 5～15mm，宽 1～1.5mm，先端急尖或微钝，基部稍收缩并稍压扁；侧枝上的叶较短，等长或稍长于花被。团伞花序 2 至数花，腋生；花两性，花被绿色，稍肉质，5 深裂，果时花被裂片增厚呈兜状，基部向外延伸出不规则的翅状或舌状突起；花药宽矩圆形或近圆形，长约 0.2mm，花丝稍外伸；柱头

2，黑褐色，花柱不明显。胞果顶基扁；果皮膜质，淡黄褐色。种子双凸镜形或扁卵形，直径 1.2～1.5mm，黑色，表面具清晰的蜂窝状点纹，稍有光泽。花果期 7—10 月。

分布：青海省共和县，都兰县，乌兰县，德令哈市，大柴旦行政区。

生态环境：生于海拔 2 700～3 200m 的盐湖岸边、荒漠草原、低洼潮湿盐碱地、戈壁流水冲沟。

苋科 Amaranthaceae

苋属 *Amaranthus* Linn.

➤ 繁穗苋 *Amaranthus paniculatus* Linn.

特征：一年生草本植物。高 20～80cm，有时达 1.3m；茎直立，粗壮，淡绿色，有时具带紫色条纹，稍具钝棱。叶片菱状卵形或椭圆状卵形，长 5～12cm，宽 2～5cm，先端锐尖或尖凹，有小凸尖，基部楔形，有柔毛。圆锥花序顶生及腋生，直立，或以后下垂，直径 2～4cm，由多数穗状花序形成，顶生花穗较侧生者长；花苞片长；苞片及小苞片钻形，长 4～6mm，白色，先端具芒尖；花被片顶端圆钝；花被片白色，有 1 淡绿色细中脉，先端急尖或尖凹，具小突尖。胞果扁卵形，环状横裂，包裹在宿存花被片内。种子近球形，直径 1mm，棕色或黑色。花期 6—7 月，果期 9—10 月。

分布：青海省循化县，海东市平安区，西宁市。

生态环境：生于海拔 2 100～2 800m 的田埂路边、渠岸河沟边、阴坡荒地。

➤ 反枝苋 *Amaranthus retroflexus* L.

特征： 一年生草本植物，高 20～80cm，有时达 1m 多；茎直立，粗壮，单一或分枝，淡绿色，有时具带紫色条纹，稍具钝棱，密生短柔毛。叶片菱状卵形或椭圆状卵形，长 5～12cm，宽 2～5cm，顶端锐尖或尖凹，有小凸尖，基部楔形，全缘或波状缘，两面及边缘有柔毛，下面毛较密；叶柄长 1.5～5.5cm，淡绿色，有时淡紫色，有柔毛。圆锥花序顶生及腋生，直立，直径 2～4cm，由多数穗状花序形成，顶生花穗较侧生者长；苞片及小苞片钻形，长 4～6mm，白色，背面有 1 龙骨状突起，伸出顶端成白色尖芒；花被片矩圆形或矩圆状倒卵形，长 2～2.5mm，薄膜质，白色，有 1 淡绿色细中脉，顶端急尖或尖凹，具凸尖；雄蕊比花被片稍长；柱头 3，有时 2。胞果扁卵形，长约 1.5mm，环状横裂，薄膜质，淡绿色，包裹在宿存花被片内。种子近球形，直径 1mm，棕色或黑色，边缘钝。花期 7—8 月，果期 8—9 月。

分布： 青海省民和县，循化县，海东市平安区，尖扎县。

生态环境： 生于海拔 1 700～2 200m 的路边湿地、田边荒地、河沟渠岸、山坡草地。

石竹科 Caryophyllaceae

卷耳属 *Cerastium* Linn.

➤ 簇生卷耳 *Cerastium caespitosum* Gilib.

特征：多年生或一、二年生草本植物，高 15～30cm。茎单生或丛生，近直立，被白色短柔毛和腺毛。基生叶叶片近匙形或倒卵状披针形，基部渐狭呈柄状，两面被短柔毛；茎生叶近无柄，叶片卵形、狭卵状长圆形或披针形，长 1～3（4）cm，宽 3～10（12）mm，顶端急尖或钝尖，两面均被短柔毛，边缘具缘毛。聚伞花序顶生；苞片草质；花梗细，长 5～25mm，密被长腺毛，花后弯垂；萼片 5，长圆状披针形，

长 5.5～6.5mm，外面密被长腺毛，边缘中部以上膜质；花瓣 5，白色，倒卵状长圆形，等长或微短于萼片，顶端 2 浅裂，基部渐狭，无毛；雄蕊短于花瓣，花丝扁线形，无毛；花柱 5，短线形。蒴果圆柱形，长 8～10mm，长为宿存萼的 2 倍，顶端 10 齿裂；种子褐色，具瘤状突起。花期 5—6 月，果期 6—7 月。

分布：青海省民和县，互助县，海东市乐都区，循化县，化隆县，海东市平安区，湟中县，大通县，门源县，祁连县，海晏县，刚察县，贵德县，贵南县，同德县，天峻县，尖扎县，同仁市，泽库县，河南县，玛沁县，久治县，达日县，玛多县，称多县，玉树市，囊谦县，曲麻莱县，治多县，杂多县。

生态环境：生于海拔 2 350～4 600m 的山坡草地、沟谷林下、林缘灌丛、高寒草原、高寒草甸、高山流石坡、河谷阶地、湖滨沙地、沙砾河漫滩。

蝇子草属 *Silene* Linn.

➤ 细蝇子草 *Amaranthus retroflexus* L.

特征：多年生草本植物，高（15）20～50cm。根粗壮，稍木质。茎疏丛生，稀较密，直立或上升，不分枝，稀下部具1～2分枝，无毛。基生叶叶片线状倒披针形，长6～18cm，宽2～5mm，基部渐狭成柄状，顶端渐尖，两面均无毛，边缘近基部具缘毛；茎生叶叶片线状披针形，比基生叶小，基部半抱茎，具缘毛。花序总状，花多数，对生，稀呈假轮生，花梗与花萼几等长，无毛；苞片卵状披针形，长4～12mm，基部合生，具缘毛，顶端渐尖；花萼狭钟形，长8～12mm，直径约4mm，无毛，纵脉紫色，脉端在萼齿处连合，萼齿三角状卵形，顶端圆钝，边缘膜质，白色，具短缘毛；雌雄蕊柄长约2mm，被短毛；花瓣白色或灰白色，下面带紫色，爪倒披针形，无毛，耳呈三角状，瓣片露出花萼，2裂达瓣片中部或更深，裂片狭长圆形；副花冠片小，长圆形；雄蕊外露，花丝无毛；花柱外露。蒴果长圆状卵形，长6～8mm；种子圆肾形，长约1mm。花期7—8月，果期8—9月。

分布：青海省民和县，互助县，海东市乐都区，湟中县，湟源县，大通县，门源县，祁连县，刚察县，贵德县，贵南县，同德县，共和县，兴海县，天峻县，乌兰县，同仁市，泽库县，河南县，玛沁县，久治县，玛多县，称多县，玉树市，囊谦县，曲麻莱县，治多县。

生态环境：生于海拔2 400～4 300m的高山草甸、山坡草地、沟谷林下、林缘灌丛、砾石河滩、湖岸河边、岩石缝隙、多砾山坡。

繁缕属 *Stellaria* Linn.

➤ 繁缕 *Stellaria media*（L.）Vill.

特征：二年生或一年生草本植物。主根细长，粗约1mm，长达18cm，具多数细根。茎柔弱，匍地生长，鲜绿色，长10～65cm，自基部多分枝，具1行柔毛。叶片卵形，长0.5～3.5cm，宽0.5～2.3cm，先端急尖，基部心形或平截，两面无毛，具多数点状突起，中脉明显，侧脉极细；最上部叶无柄，其余具柄，长达2cm，扁平，下部两侧疏生缘毛。聚伞花序顶生，有时单花生于叶腋；苞片叶状，小；花梗纤细，长0.3～1.5cm，无毛或被腺柔毛；萼片披针形或卵状披针形，长 3～4mm，绿色，先端钝或急尖，边缘膜质，外面被腺柔毛和具节毛，花瓣白色，比萼片短，2深裂至近基部，裂片线形；雄蕊 3～5，比花瓣短，花药小，卵形，花丝线形；子房卵形，1 室，具多数胚珠，花柱 3。蒴果卵形，比花萼长，6 瓣裂，具多数种子；种子近圆形，褐色，无光泽，直径约 1mm，表面具数列瘤状突起，边缘的突起半圆形、钝。花期 2—11 月。6—7 月开花，7—8 月结果。

分布：青海省大通县，同仁市，囊谦县。

生态环境：生于海拔 2 300～3 850m 的山顶潮湿处、河岸沟边、河滩沙地、山坡草地、沟谷林缘、灌丛草甸、田边荒地。

金鱼藻科 Ceratophyllaceae

金鱼藻属 *Ceratophyllum* Linn.

➤ 金鱼藻 *Ceratophyllum demersum* Linn.

特征：金鱼藻是多年生沉水草本植物；茎长 40～150cm，平滑，具分枝。叶 4～12 轮生，1～2 次二叉状分歧，裂片丝状，或丝状条形，长 1.5～2cm，宽 0.1～0.5mm，先端带白色软骨质，边缘仅一侧有数细齿。花直径约 2mm；苞片 9～12，条形，长 1.5～2mm，浅绿色，透明，先端有 3 齿及带紫色毛；雄蕊 10～16，微密集；子房卵形，花柱钻状。坚果宽椭圆形，长 4～5mm，宽约 2mm，黑色，平滑，边缘无翅，有 3 刺，顶生刺（宿存花柱）长 8～10mm，先端具钩，基部 2 刺向下斜伸，长 4～7mm，先端渐细成刺状。花期 6—7 月，果期 8—10 月。

分布：青海省民和县，互助县，海东市乐都区，循化县，化隆县，门源县，贵德县，尖扎县，同仁市。

生态环境：生于海拔 1 800～2 800m 的淡水湖泊、沼泽死水坑。

毛茛科 Ranunculaceae

乌头属 *Aconitum* Linn.

➤ 伏毛铁棒锤 *Aconitum flavum* Hand.–Mazz.

特征： 多年生草本植物，块根成对，棕色，长圆柱形至长圆锥形；长约4.5cm，粗约8mm。茎直立，高35～100cm，下部无毛，上部密被短柔毛，密生多数叶，通常不分枝。叶互生，茎下部叶果期枯萎，中部叶有短柄；茎生叶密生于中部以上，小裂片线形，无毛；叶片宽卵形，长3.8～5.5cm，宽3.6～4.5cm，基部浅心形，三全裂，全裂片细裂，末回裂片线形，两面无毛，边缘干时稍反卷，疏被短缘毛；叶柄长3～4mm。总状花序顶生；狭长，长为茎的1/5～1/4，有12～25朵花；花序轴密生反曲短柔毛；下部苞片似叶，中部以上的苞片线形；花梗长4～8mm；小苞片生花梗顶部，线形，长3～6mm；萼片黄色带绿色，或暗紫色，外面被短柔毛，上萼片盔状船形，具短爪，高1.5～1.6cm，下缘斜升，上部向下弧状弯曲，外缘斜，侧萼片长约1.5cm，下萼片斜长圆状卵形；花瓣疏被短毛，瓣片长约7mm，唇长约3mm，距长约1mm，向后弯曲；花蓝紫色，盔瓣船形，侧瓣宽倒卵形，下片斜长圆形，被短柔毛，无毛，有长爪；花丝无毛或疏被短毛，全缘；心皮5，无毛或疏被短毛。果长圆形，无毛；长1.1～1.7cm；种子倒卵状三棱形，长约2.5mm，光滑，沿棱具狭翅。花期8—9月；果期9—10月。

分布： 青海省民和县，互助县，海东市乐都区，大通县，门源县，祁连县，泽库县，久治县，玛多县，治多县，杂多县。

生态环境： 生于海拔2 600～4 700m的河谷阶地、山麓砾地、高山草甸裸地、高寒草原砾地、山前冲积扇、山坡草地、沟谷林缘、山坡灌丛、河岸石隙、高山流石坡、湖滨砾地、溪水沟边、河滩草甸、退化高寒草原草场。

➤ 铁棒锤 *Aconitum pendulum* Busch

特征： 多年生草本植物，高 30～100cm。块根倒圆锥形，褐色。茎直立，不分枝，上部被短柔毛。叶互生，宽卵形，长 3～5.5cm，掌状 3 全裂，裂片再作 2～3 深裂；小裂片线形，宽 1～2.2mm，被稀疏茸毛；叶柄长 4～5mm，上部叶近无柄。总状花序顶生，长 8～20cm，总花梗密被伸展的黄色短柔毛；小苞片条形，萼片 5，淡黄色，稀紫色，外面生短毛，上萼船状镰刀形；花瓣 2，无毛，距短，弯曲呈钩状；雄蕊多数；心皮 5，离生，柱头单一。果 5 枚，有毛，成熟后向内开裂，宿存花柱呈芒尖状；种子多数。花期 8—9 月。果期 9—10 月。

分布： 青海省互助县，门源县，祁连县，贵南县，兴海县，泽库县，玛沁县，玛多县，玉树市，曲麻莱县，杂多县。

生态环境： 生于海拔 2 600～4 700m 的山坡砾地、河岸石隙、退化高寒草原、高山流石坡、山前洪积扇、河谷阶地、山麓砾地、高山草甸裸地、河滩草甸、水边沙砾地。

侧金盏花属 *Adonis* Linn.

➤ 甘青侧金盏花 *Adonis bobroviana* Simonov.

特征： 多年生草本植物。根状茎长约 10cm，粗达 1.2cm，上部分枝。茎高达 30cm，有极短的小腺毛，基部有膜质鳞片，常自下部分枝，分枝长，直立或斜展。茎中部以上的叶发育，有极短柄或无柄，长 4～7cm，宽 2～3.6cm，卵形或狭卵形，2～3 回羽状细裂，羽片 3～4 对，末回裂片披针形至线形，宽 0.5～2mm，顶端锐尖，边缘有稀疏小腺毛，变无毛。花直径 2～4cm；萼片 5，淡绿色，带紫色，菱状卵形，长 5～17mm，宽 1.5～8mm，上部边缘有时有齿，有少数短腺毛；花瓣 9～13，黄色，外面带紫色，倒披针形或长圆形，长 1～2cm，宽

3～8mm；雄蕊长达 4mm，花药狭长圆形，长约 1.2mm；心皮有向外弯的短花柱。瘦果倒卵球形，长约 4mm，有隆起的脉网，被短柔毛，宿存花柱短，向下钩伏弯曲。花期 4—7 月。

分布：青海省民和县，西宁市。

生态环境：生于海拔 2 250～2 400m 的山地阴坡草地、沟谷潮湿草甸。

银莲花属 *Anemone* Linn.

➤ 小银莲花 *Anemone exigua* Maxim.

特征：多年生草本植物，植株高 5～24cm。根状茎斜，细长，粗约 0.5mm，节间长 0.8～1cm。基生叶 2～5，有长柄；叶片心状五角形，长 1～3cm，宽 1.7～4cm，3 全裂，中全裂片有短柄，宽菱形，顶端钝，3 浅裂，边缘在中部以上有少数钝牙齿，侧全裂片稍小，不等 2 浅裂，两面有疏柔毛；叶柄长 3.5～13cm。花葶 1（–2），上部有疏柔毛；苞片 3，有柄（长 3.5～15mm），叶片三角状卵形或卵形，长 0.7～1.6cm，宽 0.8～3cm，3 深裂；花梗 1～4，长 1～3cm，有柔毛；萼片 5，白色，椭圆形或倒卵形，长5.5～9.5mm，宽 2～5.5mm，外面有短柔毛；雄蕊长为萼片之半，花药椭圆形，花丝丝形；心皮 5～8（–10），子房有短疏毛，花柱短。瘦果黑色，近椭圆球形，长约 2.6mm，疏被短毛。6—8 月开花。

分布：青海省民和县，大通县，尖扎县，同仁市。

生态环境：生于海拔 2 550～3 600m 的山坡云杉林下、山坡桦木林下、河谷林缘灌丛中、沟谷草甸、河沟水边草地。

➤ 叠裂银莲花 *Anemone imbricata* **Maxim.**

特征： 多年生草本植物，植株高 4～12（–20）cm。根状茎长约 5cm。基生叶 4～7，有长柄；叶片椭圆状狭卵形，长 1.5～2.8cm，宽 1.1～2.2cm，基部心形，3 全裂，中全裂片有细长柄（长 2～6mm），3 全裂或 3 深裂，二回裂片浅裂，侧全裂片无柄，长约为中全裂片之半，不等 3 深裂，各回裂片互相多少覆压，表面近无毛，背面和边缘密被长柔毛；叶柄长 3～4.5cm，有密柔毛。花葶 1～4，直立或渐升，长 4.5～13cm，密被长柔毛；苞片 3，无柄，稍不等大，长 1～1.6cm，3 深裂；花梗 1，长 0.5～3.5cm，有柔毛；萼片 6～9，白色、紫色或黑紫色，倒卵状长圆形或倒卵形，长 1.1～1.3cm，宽 5～7.5mm，无毛或外面有疏柔毛；雄蕊长约 3.5mm，花药椭圆形；心皮约 30，无毛。瘦果扁平，椭圆形，长约 6.5mm，宽约 4mm，有宽边缘，无毛，顶端有弯曲的短宿存花柱。5—8 月开花。

分布： 青海省大通县，兴海县，乌兰县，河南县，玛沁县，久治县，玛多县，玉树市，囊谦县，曲麻莱县，杂多县，治多县。

生态环境： 生于海拔 3 200～5 100m 的高山草甸、阴坡灌丛、高山流石坡、河谷阶地、河滩草甸、沟谷湖边。

➤ 疏齿银莲花 *Anemone geum* subsp. *ovalifolia*（Brühl）**R. P. Chaudhary**

特征： 多年生草本植物，有根状茎。植株通常较低矮，高 3.5～15cm，间或高达 25cm 或 30cm。基生叶 7～15，有长柄，多少密被短柔毛；叶片肾状五角形或宽卵形，叶片长 0.8～2.2（–3.2）cm，3 全裂，两面通常多少密被短柔毛，，通常比中全裂片短一倍左右，3 浅裂，裂片全缘或有 1～2 齿，牙齿的数目通常为中全裂片牙齿数目之半或更少（在钝裂银莲花，叶的侧全裂片与中全裂近等大或稍小，二者牙齿的数目近相等），各回裂片互相多少邻接或稍覆压，脉平；叶柄 3～18cm。花葶 2～5，有开展的柔毛；花序有 1 花；苞片倒卵形，3 浅裂，或卵状长圆形，不分裂，全缘或有 1～3 齿；

萼片 5，白色、蓝色或黄色；花梗 1～2，长 1.5～8cm；3 浅裂，或卵状长圆形，不分裂，全缘或有 1～3 齿；萼片 5，白色、蓝色或黄色；心皮 20～30，子房密被白色柔毛，稀无毛。长 0.8～1.2cm，宽 5～8mm，外面有疏毛；雄蕊长约 4mm，花药椭圆形；心皮约 8，子房密被柔毛。5—7 月开花。

分布： 青海省民和县，互助县，海东市乐都区，大通县，共和县，尖扎县，同仁市，泽库县，河南县，玛沁县，久治县，玉树市，囊谦县，曲麻莱县，杂多县。

生态环境： 生于海拔 2 300～4 800m 的河滩草甸、河谷草地、山坡林缘、沟谷灌丛、高山草甸、河溪水边草甸、高山流石坡。

➤ 草玉梅 *Anemone rivularis* Buch.–Ham. ex DC.

特征： 多年生草本植物，植株高（10）15～65cm。根状茎木质，垂直或稍斜，粗 0.8～1.4cm。基生叶 3～5，有长柄；叶片肾状五角形，长（1.6）2.5～7.5cm，宽（2）4.5～14cm，3 全裂，中全裂片宽菱形或菱状卵形，有时宽卵形，宽（0.7）2.2～7cm，3 深裂，深裂片上部有少数小裂片和牙齿，侧全裂片不等 2 深裂，两面都有糙伏毛；叶柄长（3）5～22cm，有白色柔毛，基部有短鞘。花葶 1（3），直立；聚伞花序长（4）10～30cm，（1）2～3 回分枝；苞片 3（4），有柄，近等大，长（2.2）3.2～9cm，似基生叶，宽菱形，3 裂近基部，一回裂片多少细裂，柄扁平，膜质，长 0.7～1.5cm，宽 4～6mm；花直径（1.3）2～3cm；萼片（6）7～8（10），白色，倒卵形或椭圆状倒卵形，长（0.6）0.9～1.4cm，宽（3.5）5～10mm，外面有疏柔毛，顶端密被短柔毛；雄蕊长约为萼片之半，花药椭圆形，花丝丝形；心皮 30～60，无毛，子房狭长圆形，有拳卷的花柱。瘦果狭卵球形，稍扁，长 7～8mm，宿存花柱钩状弯曲。5—8 月开花。

分布： 青海省大通县，兴海县，尖扎县，同仁市，泽库县，河南县，玛沁县，玛多县，久治县，囊谦县，玉树市，称多县，杂多县，治多县。

生态环境： 生于海拔 2 300～3 650m 的沟谷林下、阴湿灌丛、林缘草甸、河滩疏林下、渠岸沟沿、河滩草甸、河谷阶地、河沟溪水边、山麓湿地、山坡草地。

➤ 小花草玉梅 *Anemone rivularis* var. *flore-minore* **Maxim.**

特征： 多年生草本植物，植株常粗壮，高 42～125cm。根状茎木质，垂直或稍斜，粗 0.8～1.4cm。基生叶 3～5，有长柄；叶片肾状五角形，长（1.6）2.5～7.5cm，宽（2）4.5～14cm，3 全裂，中全裂片宽菱形或菱状卵形，有时宽卵形，宽（0.7）2.2～7cm，3 深裂，深裂片上部有少数小裂片和牙齿，侧全裂片不等 2 深裂，两面都有糙伏毛；叶柄长（3）5～22cm，有白色柔毛，基部有短鞘。花葶 1（3），直立；聚伞花序长（4）10～30cm，（1）2～3 回分枝；苞片的深裂片通常不分裂，披针形至披针状线形，有柄，近等大，长（2.2）3.2～9cm，似基生叶，宽菱形，3 裂近基部，一回裂片多少细裂，柄扁平，膜质，长 0.7～1.5cm，宽 4～6mm；花直径（1.3）2～3cm；萼片 5（6），白色，狭椭圆形或倒卵状狭椭圆形，长 6～9mm，宽 2.5～4mm，外面有疏柔毛，顶端密被短柔毛；雄蕊长约为萼片之半，花药椭圆形，花丝丝形；心皮 30～60，无毛，子房狭长圆形，有拳卷的花柱。瘦果狭卵球形，稍扁，长 7～8mm，宿存花柱钩状弯曲。5—8 月开花。

分布： 青海省民和县，互助县，湟中县，大通县，兴海县，玉树市，曲麻莱县，杂多县。

生态环境： 生于海拔 2 000～3 660m 的河滩草甸、河沟水渠边、山麓湿地、山坡草地、沟谷林下、林缘灌丛、河滩疏林下。

➤ 大火草 *Anemone tomentosa*（Maxim.）C. P'ei

特征：多年生草本植物，植株高 40～150cm。根状茎粗 0.5～1.8cm。基生叶 3～4，有长柄，为三出复叶，有时有 1～2 叶为单叶；中央小叶有长柄（长 5.2～7.5cm），小叶片卵形至三角状卵形，长 9～16cm，宽 7～12cm，顶端急尖，基部浅心形，心形或圆形，3 浅裂至 3 深裂，边缘有不规则小裂片和小齿，表面有糙伏毛，背面密被白色绒毛，侧生小叶稍斜，叶柄长（6）16～48cm，与花葶都密被白色或淡黄色短茸毛，具柄，有时为单叶。花葶粗 3～9mm；聚伞花序长 26～38cm，2～3 回分枝；苞片 3，与基生叶相似，不等大，有时 1 个为单叶，3 深裂；花梗长 3.5～6.8cm，有短茸毛；萼片 5，淡粉红色或白色，倒卵形、宽倒卵形或宽椭圆形，长 1.5～2.2cm，宽 1～2cm，背面有短绒毛犷雄蕊长约为萼片长度的 1/4；心皮 400～500，长约 1mm，子房密被茸毛，柱头斜，无毛。雄蕊多数，密被茸毛。聚合果球形，直径约 1cm；瘦果长约 3mm，有细柄，密被绵毛。7—10 月开花。

分布：青海省民和县，循化县。

生态环境：生于海拔 1 850～2 600m 的林缘山坡、河滩疏林、沟谷灌丛、河沟水边、河漫滩草甸。

➤ 条叶银莲花 *Anemone trullifolia* Hook. f. et Thoms. var. *linearis*（Bruhl）Hand.–Mazz.

特征：多年生草本植物，植株高 10～18cm。根状茎粗 0.8～1.8cm。基生叶 5～10，有短柄或长柄；叶较狭，线状倒披针形、倒披针形或匙形，长 3～6（12）cm，宽 0.7～2cm，基部渐狭，不分裂，顶端有 3（6）锐齿，偶尔全缘或不明显 3 浅裂。两面密被长柔毛；叶柄不明显或明显，长达 3～7cm，扁平，基部稍变宽。花葶 1～4，有疏柔毛；苞片 3，无柄，狭倒卵形或长圆形，长 0.8～1.5cm，宽 3～8mm，顶端有 3 钝齿或全缘；花梗 1，长 0.5～3cm；萼片 5（6），白色或黄色，倒卵形，长 0.7～1.4cm，宽 4～9mm，顶端圆形，外面中部有密柔毛；雄蕊长 3～4mm，花药椭圆形；心皮 13～20，子房密被黄色柔毛。6—9 月开花。

分布：青海省循化县，大通县，同仁市，河南县，玛沁县，久治县，班玛县，玉树市，囊谦县，杂多县。

生态环境：生于海拔 2 700～4 400m 的河滩草甸、山坡草地、溪水沟边、高山草甸、阴坡灌丛、湖滨河岸、山麓草甸。

水毛茛属 *Batrachium* S. F. Gray

➤ 水毛茛 *Batrachium bungei*（Steud.）L. Liou

特征： 多年生沉水草本植物。茎长 30cm 以上，无毛或在节上有疏毛。叶有短或长柄；叶片轮廓近半圆形或扇状半圆形，直径 2.5～4cm，3～5 回 2～3 裂，小裂片近丝形，在水外通常收拢或近叉开，无毛或近无毛；叶柄长 0.7～2cm，基部有宽或狭鞘，鞘长 3～4mm，通常多少有短伏毛，偶尔叶柄只有鞘状部分。水毛茛 2 种不同的叶子类型。水上的是单叶（气生叶圆形，有裂开的外边缘。这些叶子通常非常轻，足  以漂浮在水面上，有的叶子可以长出比水面高 5cm 左右。另外，长在水下的叶子呈羽毛状，比气生叶的表面更大。花直径 1～1.5（2）cm；花梗长 2～5cm，无毛；萼片反折，卵状椭圆形，长 2.5～4mm，边缘膜质，无毛；花瓣白色，基部黄色，倒卵形，长 5～9mm；雄蕊 10 余枚，花药长 0.6～1mm；花托有毛。聚合果卵球形，直径约 3.5mm；瘦果 20～40，斜狭倒卵形，长 1.2～2mm，有横皱纹。花期 5—8 月。

分布： 青海省大通县，祁连县，同仁市，泽库县，河南县，玛沁县，甘德县，久治县，达日县，玛多县，称多县，玉树市，曲麻莱县，杂多县，治多县。

生态环境： 生于海拔 3 000～4 700m 的河滩沼泽、河湾死水坑、沼泽草甸积水处、河漫滩、湖边浅水中、小溪、河沟水池中。

驴蹄草属 *Caltha* Linn.

➤ 花葶驴蹄草 *Caltha scaposa* Hook. f. et Thoms.

特征： 多年生矮小草本植物，具多数肉质须根。茎单一或数条，有时多达 10 条，直立或有时渐升，高 3～18cm，粗 1～2mm，通常只在顶端生 1 朵花，无叶或有时在中部或上部生 1 个叶，稀生

2 个叶。基生叶 3～10，叶片心状卵形或三角状卵形，有时肾形，长 1～4cm，宽 1～3cm，顶端圆形，基部深心形，边缘全缘或带波形，有时疏生小牙齿；叶柄长 2.5～15cm，基部具膜质鞘。茎生叶如存在时极小，具短柄或有时无柄，叶片长在 1.2cm 以下。花单独生于茎顶部或 2 朵形成简单的单歧聚伞花序；花梗长 2～16cm；萼片 5，黄色，倒卵形、椭圆形或卵形，长 0.6～1.5cm，宽 0.5～1.4cm，顶端圆形；雄蕊长 3.5～7mm，花药长圆形，长 1.5～2mm，花丝狭线形；心皮 5～11，与雄蕊近等长，具短柄和短花柱。蓇葖果长 0.6～1.5cm，宽 2～3mm，具明显的横脉，柄长 1.8～3mm，喙长约 1mm，种子黑色，肾状椭球形，稍扁，长 1.2～1.5mm，光滑，有少数纵肋。花期 6—9 月，果期 8—10 月。

分布： 青海省互助县，湟中县，同仁市，久治县，玛多县，称多县，玉树市，囊谦县，治多县，杂多县。

生态环境： 生于海拔 3 000～4 600m 的高寒沼泽草甸、高山冰缘湿地、山坡草地、高寒灌丛、高寒草甸、河漫滩草甸、湖滨湿地、高寒沼泽草甸。

翠雀属 *Clematis* Linn.

➤ 蓝翠雀花 *Delphinium caeruleum* Jacquem. ex Cambess.

特征： 多年生草本植物。茎高 8～60cm，与叶柄均被反曲的短柔毛，通常自下部分枝。基生叶有长柄；叶片近圆形，宽 1.8～5cm，3 全裂，中央全裂片菱状倒卵形，细裂，末回裂片线形，宽 1.5～2.5（4）mm，顶端有短尖，侧全裂片扇形，2～3 回细裂，表面密被短伏毛，背面的毛较稀疏且较长；叶柄长 3.5～14cm，基部有狭鞘。茎生叶似基生叶，渐变小。伞房花序常呈伞状，有 1～7 花；下部苞片叶状或三裂，其他苞片线形；花梗细，长 5～8cm，与轴密被反曲的白色短柔毛，有时混生开展的白色柔毛和黄色短腺毛；小苞片生花梗中部上下，披针形，长 4～10mm；萼片紫蓝色，偶尔有白色，椭圆状倒卵形或椭圆形，长 1.5～1.8（2.5）cm，外面有短柔毛，有时基部密被长柔毛，距钻形，长 1.8～2.8cm，基部粗 2～3mm，花瓣蓝色，无毛；退化雄蕊蓝色，瓣片宽倒卵形或近圆形，顶端不裂或微凹，腹面被黄色髯毛；花丝疏被短毛或无毛；心皮 5，子房密被短柔毛。蓇葖长 1.1～1.3cm；种子倒卵状四面体形，长约 1.5mm，沿棱有狭翅。7—9 月开花。

分布： 青海省循化县，湟中县，湟源县，大通县，贵南县，兴海县，天峻县，同仁市，泽库县，久治县，玛多县，玉树市，囊谦县，杂多县。

生态环境： 生于海拔 2 700～4 300m 的高山灌丛、高寒草甸、山前洪积扇、河岸湿地、泉边砾地、河谷阶地、山麓石隙、山坡草地。

➤ 单花翠雀花 *Delphinium candelabrum* var. *monanthum*（Hand.–Mazz.）W. T. Wang

特征： 奇林翠雀花：茎埋于石砾中，长约 6cm，下部无毛，上部有短柔毛。叶在茎露出地面处丛生，有长柄；叶片肾状五角形，宽 1～2cm，3 全裂，中全裂片宽菱形，侧全裂片近扇形，一至二回细裂，小裂片线状披针形，疏被短柔毛；叶柄长 2～3.5cm。花梗 3～6 条自茎端与叶丛同时生出，长 5～7cm，渐升，上部密被黄色柔毛；小苞片生花梗近中部处，3 裂，裂片披针形；花大；萼片蓝紫色，卵形，长约 2cm，外面有黄色短柔毛，距比萼片稍长或与萼片近等长，钻形，直或稍向下弧状弯曲；花瓣暗褐色，疏被短毛或无毛，顶端微凹；退化雄蕊黑褐色，近圆形，2 浅裂，腹面有黄色髯毛，爪与瓣片近等长，基部有短附属物；雄蕊无毛；心皮 3，子房被毛。8 月开花。

单花翠雀花与奇林翠雀花的区别：叶裂片分裂程度较小，小裂片较宽，卵形，彼此多邻接；花瓣顶端全缘。萼片长 1.8～3cm，距长 2～3cm。退化雄蕊常紫色，有时下部黑褐色。

分布： 青海省祁连县，德令哈市，同仁市，泽库县，玛多县，囊谦县，曲麻莱县，杂多县，治多县。

生态环境： 生于海拔 3 500～5 000m 的高山倒石堆、泉水边砾地、高山冰缘湿地、山坡湿沙地、河谷山麓、高山、流石滩、滩砾地。

➤ 密花翠雀 *Delphinium densiflorum* Duthie ex Huth

特征：多年生草本植物，茎直立，高 30～46cm，粗达 1cm，疏被柔毛或变无毛。叶基生并茎生，下部的有长柄，近花序的叶具短柄；叶片亚革质，肾形，长 3.2～3.7cm，宽 6～7cm，掌状三深裂，深裂片互相稍覆压，边缘有圆齿，表面近无毛，背面沿脉疏被短柔毛；基生叶的柄长达 17cm。总状花序长为植株的 1/4～1/2，有 30～40 朵密集的花；花梗长 2～2.5cm，密被反曲的淡黄色腺毛；小苞片生花梗上部，线状长圆形，长 1.4～1.5cm，有长缘毛；萼片宿存，淡灰蓝色，外面被长柔毛，内面无毛，上萼片船状卵形，长 2.8～3cm，宽约 1.6cm，距圆锥状，长 0.8～1cm，顶端钝，其他的萼片较小，卵形，长约 2.4cm；花瓣顶端 2 浅裂，有缘毛；退化雄蕊长约 1.4cm，瓣片卵形，与爪近等长 2 深裂，裂片宽披针形，在腹面中央有一丛长柔毛；雄蕊无毛；心皮 3，子房有柔毛。蓇葖长约 1.2cm；种子三棱形，长约 2mm，沿棱有狭翅。7—8 月开花。

分布：青海省互助县，同仁市，泽库县，玛多县。

生态环境：生于海拔 3 700～4 500m 的沟谷岩隙、河滩砾地、沙砾山坡、泉水出露处、山沟湿沙地、山前冲积扇、高山倒石堆、高山草甸。

➤ 毛翠雀花 *Delphinium trichophorum* Franch.

特征：多年生草本植物。茎高 25～65cm，被糙毛，有时脱落变无毛。基部或近基部叶 3～5，具长柄；叶柄长 5～20cm；叶片肾形或圆肾形，长 2.8～10cm，宽 4.8～15cm，3 深裂，深裂片互相覆压或稍分开，裂片倒卵状楔形，具浅裂片和钝牙齿，两面疏被糙毛，有时脱落。总状花序狭长，长 6～30cm，下部苞片叶状，上部变小，披针形；轴及花梗有糙毛；小萼片位于花梗上部或近先端贴于萼上，密被长糙毛；花两性，两侧对称；萼片 5，卵形，长 1.2～1.9cm，淡紫色，内外两面均被长糙毛；上萼片船状卵形，距下垂。长 1.8～2.4cm；花瓣 2，先端微凹，偶尔疏被硬毛；退化雄蕊 2，瓣片卵形，2 浅裂，有时疏被糙毛；雄蕊多数，无毛；心皮 3，被短毛。蓇葖果长 1.8～2.8cm。种子四面体形，长约 2mm，沿棱有狭翅。花期 8—10 月，果期 9—10 月。

分布： 青海省门源县，河南县，泽库县，久治县，玉树市，囊谦县，曲麻莱县，杂多县，治多县。

生态环境： 生于海拔3 200～4 350m的高山灌丛、河谷阶地、沟谷河岸、山坡石隙、冲沟砾地、泉边湿地、高山草甸。

碱毛茛属 *Halerpestes* Greene

➤ 水葫芦苗 *Halerpestes sarmentosa*（Adams）Kom.

特征： 多年生草本植物。匍匐茎细长，横走。叶多数；叶片纸质，多近圆形，或肾形、宽卵形，长0.5～2.5cm，宽稍大于长，基部圆心形、截形或宽楔形，边缘有3～7（11）个圆齿，有时3～5裂，无毛；叶柄长2～12cm，稍有毛。花葶1～4条，高5～15cm，无毛；苞片线形；花小，直径6～8mm；萼片绿色，卵形，长3～4mm，无毛，反折；花瓣5，狭椭圆形，与萼片近等长，顶端圆形，基部有长约1mm的

爪，爪上端有点状蜜槽；花药长0.5～0.8mm，花丝长约2mm；花托圆柱形，长约5mm，有短柔毛。聚合果椭圆球形，直径约5mm；瘦果小而极多，斜倒卵形，长1.2～1.5mm，两面稍臌起，有3～5条纵肋，无毛，喙极短，呈点状。花果期5—9月。

分布： 青海省大通县，都兰县，德令哈市，杂多县。

生态环境： 生于海拔 2 230～2 900m 的山坡林下、沟谷林缘湿地、灌丛草甸、河溪水池边、沼泽浅水中。

➤ 三裂碱毛茛 *Halerpestes tricuspis*（Maxim.）Hand.–Mazz.

特征： 多年生小草本植物。匍匐茎纤细，横走，节处生根和簇生数叶。叶均基生；叶片质地较厚，形状多变异，菱状楔形至宽卵形，长 1～2cm，宽 0.5～1cm，基部楔形至截圆形，3 中裂至 3 深裂，有时侧裂片 2～3 裂或有齿，中裂片较长，长圆形，全缘，脉不明显，无毛或有柔毛；叶柄长 1～2cm，基部有膜质鞘。花葶高 2～4cm 或更高，无毛或有柔毛，无叶或有 1 苞片；花单生，直径 7～10mm；萼片卵状长圆形，长

3～5mm，边缘膜质；花瓣 5，黄色或表面白色，狭椭圆形，长约 5mm，宽 1.5～2mm，顶端稍尖，有 3～5 脉，爪长约 0.8mm，蜜槽点状或上部分离成极小鳞片；雄蕊约 20，花药卵圆形，长 0.5～0.8mm，花丝长为花药的 2～3 倍；花托有短毛。聚合果近球形，直径约 6mm；瘦果 20 多枚，斜倒卵形，长 1.2～2mm，宽约 1mm，两面稍膨起，有 3～7 条纵肋，无毛，喙长约 0.5mm。花果期 5—8 月。

分布： 青海省互助县，大通县，门源县，共和县，兴海县，同仁市，久治县，达日县，玛多县，称多县，玉树市，治多县，杂多县。

生态环境： 生于海拔 2 230～4 600m 的河沟水渠边、高山草甸、湖滨湿砾地、河漫滩草甸、河边湿草地、沼泽草甸、阴坡草地、山麓潮湿沙地。

鸦跖花属 *Oxygraphis* Bunge

➤ 鸦跖花 *Oxygraphis kamchatica*（DC.）R. R. Stewart

特征： 植株高 2～9cm，有短根状茎；须根细长，簇生。叶全部基生，卵形、倒卵形至椭圆状长圆形，长 0.3～3cm，宽 5～25mm，全缘，有 3 出脉，无毛，常有软骨质边缘；叶柄较宽扁，长 1～

4cm，基部鞘状，最后撕裂成纤维状残存。花葶 1～3（5）条，无毛；花单生，直径 1.5～3cm；萼片 5，宽倒卵形，长 4～10mm，近革质，无毛，果后增大，宿存；花瓣橙黄色或表面白色，10～15 枚，披针形或长圆形，长 7～15mm，宽 1.5～4m，有 3～5 脉，基部渐狭成爪，蜜槽呈杯状凹穴；花药长 0.5～1.2mm；花托较宽扁。聚合果近球形，直径约 1cm；瘦果楔状菱形，长 2.5～3mm，宽 1～1.5mm，有 4 条纵肋，背肋明显，喙顶生，短而硬，基部两侧有翼。花果期 6—8 月。

分布：青海省互助县，循化县，大通县，门源县，祁连县，同德县，兴海县，同仁市，泽库县，玛沁县，甘德县，久治县，达日县，玛多县，称多县，玉树市，曲麻莱县，治多县，杂多县。

生态环境：生于海拔 2 300～4 850m 的高山草甸、高寒沼泽草甸、河滩沙砾地、高山流石坡、山麓倒石堆、河溪水沟边、冰缘湿砾地。

毛茛属 *Ranunculus* Linn.

➤ 鸟足毛茛 *Ranunculus brotherusii* Freyn

特征：多年生草本植物。须根簇生。茎直立，高 3～10cm，单一或分枝，有柔毛。基生叶多数，叶片肾圆形，长 6～10mm，宽 6～16mm，3 深裂或达基部，中裂片长圆状倒卵形或披针形，全缘或有 3 齿，侧裂片 2 中裂至 2 深裂，散生柔毛，顶端稍尖，基部截形或宽楔形；叶柄细，长 2～4cm，生柔毛，老后成纤维状残存。下部叶与基生叶相似，上部叶无柄，3～5 深裂，裂片再不等地 2～3 裂，末回裂片线

形。花单生于茎顶，直径约 1cm；花梗长 1～3cm 或果期伸长达 6cm，生柔毛；萼片卵形，长 3～4mm，外面生柔毛；花瓣 5，长卵圆形，长 5～6mm，基部有细爪，蜜槽点状，花药长约 1mm；花托圆柱形，果期长约 4mm，无毛。聚合果矩圆形，长 5～6mm，约为宽的 2 倍，瘦果卵球形，长

1～1.3mm，无毛，喙直伸或顶端弯，长 0.5～0.8mm。花果期 6—8 月。

分布：青海省互助县，海东市乐都区，大通县，门源县，兴海县，尖扎县，同仁市，泽库县，河南县，玛沁县，久治县，玛多县，玉树市，曲麻莱县，杂多县。

生态环境：生于海拔 2 800～4 800m 的高山草甸、高山流石坡、湖边湿草地、沟谷溪水边、林缘草甸、山沟灌丛中、山坡草地、河滩砾地、沼泽草甸、高山流水线。

➢ 叉裂毛茛 *Ranunculus furcatifidus* W. T. Wang

特征：多年生草本植物；茎高达 18cm，被柔毛；基生叶约 5，叶宽菱形，长 1～2.5cm，宽0.7～2.3cm，基铀宽楔形，稀近平截，3 深裂，中裂片长圆状披针形或线形，不裂，或具 1～2小裂片，侧裂片叙坡披针形、不等 2（3）浅裂，上面无毛，下面疏被毛；叶柄长，1.5～5cm；单花顶生；花托被毛；萼片 5，窄椭圆形，长 2.5～4.2mm；花瓣 5，椭圆状倒卵形，长 3～5mm；雄蕊 10～12；瘦果窄倒卵球形，长约 1mm，无毛；宿存花柱长约 0.4mm；

分布：青海省门源县，贵德县。

生态环境：生于海拔 2 500～2 700m 的河滩草甸、沟谷砾石地、河沟溪水边、沼泽草甸、河谷阶地草甸。

➢ 三裂毛茛 *Ranunculus hirtellus* var. *orientalis* W. T. Wang

特征：三裂毛茛，多年生草本植物。须根基部稍粗厚，伸长。茎倾斜上升或直立，高 5～20cm，有叉状分枝或单一，大多生柔毛。基生叶数枚，叶片肾状圆形或近圆形，直径 8～15mm，基部心形至截形，3 深裂，中裂片倒卵状楔形，宽 4～10mm，有 3 齿或全缘，侧裂片斜卵形，有 2～4 齿或 2 裂，两面有柔毛或近无毛；叶柄长 5～10cm，有柔毛或无毛，基部有膜质长鞘，老后呈纤维状残存。下部叶与基生叶相似，叶柄渐变短，基部有膜质宽鞘抱茎，鞘常有柔毛；上部叶无柄，3 深裂，裂片线状披针形至线形，宽 1～2mm，大多全缘，顶端稍尖。三裂毛茛花单生茎顶和分枝顶端，直径 1～1.5cm；花梗长 2～4cm 或果期更长，生曲柔毛；萼片卵圆形，长 4～6mm，背面生柔毛，边缘宽膜质，有时带紫色；花瓣 5，倒卵形至长圆形，长 6～8mm，基部有短爪，蜜槽呈点状；

花药长约 1mm，花丝 2 倍长于花药；花托棒状，有残留果柄，无毛或有柔毛。聚合果卵球形，直径约 5mm；瘦果稍扁，长约 1.5mm，宽约 1.3mm，厚约 1mm，无毛或有细毛，喙直伸或弯，长 0.5～1mm。花果期 6—8 月。

分布： 青海省循化县，兴海县，杂多县。

生态环境： 生于海拔 2 300～4 100m 的高山草甸、河岸水边、河滩砾地、沟谷草地、山坡路边。

➤ 苞毛茛 *Ranunculus similis* Hemsl.

特征： 须根多数，伸长。茎单一直立，高 3～6（8）cm，肉质较厚，平滑无毛。基生叶 2～4 枚；叶片肾状圆形，长 5～12mm，宽 7～20mm，基部稍心形或截圆形，顶端有 3～5 个浅圆齿，肉质，无毛，边缘带紫色或偶见有毛；叶柄长 2～4cm，无毛。茎生叶 2～3 枚，邻接于花下而似总苞，叶片卵圆状楔形，长 1～1.5cm，宽 0.5～1cm，3 中裂或较深裂，顶端钝圆，上面及边缘有丝状长柔毛，无柄。花单

生茎顶，直径 1.2～2cm；花梗粗短，长 2～4mm，果期伸长可达 1～1.5cm；萼片卵圆形，长 4～5mm，有 3～5 脉，暗紫色，外面生丝状长柔毛，果期增大变厚，宿存；花瓣 5，黄色或变紫色，倒卵形，长 8～12mm，宽 5～8mm，有多数脉，顶端截圆或有凹陷，基部有长约 1mm 的窄爪，蜜槽杯状，或顶端稍分离；花药长约 2mm；花托肥厚，生丝状柔毛。聚合果近球形，直径 6～9mm；瘦果卵球形而稍扁，长约 2mm，无毛，背部有纵肋，喙短，基部宽扁，下延于果部呈翼状，长约 0.5mm。

分布： 青海省玛多县，称多县，玉树市，囊谦县，曲麻莱县，治多县（可可西里）。

生态环境： 生于海拔 4 200～5 100m 的高山稀疏植被、高山流石坡、边缘湿地草甸、高山草甸、高山沼泽草甸、山坡石隙、河滩沙砾地、河岸沟谷边湿地。

➤ 棉毛茛 *Ranunculus membranaceus* Royle

特征： 基生叶多数，叶片线状披针形或线形，全缘，长1～3cm，宽2～3mm，通常内卷，质地较厚，下面密生棉状白柔毛，上面毛少或无毛；有时外圈叶呈卵形，顶端3齿裂，边缘疏生白柔毛；叶柄较短，生棉状绢毛，基部扩大成膜质长鞘，鞘白色而有光泽，长1～3cm，相互紧抱，老后撕裂成纤维状残存。茎生叶有短柄至无柄，叶片3深裂，裂片线形，下面密生棉状柔毛；上部叶不分裂或呈苞片状。花单生于茎顶和分枝顶端，直径1.2～1.8cm；花梗密生白绢毛；萼片椭圆形，长3～6mm，迟落或宿存，外面密生绢柔毛，花瓣5，橙黄色，倒卵形，长6～9mm，基部狭窄成爪，蜜槽成棱状袋穴；花药长圆形，长约1.5mm；花托肥厚，无毛或顶端生白毛。聚合果长圆形，直径5～6mm；瘦果卵球形，稍扁，长约1.5mm，无毛，背腹有纵肋，喙直伸或稍弯，长约0.5mm。花果期6—9月。

分布： 青海省互助县，门源县，同德县，同仁市，泽库县，河南县，玛沁县，达日县，玛多县，囊谦县，曲麻莱县，杂多县，治多县。

生态环境： 生于海拔3 180～4 590m的河溪水沟边、沟谷湿地、高寒草甸、高山流石坡、河滩砾地、河岸草地。

➤ 浮毛茛 *Ranunculus natans* C. A. Mey.

特征： 多年生水生草本植物。茎多数，铺散蔓生，高20cm以上，直径2～3mm，节上生根和分枝长叶，无毛。基生叶和下部叶较多，有长柄；叶片肾形或肾圆形，长1～1.5cm，宽1.5～2.5cm，基部浅心形或截形，3～5浅裂，裂片钝圆，宽5～10mm，有时疏生圆齿，质地较厚，无毛；叶柄长2～8cm，无毛，基部有长鞘。上部叶较小，3浅裂或不分裂，叶柄较短。花单生，直径约7mm；花梗与上部叶对生，长 1～4cm，大多无毛或贴生短毛；萼片卵圆形，长 3～4mm，开展，无毛；花瓣 5，倒卵圆形，稍长于萼片，有 3～5 脉，下部骤然变窄成长约 1mm 的爪，蜜槽点状位于爪的上端；花药长约 0.2mm；花托肥厚，直径 3～5mm，散生短毛。聚合果近球形，直径约 7mm；瘦果多，卵球形，稍扁，长约 1.5mm，宽约 1mm，厚约 0.7mm，无毛，背腹纵肋常内凹成细槽，喙短，长约 0.2mm。花果期 6—7 月。以叶片宽厚，3～5 浅裂，顶端圆，基部浅心形至圆截形及聚合果较大与沼地毛茛等水生种类有别。

分布：青海省大通县，共和县。

生态环境：生于海拔 2 460～3 200m 的湖滨草甸、河谷阶地、沟谷水边湿地、沼泽草甸、河滩林边、溪水渠岸

➢ 云生毛茛 *Ranunculus nephelogenes* Edgew.

特征：多年生草本植物。茎直立，高 3～12cm，单一呈葶状或有 2～3 个腋生短分枝，近无毛。基生叶多数，叶片呈披针形至线形，或外层的呈卵圆形，长 1～5cm，宽 2～8mm，全缘，基部楔形，有 3～5 脉，近革质，通常无毛；叶柄长 1～4cm，有膜质长鞘。茎生叶 1～3，无柄，叶片线形，全缘，有时 3 深裂，长 1～4cm，宽 0.5～5mm，无毛。花单生茎顶或短分枝顶端，直径 1～1.5cm；花梗长 2～5cm 或果期伸长，有金黄色细柔毛；萼片卵形，长 3～5mm，常带紫色，有 3～5 脉，外面生黄色柔毛或无毛，边缘膜质；花瓣 5，倒卵形，长 6～8mm，有短爪，蜜槽呈杯状袋穴；花药长 1～1.5mm；花托在果期伸长增厚，呈圆柱形，疏生短毛。聚合果长圆形，直径 5～8mm，瘦果卵球形，长约 1.5mm，宽约 1mm，为厚的 1.5 倍，无毛，有背腹纵肋，喙直伸，长约 1mm。花果期 6—8 月。

分布：青海省互助县，循化县，大通县，同仁市，泽库县，河南县，玛沁县，久治县，达日县，玛多县，称多县，玉树市，囊谦县，曲麻莱县，杂多县，治多县。

生态环境：生于海拔 2 210～4 400m 的高山草甸、林中潮湿处、河滩草甸、河沟水渠边、林缘灌丛、高山流水线、沼泽草甸。

➤ 长茎毛茛 *Ranunculus nephelogenes var. longicaulis*（Trautv.）W. T. Wang

特征： 长茎毛茛是多年生草本植物。须根伸长扭曲。茎直立，高 20～30cm，直径 2～5mm，有 2～4 次二歧长分枝，无毛或生细毛。基生叶多数；叶片长椭圆形至线状披针形，长 1～5cm，宽 5～12mm，全缘，有 3～5 脉，顶端有钝点，基部楔形或圆形，无毛或生疏毛；叶柄长 2～8cm，1～4mm，全缘，多不分裂，基部成膜质宽鞘抱茎，无毛或边缘有柔毛。长茎毛茛花单生于茎顶和分枝顶端，直径约 1cm，有时达 1.8cm；花梗伸长，贴生黄柔毛；萼片卵形，长约 4mm，带紫色，外面密生短柔毛；花瓣 5，倒卵形至卵圆形，稍长或 2 倍长于萼片，基部有短爪，蜜槽呈点状袋穴；花药长 1～1.5mm；花托短圆锥形，生细毛。聚合果卵球形，直径约 6mm；瘦果卵球形，稍扁，长 2～2.2mm，宽约 1.4mm，无毛，背腹有纵肋，喙直伸或外弯，长约 1mm。花果期 6—8 月。

分布： 青海省大通县，祁连县，共和县，兴海县，尖扎县，泽库县，河南县，玉树市，杂多县。

生态环境： 生于海拔 2 400～3 780m 的山地阴坡、高山草甸、灌丛草甸、沼泽草甸、河滩草甸、山坡、林中潮湿处、河沟水渠边。

➤ 美丽毛茛 *Ranunculus pulchellus* C. A. Mey.

特征： 多年生草本植物。须根伸长。茎直立或斜升，高 10～20cm，单一或上部有 1～2 分枝，无毛或有柔毛。基生叶多数，椭圆形至卵状长圆形，长 1～3cm，宽 5～15mm，基部楔形，有 3～7 个齿裂或缺刻，顶端稍尖，质地较厚，无毛或有柔毛；叶柄长 2～6cm，无毛或疏生柔毛，基部有膜质宽鞘。茎生叶 2～3 枚，叶片 3～5 深裂，裂片线形，长 1.5～3cm，宽 1～2mm，全缘，无毛或生柔毛，具短柄至无柄。美丽毛茛花单生于茎顶和腋生短分枝顶端，直径 1～1.5cm；花梗细长，伏生金黄色柔毛；萼片椭圆形，长 3～5mm，常带紫色，外面生黄色柔毛，边缘膜质；花瓣 5～6，黄色或上面白色，倒卵形，长为萼片的 2 倍，基部有窄爪，蜜槽呈杯状袋穴，边缘稍有分离；花药长圆形，长约 1.5mm，花丝与花药近等长；花托于果期伸长呈长圆形，无毛或顶端有短毛。聚合果椭圆形，直径约 5mm；瘦果卵球形，长 1.5～2mm，宽约 1.2mm，约为厚的 2 倍，无毛，边缘有纵肋，喙直伸，长约 1mm，腹面和顶端有柱头面，向背弯弓。花果期 6—8 月。

分布： 青海省循化县，西宁市，祁连县，海晏县，兴海县，共和县，尖扎县，泽库县，河南县，玛沁县，久治县，玛多县，玉树市，囊谦县，曲麻莱县，杂多县。

生态环境： 生于海拔 2 700～4 600m 的河溪水边、高山稀疏植被、山坡湿地、河滩砾地、沼泽草甸、高山草甸、高山流石坡。

➤ 高原毛茛 *Ranunculus tanguticus*（Maxim.）Ovcz.

特征：多年生草本植物。须根基部稍增厚呈纺锤形。茎直立或斜升，高 10～30cm，多分枝，生白柔毛。基生叶多数，和下部叶均有生柔毛的长叶柄；叶片圆肾形或倒卵形，长及宽 1～4（6）cm，3 出复叶，小叶片 2～3 回 3 全裂或深、中裂，末回裂片披针形至线形，宽 1～3mm，顶端稍尖，两面或下面贴生白柔毛；小叶柄短或近无。上部叶渐小，3～5 全裂，裂片线形，宽约 1mm，有短柄至无柄，基部具生柔毛的膜质宽

鞘。花较多，单生于茎顶和分枝顶端，直径 8～12（18）mm；花梗被白柔毛，在果期伸长；萼片椭圆形，长 3～4（6）mm，生柔毛；花瓣 5，倒卵圆形，长 5～8mm，基部有窄长爪，蜜槽点状；花托圆柱形，长 5～7mm，宽 1.5～2.5mm，较平滑，常生细毛。聚合果长圆形，长 6～8mm，约为宽的 2 倍；瘦果小而多，卵球形，较扁，长 1.2～1.5mm，稍大于宽，约为厚的 2 倍，无毛，喙直伸或稍弯，长 0.5～1mm。花果期 6—8 月。

分布：青海省民和县，互助县，海东市乐都区，循化县，大通县，门源县，海晏县，兴海县，天峻县，尖扎县，同仁市，泽库县，河南县，玛沁县，久治县，班玛县，玛多县，玉树市，曲麻莱县，杂多县。

生态环境：生于海拔 2 280～4 400m 的河边砾地、河漫滩、高山砾石坡、河谷阶地、沼泽草甸、高山草甸、山地阴坡灌丛草甸。

唐松草属 *Thalictrum* **Linn.**

➤ 腺毛唐松草 *Thalictrum foetidum* **Linn.**

特征: 多年生草本植物,高 20～50cm。根茎较粗,具多数须根。茎具槽,基部近无毛,上部被短腺毛。茎生叶较多,均等地排列在茎上,3～4 回 3 出羽伏复叶,茎基部叶具较长的柄,柄长达 4cm,茎上部叶柄较短,叶柄基部两侧稍加宽,呈膜质伏鞘,叶广三角形,长约 10cm,最终小叶片近圆形或倒卵形,长 2～10mm,宽 2～12mm,基部微心形或圆状楔形,3 浅裂,裂片全缘或具 2～3 个钝牙齿,表面绿色,被短腺毛,背面灰绿色,密被短腺毛。圆锥花序,花小,通常下垂,淡绿色,稍带暗紫;花梗细,长 1～3cm;萼片 4～5 枚,卵形,长约 3mm,宽约 1.5mm;雄蕊多数,比萼片长 1.5～2 倍,花丝很细,丝伏,长 3～5mm,花药黄色,线形,比花丝粗,长 1.5～3mm;心皮 5～9 或更多,子房无柄,花柱较长。瘦果无梗,卵形,长 2～5mm,具 8 条突出的纵肋,被短腺毛,果嘴长约 1mm,微弯。花期 6 月,果期 7 月。

分布: 青海省西宁市,门源县,贵南县,共和县,兴海县,乌兰县,都兰县,德令哈市,河南县,玉树市,囊谦县,杂多县。

生态环境: 生于海拔 2 560～3 060m 的沟谷林下、山坡林缘、河岸灌丛、河谷阶地、滩地草甸、山坡草地、河沟水边、岩石缝隙。

➤ 亚欧唐松草 *Thalictrum minus* **L.**

特征: 植株全部无毛。茎下部叶有稍长柄或短柄,茎中部叶有短柄或近无柄,为 4 回 3 出羽状复叶;叶片长达 20cm;小叶纸质或薄革质,顶生小叶楔状倒卵形、宽倒卵形、近圆形或狭菱形,长 0.7～1.5cm,宽 0.4～1.3cm,基部楔形至圆形,3 浅裂或有疏牙齿,偶尔不裂,背面淡绿色,脉不明显隆起或只中脉稍隆起,脉网不明显;叶柄长达 4cm,基部有狭鞘。圆锥花序长达 30cm;花梗长 3～8mm;萼片 4,淡黄绿色,脱落,狭椭圆形,长约 3.5mm;雄蕊多数,长约 6mm,花药狭长圆形,长约 2mm,顶端有短尖头,花丝丝形;心皮 3～5,无柄,柱头正三角状箭头形。瘦果狭椭圆球形,稍扁,长约 3.5mm,有 8 条纵肋。6—7 月开花。

分布: 青海省民和县,互助县,大通县,门源县,祁连县,共和县,兴海县,尖扎县,同仁市,河南县,班玛县。

生态环境: 生于海拔 2 460～3 700m 的沟谷林缘、灌丛草甸、河沟水边、山坡草地。

➤ 芸香叶唐松草 *Thalictrum rutifolium* Hook. f. & Thomson

特征：草本植物，植株全部无毛。茎高11～
50cm，上部分枝。基生叶和茎下部叶有长柄，
为3～4回近羽状复叶；叶片长3.2～11cm；小
叶草质，顶生小叶楔状倒卵形，有时菱形、椭
圆形或近圆形，长3～8mm，宽2～7mm，顶
端圆形，基部楔形至圆形，3裂或不分裂，通常
全缘，两面脉平，脉网不明显；叶柄长达6cm，
基部有短鞘，托叶膜质，分裂。花序似总状花
序，狭长；花梗长2～7mm，结果时增长到8～
14mm；萼片4，淡紫色，卵形，长约1.5mm，
宽约1mm，早落；雄蕊4～18（30），长2～3mm，花药椭圆形，长0.5～1.5mm，顶端有短尖，
花丝丝形；心皮3～5，基部渐狭成短柄，花柱短，腹面密生柱头组织。瘦果倒垂，稍扁，镰状半月
形，长4～6mm，有8条纵肋，子房柱长约1mm，宿存花柱长约0.3mm，反曲。6月开花。

分布：青海省大通县，共和县，兴海县，尖扎县，同仁市，泽库县，河南县，久治县，玛多
县，玉树市，囊谦县，曲麻莱县，杂多县，治多县。

生态环境：生于海拔3 200～4 600m的山麓乱石堆、山坡砾地、河滩草地、沟谷疏林下、林缘
灌丛、高山草甸、河谷阶地、河岸沟边。

➤ 箭头唐松草 *Thalictrum simplex* L.

特征：植株全部无毛。茎高54～100cm，
不分枝或在下部分枝。茎生叶向上近直展，为
2回羽状复叶；茎下部的叶片长达20cm，小叶
较大，圆菱形、菱状宽卵形或倒卵形，长2～
4cm，宽1.4～4cm，基部圆形，3裂，裂片顶端
钝或圆形，有圆齿，脉在背面隆起，脉网明显，
茎上部叶渐变小，小叶倒卵形或楔状倒卵形，基
部圆形、钝或楔形，裂片顶端急尖；茎下部叶有
稍长柄，上部叶无柄。圆锥花序长9～30cm，分
枝与轴成45°角斜上层；花梗长达7mm；萼片4，早落，狭椭圆形，长约2.2mm；雄蕊约15，长约
5mm，花药狭长圆形，长约2mm，顶端有短尖头，花丝丝形；心皮3～6，无柄，柱头宽三角形。
瘦果狭椭圆球形或狭卵球形，长约2mm，有8条纵肋。7月开花。

分布：青海省西宁市。

生态环境：生于海拔2 200m左右的山坡草地、河沟岸边。

金莲花属 *Trollius* Linn.

➤ 矮金莲花 *Trollius farreri* Stapf

特征：多年生草本植物。草本植物，植株全部无毛。根状茎短。茎高5～17cm，不分枝。叶3～4枚，全部基生或近基生，长3.5～6.5cm，有长柄；叶片五角形，长0.8～1.1cm，宽1.4～2.6cm，基部心形，3全裂达或几达基部，中央全裂片菱状倒卵形或楔形，与侧生全裂片通常分开，3浅裂，小裂片互相分开，生2～3不规则三角形牙齿，侧全裂片不等2裂稍超过中部，2回裂片生稀疏小裂片及三角形牙齿；叶柄长1～4cm，基部具宽鞘。花单独顶生，直径1.8～3.4cm；萼片黄色，外面常带暗紫色，干时通常不变绿色，5（6），宽倒卵形，长1～1.5cm，宽0.9～1.5cm，顶端圆形或近截形，宿存，偶尔脱落；花瓣匙状线形，比雄蕊稍短，长约5mm，宽0.5～0.8mm，顶端稍变宽，圆形；雄蕊长约7mm；心皮6～9（25）。聚合果直径约8mm；蓇葖长0.9～1.2cm，喙长约2mm，直；种子椭圆球形，长约1mm，具4条不明显纵棱，黑褐色，有光泽。6—7月开花，8月结果。

分布：青海省互助县，海东市乐都区，湟源县，大通县，贵南县，兴海县，乌兰县，同仁市，河南县，玛沁县，玛多县，玉树市，囊谦县，杂多县，治多县。

生态环境：生于海拔2 900～5 200m的山坡灌丛、高山草甸、高寒沼泽草甸、湖滨湿地、高山冰缘湿地、河谷岸边沙地、高山流石坡、河滩草甸。

➤ 小金莲花 *Trollius pumilus* D. Don

特征：多年生草本植物，植株全部无毛。茎1条，开花时高3.5～9cm，结果时稍伸长，光滑，不分枝。叶3～6枚生茎基部或近基部处，长3.2～5.5cm，干时不变绿色；叶片五角形或五角状卵形，长0.8～1.5cm，宽1.2～2.5cm，基部深心形，3深裂至距基部1～1.5mm处，深裂片近邻接，中央深裂片倒卵形或扇状倒卵形，顶端圆形，3浅裂达或不达中部，浅裂片互相邻接，具2～3枚小裂片，牙齿三角状卵形或宽卵形，顶端具硬的锐尖头，脉上面下陷，下面平或不明显隆起，侧深裂片斜扇形，不等2深裂稍超过中部；叶柄长1.5～5cm，基部具鞘。花单独顶生，直径1.5～2cm；萼片黄色，干时不变绿色，5片，倒卵形或卵形，长6～10mm，宽3.5～7mm，顶端圆形，通常脱落；花瓣比雄蕊短，匙状线形，长2～3mm，宽在0.5mm以下，顶端圆形；雄蕊长3～5mm，花药椭圆形，长约2.5mm；心皮6～16。蓇葖长约1cm，喙长约1mm，稍向外弯曲；种子椭圆球形，稍扁，长约1mm，光滑，黑色，有光泽。5—7月开花，8月结果。

分布： 青海省循化县，门源县，同仁市，泽库县，河南县，玉树市，杂多县。

生态环境： 生于海拔 2 500～4 200m 的山坡湿地、高山草甸、湖滨湿沙地、沼泽草甸、河滩草甸、沟谷草地。

小檗科 Berberidaceae

桃儿七属 *Sinopodophyllum* Ying

➤ 桃儿七 *Sinopodophyllum hexandrum*（Royle）Ying

特征： 多年生草本植物，植株高 20～50cm。根状茎粗短，节状，多须根；茎直立，单生，具纵棱，无毛，基部被褐色大鳞片。叶 2 枚，薄纸质，非盾状，基部心形，3～5 深裂几达中部，裂片不裂或有时 2～3 小裂，裂片先端急尖或渐尖，上面无毛，背面被柔毛，边缘具粗锯齿；叶柄长 10～25cm，具纵棱，无毛。花大，单生，先叶开放，两性，整齐，粉红色；萼片 6，早萎；花瓣 6，倒卵形或倒卵状长圆形，长 2.5～3.5cm，宽 1.5～1.8cm，先端略呈波状；雄蕊 6，长约 1.5cm，花丝较花药稍短，花药线形，纵裂，先端圆钝，药隔不延伸；雌蕊 1，长约 1.2cm，子房椭圆形，1 室，侧膜胎座，含多数胚珠，花柱短，柱头头状。浆果卵圆形，长 4～7cm，直径 2.5～4cm，熟时桔红色；种子卵状三角形，红褐色，无肉质假种皮。花期 5—6 月，果期 7—9 月。

分布： 青海省民和县，互助县，海东市乐都区，循化县，大通县，门源县，贵德县，同仁市，班玛县，玉树市，囊谦县。

生态环境： 生于海拔 2 300～3 800m 的阴坡林下、沟谷灌丛中、疏林草甸、河滩林缘湿地。

罂粟科 Papaveraceae

紫堇属 *Corydalis* DC.

➤ 斑花黄堇 *Corydalis conspersa* Maxim.

特征：丛生草本植物，高 5～30cm。根茎短，
簇生棒状肉质须根，上部具叶和 1～4 茎。茎发自
基生叶腋，基部稍弯曲，裸露，其上具叶，不分
枝。基生叶多数，约长达花序基部；叶柄约与叶片
等长，基部鞘状宽展；叶片长圆形，2 回羽状全裂；
1 回羽片 2～8 对，对生或近对生；2 回羽片常仅 3
枚，3 深裂，裂片椭圆形或卵圆形，长 3～4mm，
宽 2mm，较密集，常呈覆瓦状叠压。茎生叶多
数，与基生叶同形，较小。总状花序头状，长 2～
4cm，宽 2～2.5cm，多花、密集；花近俯垂。苞片
菱形或匙形，下部的长 6～8（10）mm，宽度常大
于长度，边缘紫色，全缘或顶端具啮蚀状齿。花梗粗短，长约 5mm。萼片菱形，棕褐色，具流苏状
齿。花淡黄色或黄色，具棕色斑点。上花瓣长 1.5～2cm，具浅鸡冠状突起；距圆筒形，钩状弯曲；
蜜腺体约贯穿距长的 1/2。下花瓣与上花瓣相似，爪较长。内花瓣具高而伸出顶端的鸡冠状突起；爪
细长，约长于瓣片 2 倍。雄蕊束披针形。柱头近扁四方形，顶端 2 浅裂，具 8 乳突。蒴果长圆形至
倒卵圆形，约长 1cm，宽 4mm。

分布：青海省久治县，玉树市，囊谦县，杂多县，治多县。

生态环境：生于海拔 3 820～5 300m 的高山草甸、山麓滑塌处、高山流石坡、冰缘湿砾地、河
漫滩沙砾地、高寒沼泽裸地、砾质沙丘、河溪泉水中、沟谷石隙。

➤ 曲花紫堇 *Corydalis curviflora* Maxim. ex Hemsl.

特征： 无毛草本植物，高 7～25（50）cm。须根多数成簇，狭纺锤状肉质增粗，有时粗线形，长 1～4cm，具细长柄，末端线状延长，淡黄色或褐色。茎 1～4 条，不分枝，上部具叶，下部裸露，基部丝状，绿色或下部带紫红色。基生叶少数，叶柄长（2）4～7（13）cm，叶片轮廓圆形或肾形，3 全裂，全裂片 2～3 深裂，有时指状全裂，裂片长圆形、线状长圆形或倒卵形，长 0.5～1.8cm，宽 0.2～0.8cm，先端钝或圆，基部渐狭；茎生叶 1～4 枚，疏离，互生，具极短柄或近无柄，掌状全裂，裂片宽线形或狭倒披针形，长 1～5cm，宽 0.1～0.6cm，先端急尖，背面具白粉。总状花序顶生或稀腋生，长 2.5～12cm，有 10～15 花或更多，花期密集，果期较稀疏；苞片狭卵形、狭披针形至宽线形，全缘，稀最下部者 3～5 深裂；花梗短于或有时等长于苞片，果期长于苞片，淡褐色。萼片小，不规则的撕裂至中部，常早落；花瓣淡蓝色、淡紫色或紫红色，上花瓣长 1.2～1.4cm，花瓣片舟状宽卵形，先端具短尖，背部鸡冠状突起高 0.5～1.5mm，距圆筒形，粗壮，长 5～6mm，末端略渐狭并向上弯曲，下花瓣宽倒卵形，长 0.7～0.9cm，先端圆，具短尖，背部鸡冠状突起较矮，内花瓣提琴形，长 0.6～0.8cm，具 1 侧生囊，爪宽线形，与花瓣片近等长；雄蕊束长约 6mm，花药黄色，花丝狭椭圆形，淡绿色，蜜腺体贯穿距的 1/2；子房线状长圆形，长约 3mm，绿色，具 2 列胚珠，花柱略长于子房，柱头 2 裂，具 6 个乳突。蒴果线状长圆形，长 0.5～1.2cm，粗 2～3mm，先端锐尖，基部渐狭，绿色转褐红色，成熟时自果梗先端反折，有 4～7 枚种子。种子近圆形，黑色，具光泽。花果期 5—8 月。

分布： 青海省东部至南部地区。

生态环境： 生于海拔 2 400～3 900（-4 600）m 的山坡云杉林下、灌丛下或草丛中。

➤ 迭裂黄堇 *Corydalis dasyptera* Maxim.

特征： 多年生铅灰色草本植物，高 10～30cm。主根粗大，长 10～15cm，粗 1cm，老时多少呈鸡爪状或马尾状分裂，顶端常具多头的根茎。根茎长 2～10cm，粗 2～3mm，上部具淡棕色鳞片和叶柄残基。茎 1 至多条，发自基生叶腋，花葶状，无叶或具 1～3 枚退化的苞片状叶。基生叶多数，长 10～15cm；叶柄约与叶片等长，基部鞘状宽展；叶片长圆形，1 回羽状全裂，羽片 5～7 对，无柄，近对生至对生，通常较密集，彼此叠压，宽卵形，长 1.2～1.6cm，宽 1cm，3 深裂，裂片卵圆形或倒卵形，顶端圆钝。总状花序多花、密集。下部苞片约长 2cm，宽 1cm，羽状深裂，上部的具齿至全缘，全部长于花梗。花梗长约 1cm，果期下弯。萼片小，椭圆形，具齿。花污黄色，直立或斜伸，后渐平展，外花瓣龙骨突起部位带紫褐色，具高而全缘的鸡冠状突起。上花瓣长约 2cm，鸡冠状突起延伸至距中部；距约与瓣片等长，圆筒形，末端稍下弯；蜜腺体约长达距的1/2。下花瓣稍向前伸出，瓣片近爪下弯；爪宽展，下凹。内花瓣具粗厚的鸡冠状突起；爪稍短于瓣片。雄蕊束披针形，向上渐狭。子房长圆形，稍长于花柱；柱头扁四方形，顶端2裂，具2短柱状突起，两侧基部下延。蒴果下垂，长圆形，长1～1.4cm，宽2.5～3.5mm；种子少数，1列，近圆形，直径约2.5mm，种阜小，宽卵形，紧贴种子。

分布： 青海省互助县，海东市乐都区，湟中县，大通县，门源县，祁连县，海晏县，刚察县，贵南县，同德县，共和县，兴海县，天峻县，尖扎县，同仁市，泽库县，河南县，玛沁县，久治县，达日县，玛多县，称多县，玉树市，囊谦县，曲麻莱县，杂多县，治多县，唐古拉镇。

生态环境： 生于海拔2 700～4 800m的高山稀疏植被、高山草甸、砾石河滩、高山流石坡、高寒草原、冰缘砾石湿地、河岸石隙、泉水浸漫处、塌方的湿沙砾坡、阴坡灌丛中。

➤ 紫堇 *Corydalis edulis* Maxim.

特征： 一年生灰绿色草本植物，高20～50cm，主根细长。茎分枝，具叶；花枝花葶状，常与叶对生。基生叶具长柄，叶片近三角形，长5～9cm，上面绿色，下面苍白色，1～2回羽状全裂，1羽片2～3对，具短柄，2回羽片近无柄，倒卵圆形，羽状分裂，裂片狭卵圆形，顶端钝，近具短尖。茎生叶与基生叶同形。总状花序疏具3～10花。苞片狭卵圆形至披针形，渐尖，全缘，有时下部的疏具齿，约与花梗等长或稍长。花梗长约5mm。萼片小，近圆形，直径约1.5mm，具齿。花粉红色至紫红色，平展。外花瓣较宽展，顶端微凹，无鸡冠状突起。上花瓣长1.5～2cm；距圆筒形，基部稍下弯，约占花瓣全长的1/3；蜜腺体长，近伸达距末端，大部分与距贴生，末端不变狭。下花瓣近基部渐狭。内花瓣具鸡冠状突起；爪纤细，稍长于瓣片。柱头横向纺锤形，两端各具1乳突，上面具沟槽，槽内具极细小的乳突。蒴果线形，下垂，长3～3.5cm，具1列种子。种子直径约1.5mm，密生环状小凹点；种阜小，紧贴种子。花期3—4月，种期4—5月。

分布： 青海省循化县。

生态环境： 生于海拔3 000m左右的河谷草地、河沟水溪边。

➤ 暗绿紫堇 *Corydalis melanochlora* Maxim.

特征：根茎短，具鳞茎；鳞片数枚，覆瓦状排列，褐色，椭圆形，长约1.5cm，宽约5mm，肉质。茎1～5条，不分枝，上部具叶，下部裸露，基部线形。基生叶2～4枚，叶柄长达10cm，叶片轮廓卵形或狭卵形，长2～3.5cm，宽1.5～2cm，3回羽状全裂，全裂片下部者具柄，上部者近无柄或无柄，轮廓圆形，互生，3全裂或深裂，小裂片不等的2～3浅裂，披针形或宽线形；茎生叶2枚，生于茎上部，通常近对生，具短柄或无柄，其他与基生叶相同，但裂片较疏离。总状花序顶生，有4～8花，密集近于伞形，长2～3cm；苞片指状全裂，裂片多数，狭倒披针形，长0.5～1.5cm；花梗纤细，比苞片稍短。萼片小，近圆形，呈撕裂状，微透明；花瓣天蓝色，上花瓣长2～2.5cm，花瓣片舟状卵形，背部具鸡冠状突起，距圆筒形，长1.3～1.5cm，末端钝，略下弯，下花瓣长1～1.2cm，具爪，内花瓣长约1cm，花瓣片倒卵状长圆形，先端深紫色，基部2耳垂，爪线形，略短于花瓣片；花丝狭卵形，膜质，长约0.8cm；子房线形，长5～6mm，胚珠2列，花柱细，长约3mm，柱头近肾形，先端具6乳突。

分布：青海省互助县，门源县，祁连县，共和县，河南县，玉树市，杂多县。

生态环境：生于海拔3 200～5 000m的高山流石坡、沟谷砾石隙、高山草甸裸地、河谷阶地、山坡崖壁、沙砾河滩、冰缘湿沙砾地。

➤ 尖突黄堇 *Corydalis mucronifera* Maxim.

特征：垫状草本植物，高约5cm，幼叶常被毛，具主根。茎数条发自基生叶腋，不分枝，具叶。基生叶多数，长约5cm，叶柄长约4cm，宽2～3mm，扁，叶片卵圆形或心形，约长1cm，宽1.2cm，三出羽状分裂或掌状分裂，末回裂片长圆形，具芒状尖突。茎生叶与基生叶同形，常高出花序。花序伞房状，少花。苞片扇形，多裂，下部的约长1.2cm，宽1cm，裂片线形至匙形，具芒状尖突。花梗长约1cm，果期顶端钩状弯曲。花黄色，先直立，后平展。萼片长约1mm，宽约2mm，具齿。外花瓣具鸡冠状突起。上花瓣长约8mm；距圆筒形，稍短于瓣片，轻微上弯；蜜腺体约贯穿距长的 2/3。内花瓣顶端暗绿色。柱头近四方形，两侧常不对称，具 6 乳突，顶生 2 枚短柱状，侧生的较短，较靠近。蒴果椭圆形，约长 6mm，宽 2.3mm，常具 4 种子及长约 2mm 的花柱。

分布： 青海省玛沁县，达日县，玛多县，称多县，囊谦县，曲麻莱县，杂多县。

生态环境： 生于海拔 4 200～4 700m 的滑塌沙砾坡、高山流石坡、沙砾山坡、泉水出露处、沙砾河漫滩。

➤ 粗糙黄堇 *Corydalis scaberula* Maxim

特征： 多年生草本植物，高 8～15cm。须根 6～20 条成簇，棒状增粗，向下渐狭，长达 7cm，粗约 3mm，黄褐色，里面白色，肉质，极稀分枝。茎 1～4 条，上部具叶，下部裸露，基部线形。基生叶少数，叶柄长 5～11cm，叶片轮廓卵形，长 2～6cm，宽 1.5～4cm，3 回羽状分裂，第一回裂片 4 对，下部者具柄，上部者具短柄或近无柄，第二回羽状深裂至浅裂，第三回裂片下部者 2～3 浅裂，上部者全缘，背面具软骨质粗糙的柔毛，有时密集且明显，有时稀疏不明显；茎生叶通常 2 枚，近对生于茎的上部，具短柄，叶片轮廓长圆形，长 3～8cm，宽 1～2cm，其他与基生叶相同。总状花序长 2.5～5cm，密集多花；苞片菱形，下半部楔形全缘，上半部扇状条裂，边缘具软骨质的糙毛；花梗细，短于苞片。萼片小，近肾形，具条裂状齿；花瓣淡黄带紫色，开放后橙黄色，上花瓣长 1.5～2cm，花瓣片舟状倒卵形，背部具绿色的鸡冠状突起，圆筒形，0.7～0.8cm，粗 0.3～0.4cm，钝，下花瓣长 0.8～1cm，背部具鸡冠状突起，内花瓣长约 0.8cm，先端深紫色；雄蕊束长约 0.8cm，花丝椭圆形，宽约 2mm；子房椭圆形，长约 0.6cm，粗约 2mm，具 2 列胚珠，花柱纤细，长约 2mm，柱头近肾形。蒴果长圆形，长约 0.8cm，粗约 2mm，具 8～10 枚种子，排成 2 列。种子圆形，直径约 1.5mm；种阜具细牙齿。花果期 6—9 月。

分布：青海省兴海县，玛沁县，久治县，达日县，玛多县，称多县，玉树市，曲麻莱县，杂多县，治多县，唐古拉镇。

生态环境：生于海拔 3 800～5 600m 的高山草甸、高山流石坡、滑塌山坡、冰缘湿地、退化高寒草原、河滩砾地、沟谷石隙、河漫滩沙砾地、河溪水沟边。

➤ 糙果紫堇 *Corydalis trachycarpa* Maxim.

特征：粗壮直立草本植物，高（15）25～35（50）cm。须根多数成簇，棒状增粗，长达 8cm，上部粗约 2mm，下部粗达 5mm，具少数纤维状分枝，根皮黄褐色，里面白色。茎 1～5，具少数分枝，上部粗壮，下部通常裸露，基部变线形。基生叶少数，叶柄长达 10cm，上部粗壮，下部 2/3 渐细，叶片轮廓宽卵形，长 2.5～3（6）cm，宽 2～2.5（4）cm，2～3 回羽状分裂，第一回全裂片通常 3～4 对，具长 0.3～0.8cm 的柄，第二回深裂片无柄，深裂，小裂片狭倒卵形至狭倒披针形或狭椭圆形，长 0.5～1cm，先端具小尖头，背面具白粉；茎生叶 1～4 枚，疏离互生，下部叶具柄，上部叶近无柄，其他与基生叶相同。总状花序生于茎和分枝顶端，长 3～10cm，多花密集；苞片下部者扇状羽状全裂，上部者扇状掌状全裂，裂片均为线形；花梗明显短于苞片。萼片鳞片状，边缘具缺刻状流苏；花瓣紫色、蓝紫色或紫红色，上花瓣长 2.5～3.2cm，花瓣片舟状卵形，先端钝，背部鸡冠状突起高 1～2mm，自先端开始至瓣片中部消失，距圆锥形，锐尖，长为花瓣片的 2 倍或更多，平伸或弯曲，下花瓣长 1～1.3cm，鸡冠状突起同上瓣，下部稍呈囊状，内花瓣长 0.9～1.1cm，花瓣片倒卵形，具 1 侧生囊，爪与花瓣片近等长；雄蕊束长 7～9mm，花药极小，黄色，花丝披针形，膜质，白色，蜜腺体贯穿距的 2/5；子房绿色，椭圆形，长 2～4mm，具肋，肋上有密集排列的小瘤，胚珠 2 列，花柱比子房长，柱头双卵形，上端具 2 乳突。蒴果狭倒卵形，长 0.8～1cm，粗约 3mm，具多数淡黄色的小瘤密集排列成 6 条纵棱。种子少数，近圆形，黑色，具光泽。花果期 4—9 月。

分布：青海省互助县，湟中县，大通县，门源县，祁连县，天峻县，贵德县，共和县，同仁市，河南县，玛沁县，久治县，达日县，玛多县，称多县，玉树市，杂多县。

生态环境：生于海拔 3 100～4 500m 的高山流石坡、高山草甸、河滩湿沙地、山麓砾石堆、河溪水沟边、林缘崖壁、灌丛草地、岩石缝隙。

十字花科 Cruciferae

荠属 *Capsella* Medic.

➤ 荠 *Capsella bursa-pastoris*（Linn.）Medic.

特征： 一年或二年生草本植物。株：高（7）10～50cm，无毛、有单毛或分叉毛。茎：茎直立，单一或从下部分枝。叶：基生叶丛生呈莲座状，大头羽状分裂，长可达 12cm，宽可达 2.5cm，顶裂片卵形至长圆形，长 5～30mm，宽 2～20mm，侧裂片 3～8 对，长圆形至卵形，长 5～15mm，顶端渐尖，浅裂、或有不规则粗锯齿或近全缘，叶柄长 5～40mm；茎生叶窄披针形或披针形，长 5～6.5mm，宽 2～15mm，基部箭形，抱茎，边缘有缺刻或锯齿。花：总状花序顶生及腋生，果期延长达 20cm；花梗长 3～8mm；萼片长圆形，长 1.5～2mm；花瓣白色，卵形，长 2～3mm，有短爪。果：短角果倒三角形或倒心状三角形，长 5～8mm，宽 4～7mm，扁平，无毛，顶端微凹，裂瓣具网脉；花柱长约 0.5mm；果梗长 5～15mm。种子 2 行，长椭圆形，长约 1mm，浅褐色。物候期：花果期 4—6 月。

分布： 青海省民和县，互助县，海东市乐都区，循化县，化隆县，海东市平安区，湟中县，湟源县，大通县，门源县，祁连县，海晏县，刚察县，贵德县，贵南县，同德县，共和县，兴海县，天峻县，都兰县，乌兰县，格尔木市，德令哈市，尖扎县，同仁市，泽库县，河南县，玛沁县，甘德县，久治县，班玛县，达日县，玛多县，称多县，玉树市，囊谦县，曲麻莱县，杂多县，治多县。

生态环境： 生于海拔 1 700～4 200m 的农田渠岸、山坡地边、河谷沟边、高山草地、沙砾山坡、园林宅旁、林缘草地、河滩草甸、疏林灌木间、路边荒地。

碎米荠属 *Cardamine* Linn.

➤ 紫花碎米荠 *Cardamine tangutorum* O. E. Schulz

特征： 多年生草本植物，高 15～50cm；根状茎细长呈鞭状，匍匐生长。茎单一，不分枝。基部倾斜，上部直立，表面具沟棱，下部无毛，上部有少数柔毛。基生叶有长叶柄；小叶 3～5 对，顶生小叶与侧生小叶的形态和大小相似，长椭圆形，长 1.5～5cm，宽 5～20mm，顶端短尖，边缘具钝齿，基部呈楔形或阔楔形，无小叶柄，两面与边缘有少数短毛；茎生叶通常只有 3 枚，着生于茎的中、上部，有叶柄，长 1～4cm，小叶 3～5 对，与基生的相似，但较狭小。总状花序有十几朵花，花梗长 10～15mm；外轮萼片长圆形，内轮萼片长椭圆形，基部囊状，长 5～7mm，边缘白色膜质，外面带紫红色，有少数柔毛；花瓣紫红色或淡紫色，倒卵状楔形，长 8～15mm，顶端截形，基部渐狭成爪；花丝扁而扩大、花药狭卵形；雌蕊柱状，无毛，花柱与子房近于等粗，柱头不显著。长角果线形，扁平，长 3～3.5cm，宽约 2mm，基部具长约 1mm 的子房柄；果梗直立，长 15～20mm。种子长椭圆，长 2.5～3mm，宽约 1mm，褐色。花期 5—7 月，果期 6—8 月。

分布： 青海省民和县，互助县，海东市乐都区，循化县，化隆县，海东市平安区，大通县，门源县，祁连县，海晏县，刚察县，贵德县，贵南县，同德县，共和县，兴海县，天峻县，乌兰县，都兰县，格尔木市，德令哈市，尖扎县，同仁市，泽库县，河南县，玛沁县，甘德县，久治县，班玛县，达日县，玛多县，称多县，玉树市，囊谦县，曲麻莱县，杂多县，治多县（可可西里）。

生态环境： 生于海拔 2 400～4 800m 的湿沙砾河滩、山坡砾石地、沟谷林缘、山坡林下、河岸灌丛、高山草甸、高寒灌丛、高山流石坡下部、河溪水边砾地。

桂竹香属 *Cheiranthus* Linn.

➤ 红紫桂竹香 *Cheiranthus roseus* Maxim.

特征： 多年生草本植物，高 10～20cm，全体有贴生二叉分叉毛；茎直立，不分枝，基部具残存叶柄。基生叶披针形或线形，长 2～7cm，宽 3～5mm，顶端急尖，基部渐狭，全缘或具疏生细齿；叶柄长 1～4cm；茎生叶较小，具短柄，上部叶无柄。总状花序有多数疏生花，长达 9cm；花粉红色或红紫色，直径 1.5～2cm；花梗长 5～10mm，开展，密生叉状毛或无毛；萼片直立，长圆形、披针状长圆形或卵状长圆形，长 7～8mm；花瓣倒披针形，长 12～15mm，有深紫色脉纹，具长爪。长角果线形，有 4 棱，长 2～3.5cm，宽 1.5～2mm，稍弯曲；花柱长约 1mm；果梗增粗，长 4～5mm。种子卵形，长约 1mm，褐色。花期 6—7 月，果期 7—8 月。

分布： 青海省互助县，海东市乐都区，化隆县，大通县，门源县，祁连县，兴海县，同德县，泽库县，河南县，玛沁县，久治县，达日县，玛多县，称多县，玉树市，囊谦县，曲麻莱县，杂多

县，治多县。

生态环境： 生于海拔 2 800～5 200m 的高山草甸、阴坡灌丛、高山岩屑碎石坡、湖滨砾地、河滩湿润砂砾地、山前冲积扇、高山稀疏植被、高山冰缘湿地、山坡石隙。

双脊荠属 *Dilophia* Thoms

➤ 无苞双脊荠 *Dilophia ebracteata* Maxim.

特征： 二年生草本植物，高 1～4cm，全部绿色或红色，除萼片外无毛；根纺锤形，粗且长，上部有去年茎叶残余。茎多数丛生或单一，肉质，圆柱形。基生叶线形，在开花时枯萎；茎生叶常聚生在茎顶端，线状匙形，连叶柄长 5～20mm，全缘或每侧有 1～3 个疏齿。总状花序密生，无苞片；花梗长约 1mm；萼片宽卵形，长 2～3mm，顶端圆形，外面有少数柔毛；花瓣白色，倒卵形，长 3～3.5mm。短角果近圆形，长约 2mm，果瓣具 1 脉，有数个鸡冠状突出物。花期 8 月，果期 9 月。

分布： 青海省门源县，祁连县，乌兰县，玛沁县，玛多县，称多县，曲麻莱县，杂多县，治多县。

生态环境： 生于海拔 3 100～5 300m 的河滩湿沙砾地、冰缘砾石湿地、泉边湿沙地、高山流石坡湿地、盐碱滩地。

➤ 盐泽双脊荠 *Dilophia salsa* **Thomson**

特征：盐泽双脊荠基生叶莲座状，叶线形或线状长圆形，长 10～20mm，宽 1～2mm，顶端圆形，基部渐狭，全缘或有少数钝齿，有短柄或无柄；茎生叶线形，在花序下的成苞片状，二者皆肉质。总状花序成密伞房状；萼片卵形，长约 2mm，宿存；花瓣白色，匙形，长 2.5～3mm，顶端略凹。短角果倒心形，直径约 2mm，果瓣上有 2 翅状突出物，隔膜有孔或不完全；果梗长达 4.5mm，稍增粗。种子每室 2～4 个，长圆形，长约 0.8mm。花果期 6—9 月。

分布：青海省祁连县，兴海县，天峻县，格尔木市，玛沁县，玛多县，称多县，曲麻莱县，杂多县，治多县。

生态环境：生于海拔 3 300～4 700m 的河滩湿沙地、高寒沼泽草甸沙砾地、湖滨的低洼沙砾地、泉眼周围、盐碱滩地、高山湿沙坡地。

葶苈属 *Draba* **Linn.**

➤ 毛叶葶苈 *Draba lasiophylla* **Royle**

特征：多年生丛生草本植物，高 4～20cm。茎单一，纤细，被星状毛和分枝毛，直达小花梗。莲座状基生叶长圆形，长 8～15mm，宽 2～3mm，全缘或有细齿，两面密生小星状毛，分枝毛，毛灰白色，边缘近基部有单缘毛；茎生叶卵形或长卵形，全缘或略有细齿，无柄，被有与基生叶相同的毛。总状花序有花 5～20 朵，密集成近头状，下面数花有叶状苞片，结实时略伸长，但通常在顶端的果实排列仍较紧密；小花梗短；萼片椭圆形，有单毛及叉状毛；花瓣白色，长倒卵形，长 3～3.5mm。短角果卵形，顶端渐尖，长 7～10mm，宽 2～3mm，被单毛及叉状毛，花柱细，长约 0.5mm。果梗丝状，长 3～4mm，斜向上伸展。花果期 7—8 月。

分布：青海省玉树市。

生态环境：生于海拔 4 500m 左右的高山流石坡、高寒草原砾地、山顶石隙、高寒草甸砾地、河湖岸边湿草甸。

➤ 沼泽葶苈 *Draba rockii* O. E. Schulz

特征：植株矮小，丛生。根茎分枝，短而细，下部宿存披针形鳞片状枯叶，禾秆色，上部着生莲座状叶。花茎矮，高仅 0.5～1.5cm，被单毛直至花序梗，毛白色。莲座状基生叶窄倒卵形，长 5～8mm，全缘，顶端渐尖，基部楔形窄缩成柄，叶面及两边疏生长单毛，叉状毛。总状花序有花 5～10 朵，聚集成伞房状；萼片倒卵形至卵形，顶端钝，背面有毛；花瓣金黄色，长圆形至倒卵形，顶端微凹，基部爪矮缩；花丝基部扩大，花药长圆形；子房卵形，无毛。果实未见，据文献记载为卵形。花果期 6—7 月。

分布：青海省格尔木市，玉树市，治多县（可可西里）。

生态环境：生于海拔 4 500～5 100m 的高山岩屑坡、河滩沙地、高山稀疏草甸、湖滨低洼地、冰缘湿地、泉水浸漫的沙砾地、高寒沼泽草甸沙砾地、高寒草甸裸地、高山流石坡。

山蒚菜属 *Eutrema* R. Br.

➤ 西北山蒚菜 *Eutrema edwardsii* R. Br.

特征：多年生草本植物，高6～18cm，光滑无毛。根茎粗，有残存叶柄。茎单1或数个丛生，基部常带淡紫色。叶基生叶具长柄，柄长1.5～5cm，叶片长卵状圆形至卵状三角形，长7～15mm，宽约7mm，顶端钝或急尖，基部截形、略成心形或渐窄；下部茎生叶具宽柄，上部的无柄，叶片长卵状圆形、窄卵状披针形或条形，顶端钝，基部渐窄，全缘。花序伞房状，果期略伸长，花梗长1～2mm；外轮萼片宽卵状长圆形，内轮萼片卵形，长约2mm；花瓣白色，长圆倒卵形，长3～4mm，顶端钝圆。角果纺锤形，长7～8mm，宽约1.5mm；果瓣中脉明显，顶端尖，基部钝圆；果梗长2～6mm。种子卵形，长约2mm，黑褐色，种柄丝状，悬垂。

分布：青海省兴海县，达日县，玛多县，称多县。

生态环境：生于海拔2 600～4 500m的山坡草地、高寒草甸裸地、高山砾石地、河谷岸边、高山草原湿沙地。

➤ 密序山蒚菜 *Eutrema heterophyllum*（W. W. Sm.）H. Hara

特征：多年生草本植物，高3～20cm，全体无毛。根粗大，根茎处有残存枯叶柄，并具1至数茎。基生叶具长柄，叶片长圆状披针形、披针形或条形，长1～20cm，顶端钝或渐尖，果期略伸长，花梗长2～3mm；萼片倒卵形，宿存，长约3mm，基部渐窄成爪。角果直或微曲，长圆状条形，长6～12mm，顶端渐尖，花柱近无；果瓣具中脉，假隔膜具长形穿孔；果梗长2～4mm。种子长圆状椭圆形，长约1.5mm，黑褐色，种柄丝状。花期6月。

分布：青海省互助县，海东市乐都区，湟中县，大通县，门源县，祁连县，兴海县，尖扎县，泽库县，久治县，达日县，玛多县，称多县，玉树市，囊谦县，杂多县。

生态环境：生于海拔3 000～4 800m的山坡草地、阴坡高寒、灌丛边、高寒草甸裸地、高山流石坡、沟谷河岸边沙砾地。

藏荠属 *Hedinia* Ostenf.

➤ 藏荠 *Hedinia tibetica*（Thoms.）Ostenf.

特征： 多年生草本植物，全株有单毛及分叉毛；茎铺散，基部多分枝，长 5～15cm。叶线状长圆形，长 6～25cm，羽状全裂，裂片 4～6 对，长圆形，长 5～10mm，宽 3～5mm，顶端急尖，基部楔形，全缘或具缺刻；基生叶有柄，上部叶近无柄或无柄。总状花序下部花有 1 羽状分裂的叶状苞片，上部花的苞片小或全缺，花生在苞片腋部，直径约 3mm；萼片长圆状椭圆形，长约 2mm；花瓣白色，倒卵形，长 3～4mm，基部具爪。短角果长圆形，长约 1cm，宽 3～5mm，压扁，稍有毛或无毛，有 1 显著中脉，花柱极短；果梗长 2～3mm。种子多数，卵形，长约 1mm，棕色。

分布： 青海省门源县，祁连县，贵德县，共和县，兴海县，乌兰县，都兰县，格尔木市，德令哈市，泽库县，玛沁县，久治县，达日县，玛多县，称多县，玉树市，囊谦县，曲麻莱县，杂多县，治多县。

生态环境： 生于海拔 2 900～5 100m 的冰缘湿地、河沟砾地、山前冲积扇、沙砾河滩、沟谷湖畔、高寒草原、高山草甸裸地、河谷阶地、山坡砂砾质草地、山沟流水线附近。

独行菜属 *Lepidium* Linn.

➤ 宽叶独行菜 *Lepidium latifolium* Linn.

特征： 十字花科独行菜属多年生草本植物。高 30～150cm；茎直立，上部多分枝，基部稍木质化，无毛或疏生单毛；基生叶及茎下部叶革质，长圆披针形或卵形，长 3～6cm，宽 3～5cm，顶端急尖或圆钝，基部楔形，全缘或有牙齿，两面有柔毛；叶柄长 1～3cm，茎上部叶披针形或长圆状椭圆形，长 2～5cm，宽 5～15mm，无柄；总状花序圆锥状，花梗无毛，花柱短；萼片脱落，卵状长圆形或近圆形，长约 1mm，顶端圆形；花瓣白色，倒卵形，长约 2mm，顶端圆形，爪明显或不明显；雄蕊6；短角果宽卵形或近圆形，长 1.5～3mm，顶端全缘，基部圆钝，无翅，有柔毛，花柱极短；果梗长 2～3mm。种子宽椭圆形，长约 1mm，压扁，浅棕色，无翅；花期 5—9 月；果期 6—10 月。

分布： 青海省民和县，西宁市，贵德县，贵南县，共和县，都兰县，格尔木市，德令哈市。

生态环境：生于海拔 1 700～3 100m 的农田路边、田埂墙脚、河沟水渠边、河滩疏林缘、宅旁荒地、高寒荒漠水沟边。

涩荠属 *Malcolmia* R. Br.

➤ 涩荠 *Malcolmia africana*（Linn.）R. Br.

特征：二年生草本植物，高 8～35cm，密生单毛或叉状硬毛；茎直立或近直立，多分枝，有棱角。叶长圆形、倒披针形或近椭圆形，长 1.5～8cm，宽 5～18mm，顶端圆形，有小短尖，基部楔形，边缘有波状齿或全缘；叶柄长 5～10mm 或近无柄。总状花序有 10～30 朵花，疏松排列，果期长达 20cm；萼片长圆形，长 4～5mm；花瓣紫色或粉红色，长 8～10mm。长角果（线细状）圆柱形或近圆柱形，长 3.5～7cm，宽 1～2mm，近4棱，倾斜、直立或稍弯曲，密生短或长分叉毛，

或二者间生，或具刚毛，少数几无毛或完全无毛；柱头圆锥状；果梗加粗，长 1～2mm。种子长圆形，长约 1mm，浅棕色。花果期 6—8 月。

分布：青海省民和县，互助县，西宁市，祁连县，同德县，兴海县，都兰县，尖扎县，同仁市，泽库县，玉树市。

生态环境：生于海拔2 100～3 700m的田边荒地、河溪水沟边、山坡草地、沟谷河滩、沟谷石崖下。

蔊菜属 *Rorippa* Scop.

➤ 沼生蔊菜 *Rorippa islandica*（Oed.）Borb.

特征：一年生或二年生草本植物，高（10）20～50cm，光滑无毛或稀有单毛。茎直立，单一成分枝，下部常带紫色，具棱。基生叶多数，具柄；叶片羽状深裂或大头羽裂，长圆形至狭长圆形，长5～10cm，宽1～3cm，裂片3～7对，边缘不规则浅裂或呈深波状，顶端裂片较大，基部耳状抱茎，有时有缘毛；茎生叶向上渐小，近无柄，叶片羽状深裂或具齿，基部耳状抱茎。总状花序顶生或腋生，果期伸长，花小，多数，黄色成淡黄色，具纤细花梗，长3～5mm；萼片长椭圆形，长1.2～2mm，宽约0.5mm；花瓣长倒卵形至楔形，等于或稍短于萼片；雄蕊6，近等长，花丝线状。短角果椭圆形或近圆柱形，有时稍弯曲，长3～8mm，宽1～3mm，果瓣肿胀。种子每室2行，多数，褐色，细小，近卵形而扁，一端微凹，表面具细网纹；子叶缘倚胚根。花期4—7月，果期6—8月。

分布：青海省民和县，海东市乐都区，大通县。

生态环境：生于海拔1 800～2 600m的田边荒地、河滩草甸、山坡草地、河沟渠岸。

大蒜芥属 *Sisymbrium* Linn.

➤ 垂果大蒜芥 *Sisymbrium heteromallum* C. A. Mey.

特征：株高达90cm。茎直立，单一或分枝，被疏毛；茎下部叶长椭圆形或披针形，箆齿状羽状深裂，顶端裂片披针形，全缘或有齿，侧裂片2～6对，卵状披针形或线形，常有齿；茎上部叶无柄，羽裂，裂片线形，常有齿，柄长2～5cm；茎上部叶无柄，羽裂，裂片线形。花有苞片；萼片淡黄色，长2～3mm；花瓣黄色，长3～4mm，先端钝，基部有爪。长角果线形，长4～8cm，开展或外弯；果瓣稍隆起；果柄长1～1.5cm，纤细，常外弯；种子长圆形，长约1mm，黄棕色。

分布：青海省门源，祁连县，刚察县，共和县，兴海县，天峻县，乌兰县，玛沁县，久治县，班玛县，玛多县，称多县，玉树市，囊谦县，曲麻莱县，杂多县，治多县。

生态环境：生于海拔2 500～4 300m的沟谷林下、山坡林缘、河岸灌丛、河溪水沟边、宽谷河滩草甸、阴湿崖下。

菥蓂属 *Thlaspi* Linn.

➤ **菥蓂** *Thlaspi arvense* Linn.

特征：一年生草本植物，高9～60cm，无毛；茎直立，不分枝或分枝，具棱。基生叶倒卵状长圆形，长3～5cm，宽1～1.5cm，顶端圆钝或急尖，基部抱茎，两侧箭形，边缘具疏齿；叶柄长1～3cm。总状花序顶生；花白色，直径约2mm；花梗细，长5～10mm；萼片直立，卵形，长约2mm，顶端圆钝；花瓣长圆状倒卵形，长2～4mm，顶端圆钝或微凹。短角果倒卵形或近圆形，长13～16mm，宽9～13mm，扁平，顶端凹入，边缘有翅宽约3mm。种子每室2～8个，倒卵形，长约1.5mm，稍扁平，黄褐色，有同心环状条纹。花期3—4月，果期5—6月。

分布：青海省民和县，互助县，海东市乐都区，循化县，化隆县，海东市平安区，湟中县，湟源县，大通县，门源县，祁连县，海晏县，刚察县，贵德县，贵南县，同德县，共和县，兴海县，天峻县，都兰县，乌兰县，格尔木市，德令哈市，尖扎县，同仁市，泽库县，河南县，玛沁县，甘德县，久治县，班玛县，玉树市，囊谦县，杂多县。

生态环境：生于海拔2 000～4 200m的田边、路旁、宅旁、沟边、山坡荒地。

牻牛儿苗科 Geraniaceae

牻牛儿苗属 *Erodium* L' Her.

➤ 牻牛儿苗 *Erodium stephanianum* Willd.

特征： 多年生草本植物，高通常 15～50cm，根为直根，较粗 壮，少分枝。茎多数，仰卧或蔓生，具节，被柔毛。叶对生；托叶三角状披针形，分离，被疏柔毛，边缘具缘毛；基生叶和茎下部叶具长柄，柄长为叶片的 1.5～2 倍，被开展的长柔毛和倒向短柔毛；叶片轮廓卵形或三角状卵形，基部心形，长 5～10cm，宽 3～5cm，2 回羽状深裂，小裂片卵状条形，全缘或具疏齿，表面被疏伏毛，背面被疏柔毛，沿脉被毛较密。伞形花序腋生，明显长于叶，总花梗被开展长柔毛和倒向短柔毛，每梗具 2～5 花；苞片狭披针形，分离；花梗与总花梗相似，等于或稍长于花，花期直立，果期开展，上部向上弯曲；萼片矩圆状卵形，长 6～8mm，宽 2～3mm，先端具长芒，被长糙毛，花瓣紫红色，倒卵形，等于或稍长于萼片，先端圆形或微凹；雄蕊稍长于萼片，花丝紫色，中部以下扩展，被柔毛；雌蕊被糙毛，花柱紫红色。蒴果长约 4cm，密被短糙毛。种子褐色，具斑点。花期 6—8 月，果期 8—9 月。

分布： 青海省民和县，互助县，海东市乐都区，西宁市，贵南县，同德县，兴海县，德令哈市，同仁市，泽库县，玛沁县，玉树市，囊谦县。

生态环境： 生于海拔 1 700～3 750m 的山坡草地、田边荒地、宅周路旁。河滩疏林下草甸、渠岸沟缘。

老鹳草属 *Geranium* Linn.

➤ 毛蕊老鹳草 *Geranium eriostemon* Fisch. ex DC.

特征： 多年生草本植物，高 30～80cm。根茎短粗，直生或斜生，上部围残存基生托叶，下部具束生纤维状肥厚块根或肉质细长块根。茎直立，单一，假二叉状分枝或不分枝，被开展的长糙毛和腺毛或下部无明显腺毛。叶基生和茎上互生；托叶三角状披针形，长8～12mm，宽3～4mm，外被疏糙毛；基生叶和茎下部叶具长柄，柄长为叶片的2～3倍，密被糙毛，向上叶柄渐短；叶片五角状肾圆形，长5～8cm，宽8～15cm，掌状5裂达叶片中部或稍过之，裂片菱状卵形或楔状倒卵形，下部全缘，上部边缘具不规则牙齿状缺刻，齿端急尖，具不明显短尖头，表面被疏糙伏毛，背面主要沿脉被糙毛。花序通常为伞形聚伞花序，顶生或有时腋生，长于叶，被开展的糙毛和腺毛，总花梗具2～4花；苞片钻状，长2～3mm，宽近1mm；花梗与总花梗相似，长为花的1.5～2倍，稍下弯，果期劲直；萼片长卵形或椭圆状卵形，长8～10mm，宽3～4mm，先端具短尖头，外被糙毛和开展腺毛；花瓣淡紫红色，宽倒卵形或近圆形，经常向上反折，长10～14mm，宽8～10mm，具深紫色脉纹，先端呈浅波状，基部具短爪和白色糙毛；雄蕊长为萼片的1.5倍，花丝淡紫色，下部扩展和边缘被糙毛，花药紫红色，雌蕊稍短于雄蕊，被糙毛，花柱上部紫红色，花柱分枝长3～4mm。蒴果长约3cm，被开展的短糙毛和腺毛。种子肾圆形，灰褐色，长约2mm，宽约1.5mm。花期6—7月，果期8—9月。

分布： 青海省民和县，互助县，循化县，湟中县，湟源县，大通县，尖扎县，泽库县。

生态环境： 生于海拔1 800～2 900m的沟谷林下、林缘灌丛、山麓湿润处、河滩草甸。

➤ 甘青老鹳草 *Geranium pylzowianum* Maxim.

特征： 多年生草本植物，高10～20cm。根茎细长，横生，节部常念珠状膨大，膨大处生有不定根和常发育有地上茎。茎直立，细弱，被倒向短柔毛或下部近无毛，具1～2分枝。叶互生；托叶披针形，长4～5mm，宽1.5～2mm，基部合生；基生叶和茎下部叶具长柄，柄长为叶片的4～6倍，密被倒向短柔毛；叶片肾圆形，长2～3.5cm，宽2.5～4cm，掌状5～7深裂至基部，裂片倒卵形，1～2次羽状深裂，小裂片矩圆形或宽条形，先端急尖，表面被疏伏柔毛，背面仅沿脉被伏毛。花序腋生和顶生，明显长于叶，每梗具2花或为4花的二歧聚伞状；总花梗密被倒向短柔毛；苞片披针形，长5～8mm，宽2～3mm，边缘被长柔毛；花梗与总花梗相似，长为花的1.5～2倍，下垂；萼片披针形或披针状矩圆形，长8～10mm，宽4～5（6）mm，外被长柔毛；花瓣紫红色，倒卵圆形，长为萼片的2倍，先端截平，基部骤狭，背面基部被长毛；雄蕊与萼片近等长，花丝淡棕色，下部扩展，被疏柔毛，花药深紫色；子房被伏毛，花柱分枝暗紫色。蒴果长2～3cm，被疏短柔毛。花期

7—8月，果期9—10月。

分布： 青海省互助县，海东市乐都区，湟中县，湟源县，贵德县，同德县，兴海县，尖扎县，同仁市，泽库县，玛沁县，久治县，班玛县，玛多县，玉树市，囊谦县，杂多县。

生态环境： 生于海拔2 900～3 900m的河谷高山草甸、沟谷灌丛下、山坡林下、山地林缘草甸、河岸滩地潮湿处。

➤ 老鹳草 *Geranium sibiricum* Linn.

特征： 多年生草本植物，高30～80cm。根茎短而直立，具略增厚的长根。茎直立或下部稍蔓生，有倒生柔毛。叶对生；基生叶和下部叶有长柄，向上渐短；托叶狭披针形，先端渐尖，有毛；叶片肾状三角形，基部心形，长3～5cm，宽4～6cm，3深裂，中央裂片稍大，卵状菱形，先端尖，上部有缺刻或粗牙齿，齿顶有短凹尖，下部叶有时近5深裂，上下两面多少有伏毛。花单生叶腋，或2～3花成聚伞花序；花梗在花时伸长，果时弯曲下倾；萼片5，卵形或披针形，先端有芒，长5～6mm，被柔毛；花瓣5，淡红色或粉红色，与萼片近等长，具5条紫红色纵脉；雄蕊10，基部连合，花丝基部突然扩大，扩大部分具缘毛；子房上位，5室，花柱5，不明显或极短。蒴果，有微毛，喙较短，果熟时5个果瓣与中轴分离，喙部由下向上内卷，长约2cm。花期7—8月，果期8—10月。

分布： 青海省互民和县，互助县，海东市乐都区，循化县，湟源县，大通县，门源县，祁连县，贵德县，同德县，同仁市，泽库县，玛沁县，称多县，玉树市，囊谦县。

生态环境： 生于海拔2 100～3 700m的山坡草地、沟谷林间、林缘草甸、灌丛下、河滩草甸、渠岸路旁。

大戟科 Euphorbiaceae

大戟属 *Euphorbia* Linn.

➤ 乳浆大戟 *Euphorbia esula* Linn.

特征： 大戟科大戟属多年生草本植物。根圆柱状，长 20cm 以上，直径 3～5（6）mm，不分枝或分枝，常曲折，褐色或黑褐色；茎单生或丛生，单生时自基部多分枝，高 30～60cm，直径 3～5mm；不育枝常发自基部，较矮，有时发自叶腋；叶线形至卵形，变化极不稳定，长 2～7cm，宽 4～7mm，先端尖或钝尖，基部楔形至平截，无叶柄；不育枝叶常为松针状，长 2～3cm，直径约 1mm；无柄；总苞叶 3～5 枚，与茎生叶同形；伞幅 3～5，长 2～4（5）cm；苞叶 2 枚，常为肾形，少为卵形或三角状卵形，长 4～12mm，宽 4～10mm，先端渐尖或近圆，基部近平截。花序单生于二歧分枝的顶端，基部无柄；总苞钟状，高约 3mm，直径 2.5～3.0mm，边缘 5 裂，裂片半圆形至三角形，边缘及内侧被毛；腺体 4，新月形，两端具角，角长而尖或短而钝，变异幅度较大，褐色；雄花多枚，苞片宽线形，无毛；雌花 1 枚，子房柄明显伸出总苞之外；子房光滑无毛；花柱 3，分离，柱头 2 裂；蒴果三棱状球形，长与直径均 5～6mm，具 3 个纵沟；花柱宿存；成熟时分裂为 3 个分果片；种子卵球状，长 2.5～3.0mm，直径 2.0～2.5mm，成熟时黄褐色；种阜盾状，无柄。花果期 4—10 月。

分布： 青海省海东市乐都区。

生态环境： 生于海拔 2 300m 左右的田埂地头、河岸渠边。

鼠李科 Rhamnaceae

鼠李属 *Rhamnus* Linn.

➤ 甘青鼠李 *Rhamnus tangutica* J. Vess.

特征： 灌木，稀乔木，高 2～6m；小枝红褐色或黑褐色，平滑有光泽，对生或近对生，枝端和分叉处有针刺；短枝较长，幼枝绿色，无毛或近无毛。叶纸质或厚纸质，对生或近对生，或在短枝上簇生，椭圆形、倒卵状椭圆形或倒卵形，长 2.5～6cm，宽 1～3.5cm，顶端短渐尖或锐尖，稀近圆形，基部楔形，边缘具钝或细圆齿，上面深绿色，有白色疏短毛或近无毛，下面浅绿色，干时变黄色，无毛或仅脉腋窝孔内有疏短毛，稀沿脉被疏短柔，侧脉每边 4～5 条，下面突起，脉腋常有小窝孔；叶柄长 5～10mm，有疏短柔毛；托叶线形，常宿存。花单性，雌雄异株，4 基数，有花瓣；花梗长 4～6mm，无毛或近无毛；雄花数个至 10 余个；雌花 3～9 个簇生于短枝端，花柱 2 浅裂。核果倒卵状球形，长 5～6mm，直径 4～5mm，基部有宿存的萼筒，具 2 分核，成熟时黑色；果梗长 6～8mm，无毛；种子红褐色，背侧具长为种子 3/4～4/5 的纵沟。花期 5—6 月，果期 6—9 月。

分布：青海省互助县，海东市乐都区，大通县，门源县，同仁市，泽库县，班玛县，玉树市。

生态环境：生于海拔 2 100～3 700m 的山沟林间、山沟灌丛、河谷水沟边。

锦葵科 Malvaceae

木槿属 *Hibiscus* Linn.

➤ 野西瓜苗 *Hibiscus trionum* Linn.

特征：一年生直立或平卧草本植物，高 25～70cm，茎柔软，被白色星状粗毛。叶二型，下部的叶圆形，不分裂，上部的叶掌状 3～5 深裂，直径 3～6cm，中裂片较长，两侧裂片较短，裂片倒卵形至长圆形，通常羽状全裂，上面疏被粗硬毛或无毛，下面疏被星状粗刺毛；叶柄长 2～4cm，被星状粗硬毛和星状柔毛；托叶线形，长约 7mm，被星状粗硬毛。花单生于叶腋，花梗长约 2.5cm，果时延长达 4cm，被星状粗硬毛；小苞片 12，线形，长约 8mm，被粗长硬毛，基部合生；花萼钟形，淡绿色，长 1.5～2cm，被粗长硬毛或星状粗长硬毛，裂片 5，膜质，三角形，具纵向紫色条纹，中部以上合生；花淡黄色，内面基部紫色，直径 2～3cm，花瓣 5，倒卵形，长约 2cm，外面疏被极细柔毛；雄蕊柱长约 5mm，花丝纤细，长约 3mm，花药黄色；花柱枝 5，无毛。蒴果长圆状球形，直径约 1cm，被粗硬毛，果爿 5，果皮薄，黑色；种子肾形，黑色，具腺状突起。

分布：青海省民和县，海东市乐都区，循化县，海东市平安区，尖扎县。

生态环境：生于海拔 1 800～2 400m 的山地荒坡、河谷滩地、河沟水边、田边路旁。

柽柳科 Tamaricaceae

水柏枝属 *Myricaria* Desv.

➤ 宽苞水柏枝 *Myricaria bracteata* Royle

特征：灌木，高 0.5～3m，多分枝；老枝灰褐色或紫褐色，多年生枝红棕色或黄绿色，有光泽和条纹。叶密生于当年生绿色小枝上，卵形、卵状披针形、线状披针形或狭长圆形，长 2～4（7）mm，宽 0.5～2mm，先端钝或锐尖，基部略扩展或不扩展，常具狭膜质的边。总状花序顶生于当年生枝条上，密集呈穗状；苞片通常宽卵形或椭圆形，有时呈菱形，长 7～8mm，宽 4～5mm，先端渐尖，边缘为膜质，后膜质边缘脱落，露出中脉而呈凸尖头或尾状长尖，伸展或向外反卷，基部狭缩，具宽膜质的啮齿状边缘，中脉粗厚；易脱落，基部残留于花序轴上常呈龙骨状脊；花梗长约 1mm；萼片披针形，长圆形或狭椭圆形，长约 4mm，宽 1～2mm，先端钝或锐尖，常内弯，具宽膜质边；花瓣倒卵形或倒卵状长圆形，长 5～6mm，宽 2～2.5mm，先端圆钝，常内曲，基部狭缩，具脉纹，粉红色、淡红色或淡紫色，果时宿存；雄蕊略短于花瓣，花丝 1/2 或 2/3 部分合生；子房圆锥形，长 4～6mm，柱头头状。蒴果狭圆锥形，长 8～10mm。种子狭长圆形或狭倒卵形，长 1～1.5mm，顶端芒柱一半以上被白色长柔毛。花期 6—7 月，果期 8—9 月。

分布：青海省同仁市，班玛县，杂多县。

生态环境：生于海拔 2 650～4 000m 的河滩沙地、荒漠草原、河谷阶地、湖滨湿地、山前冲积扇。

➤ 水柏枝 *Myricaria germanica*（L.）Desv.

特征： 直立灌木，高约 1.5m；老枝红褐色或紫褐色，光滑，当年生枝绿色或红褐色。叶密生于当年生绿色小枝上，叶披针形或长圆形，长 2～4mm，宽 0.8～1mm，先端钝或锐尖，常内弯，基部略扩展，具狭膜质边。总状花序通常顶生，长 6～12cm，较稀疏；苞片披针形或卵状披针形，长约 4mm，宽约 1.5mm，渐尖，具狭膜质边；花梗长约 2mm；萼片披针形或长圆形，长 2～3mm，宽约 1mm，先端钝或锐尖，具狭膜质边；花瓣倒卵形，长 5～6mm，宽 2mm，粉红色或淡紫色；花丝 1/2 或 1/3 部分合生；子房圆锥形，长约 4mm。蒴果狭圆锥形，长 6～8mm。种子长 1～1.5mm，顶端芒柱一半以上被白色长柔毛。花、果期 6—8 月。

分布： 青海省柴达木盆地，大柴旦行政区，格尔木市。

生态环境： 生于海拔 2 300～3 000m 的荒漠河漫滩、山麓冲积扇流水线附近、河渠岸边。

➤ 三春水柏枝 *Myricaria paniculata* P. Y. Zhang et Y. J. Zhang

特征： 灌木，高 1～3m；老枝深棕色、红褐色或灰褐色，具条纹，当年生枝灰绿色或红褐色。叶披针形、卵状披针形或长圆形，长 2～4（6）mm，宽 0.5～1mm，先端钝或锐尖，基部略扩展或不扩展，无柄，具狭膜质边；叶腋常生绿色小枝，枝上着生稠密的小叶。有两种花序，一年开两次花。春季总状花序侧生于去年生枝上，基部被有多数覆瓦状排列的膜质鳞片；苞片椭圆形或倒卵形，长 3～5mm，宽 3～3.5mm，先端圆钝，基部楔形，中脉粗厚；花梗长 1～1.5mm；萼片披针形或卵状披针形，稍短于花瓣，具宽膜质边，常内曲；花瓣倒卵形、卵状披针形或狭椭圆形，长 4～4.5mm，先端圆钝、常内曲，淡紫红色；雄蕊 10，花丝 1/2 或 2/3 部分合生，稍短于花瓣；子房圆锥形，长 3mm。蒴果狭圆锥形，长 10mm。大型圆锥花序生于当年生枝的顶端，长 14～34cm；花序未开放时较密集，开花后疏散；苞片卵状披针形或狭卵形，长 4～6mm，先端通常骤凸，稀呈渐尖或尾状渐尖，具宽膜质边，中脉粗厚，明显隆起；花长 4～6mm，花梗长 1～2mm，短于花萼；萼片卵状披针形或卵状长圆形，长 3～4mm，稍短于花瓣，先端渐尖，内曲，具宽膜质边；花瓣倒卵形或倒卵状披针形，长 4～5mm，先端圆钝，常内曲，粉红色或淡紫红色，花后宿存；花丝 1/2 或 2/3 部分合生，短于花瓣；子房圆锥形，长 3～4mm。蒴果狭圆锥形，长 8～10mm，3 瓣裂。种子狭长圆形，长 1～1.5mm，顶端具芒柱，芒柱一半以上被白色长柔毛，种皮薄，无胚乳。花期 3—9 月，果期 5—10 月。

分布： 青海省海西蒙古族藏族自治州，海南藏族自治州，海东市，西宁市。

生态环境： 生于海拔 2 200～2 800m 的河谷滩地、河床沙地、砾石滩地、河边渠岸。

➤ **匍匐水柏枝** *Myricaria prostrata* Hook. f. et Thoms. ex Benth. et Hook. f.

特征： 匍匐矮灌木，高 5～14cm；老枝灰褐色或暗紫色，平滑，去年生枝纤细，红棕色，枝上常生不定根。叶在当年生枝上密集，长圆形、狭椭圆形或卵形，长 2～5mm，宽 1～1.5mm，先端钝，基部略狭缩，有狭膜质边。总状花序圆球形，侧生于去年生枝上，密集，常由 1～3 花、少为 4 花组成；花梗极短，长 1～2mm，基部被卵形或长圆形鳞片，鳞片覆瓦状排列；苞片卵形或椭圆形，长 3～5mm，宽 1.5～3mm，长于花梗，先端钝，有狭膜质边；萼片卵状披针形或长圆形，长 3～4mm，宽 1～2mm，先端钝，有狭膜质边；花瓣倒卵形或倒卵状长圆形，长 4～6mm，宽 2～4mm，淡紫色至粉红色；雄蕊花丝合生部分达 2/3 左右，稀在最基部合生，几分离；子房卵形，柱头头状，无柄。蒴果圆锥形，长 8～10mm。种子长圆形，长 1.5mm，顶端具芒柱，芒柱粗壮，全部被白色长柔毛。

分布： 青海省刚察县，祁连县，化隆县，玛多县，曲麻莱县，治多县。

生态环境： 生于海拔 3 600～4 800m 的泉水边碱滩、河滩草甸、宽谷湖盆、平缓山坡、河谷沙滩、砾石山坡、沼泽草甸裸地。

➤ 具鳞水柏枝 *Myricaria squamosa* Desv.

特征： 直立灌木，高1～5m；茎直立，上部多分枝；老枝紫褐色、红褐色或灰褐色，光滑，有条纹，常有白色皮膜，薄片状剥落；去年生枝黄褐色或红褐色；当年生枝淡黄绿色至红褐色。叶披针形，卵状披针形、长圆形或狭卵形，长1.5～5（10）mm，宽0.5～2mm，先端钝或锐尖，基部略扩展，具狭膜质边。总状花序侧生于老枝上，单生或数个花序簇生于枝腋；花序在开花前较密集，以后伸长，较疏松，基部被多数覆瓦状排列的鳞片；鳞片宽卵形或椭圆形，近膜质，中脉粗厚带绿色；苞片椭圆形、宽卵形或倒卵状长圆形，长4～6（8）mm，宽3～4mm，等于或长于花萼（加花梗），稀短于花萼，顶端圆钝或急尖，基部狭缩，具宽膜质边或几为膜质，中脉粗厚，常带绿色；花梗长2～3mm；萼片卵状披针形，长圆形或长椭圆形，长2～4mm，宽0.5～1mm，先端锐尖或钝，有宽或狭的膜质边；花瓣倒卵形或长椭圆形，长4～5mm，宽约2mm，先端圆钝，基部狭缩，常内曲，紫红色或粉红色；花丝约2/3部分合生；子房圆锥形，长3～5mm。蒴果狭圆锥形，长约10mm。种子狭椭圆形或狭倒卵形，长约1mm，顶端具芒柱，芒柱一半以上被白色长柔毛。花、果期5—8月。

分布： 青海省民和县，海东市乐都区，循化县，西宁市，门源县，祁连县，海晏县，同仁市，河南县，玛沁县，久治县，玉树市，囊谦县，杂多县。

生态环境： 生于海拔2 200～4 000m的河漫滩沙地、沟谷河岸、河谷乱石隙、高寒荒漠带河边沙丘。

红砂属 *Reaumuria*

➤ 五柱红砂 *Reaumuria kaschgarica* Rupr.

特征： 矮小半灌木，高达20cm，具多数曲拐的细枝，成垫状；老枝灰棕色，当年生枝淡红色至淡红棕色；由老枝发出的当年生嫩枝绿色，长4～9（15）cm；花枝初由老枝生出，后期则自当年生新枝叶腋生出。叶略扁，由基部的鳞片状向上渐变长，成线形，或略近圆柱形，常略弯，肉质，长

4～10mm，宽0.6～1mm，顶端钝或稍尖，向基部微变狭。花单生小枝顶端，几无梗；苞片稀少，形同叶片，长3～4mm，与花萼等长或略长，绕萼而生；萼片5，基部略连合，长3～4mm，卵状披针形，外伸，近渐尖，基部变宽，边缘膜质，几全缘；花瓣5，粉红色，椭圆形，比花萼长1/3～

1/2，内侧有两片长圆形的附属物，长为花瓣的1/3或略短，上部边缘缝状撕裂或锯齿状；雄蕊通常约15（15）枚，略短于花瓣或与之等长，花丝中下部变宽，两侧撕裂或具细齿，基部合生；子房卵圆形，长3mm，花柱5，柱头狭尖。蒴果长圆状卵形，长7mm，宽3～4mm，5瓣裂。种子细小，长圆状椭圆形，基部变细，顶端有突起，除突起处外，全被褐色毛。花期7—8月。

分布：青海省西宁市，共和县，乌兰县，德令哈市。

生态环境：生于海拔2 300～3 800m的阴坡砾地、湖滨沙地、山前冲积扇、荒漠草原、盐土荒漠、沟谷河岸。

➤ 红砂 *Reaumuria songarica*（Pall.）Maxim.

特征：小灌木，仰卧，高10～30（70）cm，多分枝，老枝灰褐色，树皮为不规则的波状剥裂，小枝多拐曲，皮灰白色，粗糙，纵裂。叶肉质，短圆柱形，鳞片状，上部稍粗，长1～5mm，宽0.5～1mm，常微弯，先端钝，浅灰蓝绿色，具点状的泌盐腺体，常4～6枚簇生在叶腋缩短的枝上，花期有时叶变紫红色。小枝常呈淡红色。花单生叶腋（实为生在极度短缩的小枝顶端），或在幼枝上端集为少花的总状花序状；花无梗；直径约4mm；苞片3，披针形，先端尖，长0.5～0.7mm；花萼钟

形，下部合生，长1.5～2.5mm，裂片5，三角形，边缘白膜质，具点状腺体；花瓣5，白色略带淡红，长圆形，长约4.5mm，宽约2.5mm，先端钝，基部楔状变狭，张开，上部向外反折，下半部内侧的2附属物倒披针形，薄片状，顶端缝状。着生在花瓣中脉的两侧；雄蕊6～8（12），分离，花

丝基部变宽，几与花瓣等长；子房椭圆形，花柱 3，具狭尖之柱头。蒴果长椭圆形或纺锤形，或作三棱锥形，长 4～6mm，宽约 2mm，高出花萼 2～3 倍，具 3 棱，3 瓣裂（稀 4），通常具 3～4 枚种子。种子长圆形，长 3～4mm，先端渐尖，基部变狭，全部被黑褐色毛。花期 7—8 月，果期 8—9 月。

分布：青海省民和县，海东市乐都区，循化县，兴海县，共和县，乌兰县，德令哈市。

生态环境：生于海拔 1 700～3 000m 的干旱山坡、砾石沙地、河谷阶地、荒漠草原、盐渍荒漠、湖滨沙地、盐碱滩地、干旱草地、沟谷山坡、山麓沙砾地。

柽柳属 *Tamarix* Linn.

➤ 密花柽柳 *Tamarix arcenthoides* Bunge.

特征：灌木或为小乔木，高 2～4（5）m，老枝树皮浅红黄色或淡灰色，小枝开展，密生，一年生枝多向上直伸，树皮红紫色。绿色营养枝上的叶几抱茎，卵形、卵状披针形或几三角状卵形，长 1～2mm，宽 0.6mm，长渐尖或骤尖，鳞片状贴生或以直角向外伸，略下延，鲜绿色，边缘常为软骨质；木质化生长枝上的叶半抱茎，长卵形，短渐尖，多向外伸，略圆或锐下延，微具耳。总状花序主要生在当年生枝条上，长 3～6（9）cm，宽 2.5～

4mm，花小而着花极密，通常集生成簇，有时呈稀疏的顶生圆锥花序，夏初出现，直到 9 月，有时（在山区）总状花序春天出生在去年的枝条上；苞片卵状钻形或条状披针形，针状渐尖，长 1～1.5mm，与花萼等长或甚至比花萼（包括花梗）长；花梗长 0.5～0.7mm，比花萼短或几等长；花萼深 5 裂，萼片卵状三角形，略钝，长 0.5～0.7mm，几短于花瓣的 1/2，宽约 0.3mm，边缘膜质白色透亮，近全缘，外面两片较内面三片钝，花后紧包子房；花瓣 5，充分开展，倒卵形或椭圆形，长 1～1.7（2）mm，宽 0.5mm，花白色或粉红色至紫色，早落；花盘深 5 裂，每裂片顶端常凹缺或再深裂成 10 裂片，裂片常呈紫红色；雄蕊 5，花丝细长，常超出花瓣 1.2～2 倍，通常着生花盘二裂片间，花药小，钝或有时具短尖头；雌蕊子房长圆锥形，长 0.7～1.3mm，花柱 3，短，为子房长的 1/3～1/2；蒴果小而狭细，长约 3mm，粗 0.7mm，高出紧贴蒴果的萼片 4～6 倍。花期 5—9 月，6 月最盛。

分布： 青海省民和县，海东市乐都区，循化县，兴海县，共和县，乌兰县，德令哈市。

生态环境： 生于海拔 1 700～3 000m 的干旱山坡、砾石沙地、河谷阶地、荒漠草原、盐渍荒漠、湖滨沙地、盐碱滩地、干旱草地、沟谷山坡、山麓沙砾地。

堇菜科 Violaceae

堇菜属 *Viola*

➤ 鳞茎堇菜 *Viola bulbosa* Maxim.

特征： 多年生低矮草本植物，具短的地上茎，高 2.5～4.5cm。根状茎细长，垂直，具多数细根，下部具一小鳞茎；鳞茎直径 5～6mm，由 4～6 枚白色、肉质、船形的鳞片所组成，下部生多数须状根。叶簇集茎端；叶片长圆状卵形或近圆形，长 1～2.5cm，宽 5～14mm，先端圆或有时急尖，基部楔形或浅心形，边缘具明显的波状圆齿，无毛或下面特别是幼叶有白色柔毛；叶柄具狭翅，通常较叶片短或近等长，被柔毛；托叶狭，大部分与叶柄合生，分离部分极短，先端尖，无毛或疏生腺状缘毛。花小，白色；花梗自地上茎叶腋抽出，通常稍高于叶或与叶近等长，中部以上有 2 枚线形小苞片；萼片卵形或长圆形，长 3～4mm，宽 1.2～1.5mm，先端尖，基部附属物短而圆，无毛或有缘毛；花瓣倒卵形，侧瓣长 8～10mm，无须毛，下方花瓣长 7～8mm，有紫堇色条纹，先端有微缺；距短而粗，呈囊状，长 1.2～1.7mm，粗约 2mm，末端钝；花药连药隔顶部附属物长约 2.5mm，下方 2 枚雄蕊背部的距较短粗，末端钝而稍弯；子房无毛，花柱基部稍膝曲，向上略增粗，柱头三角形，两侧及后方略增厚成狭的缘边，先端具明显的喙；喙短，近直立，柱头孔与近喙等粗。蒴果未见。花期 5—6 月。

分布： 青海省民和县，互助县，海东市乐都区，循化县，海东市平安区，大通县，门源县，刚察县，贵德县，同德县，兴海县，尖扎县，同仁市，泽库县，河南县，玛沁县，久治县，囊谦县，杂多县。

生态环境： 生于海拔 2 560～4 150m 的高山草甸、宽谷草原、林缘灌丛、阴坡林下、河渠水边、宅旁荒地。

➤ 西藏堇菜 *Viola kunawarensis* Royle

特征： 多年生矮小草本，无地上茎，高 2.5～6cm。根状茎缩短，较粗壮，节间短，节密生；根圆锥状，带褐色或苍白色，细长，通常不分枝。叶均基生，莲座状；叶片厚纸质，卵形、圆形或长圆形，长 0.5～2cm，宽 2～5mm，先端钝，基部楔形或宽楔形，略下延，边缘全缘或疏生浅圆齿，两面均无毛，主脉明显隆起；叶柄较叶片稍长或近等长；托叶膜质，带白色，1/2～2/3 与叶柄合生，离生部分披针形，先端渐尖，边缘疏生具腺体的流苏。花小，深蓝紫色；花梗细而挺直，稍长于或与叶近等长，中部稍上处有 2 枚小苞片；小苞片近对生，线形或狭披针形，先端渐尖，边缘下部疏生腺体状流苏；萼片长圆形或卵状披针形，长 3～4mm，宽 1～1.5mm，先端钝，基部附属物极短，末端钝圆具 3 脉，边缘狭膜质；花瓣长圆状倒卵形，长 7～10mm，先端钝圆，基部稍狭，侧方花瓣无须毛，下方花瓣稍短，有白色脉纹；距极短，呈囊状，稍长于或不长于萼的附属物；花药长约 1.5mm，药隔顶部的附属物长约 1mm，下方 2 枚雄蕊背方之距极短，长仅 0.4mm；子房卵球形，长约 1.5mm，平滑无毛；花柱棍棒状，基部明显膝曲，顶部钝圆无缘边，向前方伸出极短的喙；喙端具较细的柱头孔。蒴果卵圆形，长 5～7mm。花期 6—7月，果期 7—8 月。

分布：青海省门源县，兴海县，天峻县，尖扎县，玛沁县，玉树市，囊谦县，杂多县。

生态环境：生于海拔 3 100～4 750m 的高山灌丛、河湖岸边、高山草甸、林缘草地。

胡颓子科 Elaeagnaceae

沙棘属 *Hippophae* Linn.

➤ 肋果沙棘 *Hippophae neurocarpus* S. W. Liu et T. N. Ho

特征：落叶灌木或小乔木，高 0.6～5m；幼枝黄褐色，密被银白色或淡褐色鳞片和星状柔毛，老枝变光滑，灰棕色，先端刺状，呈灰白色；冬芽紫褐色，小，卵圆形，被深褐色鳞片。叶互生，线形至线状披针形，长 2～6（8）cm，宽 1.5～5mm，顶端急尖，基部楔形或近圆形，上面幼时密被银白色鳞片或灰绿色星状柔毛，后星状毛多脱落，蓝绿色，下面密被银白色鳞片和星状毛，呈灰白色，或混生褐色鳞片，而呈黄褐色。花序生于幼枝基部，簇生成短总状，花小，黄绿色，雌雄异株，先叶开放；雄花黄绿色，花萼 2 深裂，雄蕊 4，2 枚与花萼裂片对生，2 枚与花萼裂片互生，雌花花萼上部 2 浅裂，裂片近圆形，长约 1mm，具银白色与褐色鳞片，花柱圆柱形，褐色，稍弯，伸出花萼裂片外。果实为宿存的萼管所包围，圆柱形，弯曲，具 5～7 纵肋（通常 6 纵肋），长 6～8（9）mm，直径 3～4mm，成熟时褐色，肉质，密被银白色鳞片，果皮质薄，与种子易分离；种子圆柱形，长 4～6mm，黄褐色。

分布：青海省祁连县，兴海县，河南县，久治县，称多县，玉树市，囊谦县，杂多县，曲麻莱县，治多县。

生态环境：生于海拔 2 900～4 000m 的沙砾质河漫滩、河岸阶地、沟谷山坡。

柳叶菜科 Onagraceae

露珠草属 *Circaea* Linn.

➤ 高山露珠草 *Circaea alpina* Linn.

特征：植株高 3～50cm，无毛或茎上被短镰状毛及花序上被腺毛；根状茎顶端有块茎状加厚。叶形变异极大，自狭卵状菱形或椭圆形至近圆形，长 1～11cm，宽 0.7～5.5（8）cm，基部狭楔形至心形，先端急尖至短渐尖，边缘近全缘至尖锯齿。顶生总状花序长 12（17）cm。花梗与花序轴垂直 [见于深山露珠草（C. *alpina* subsp. *caulescens*）及狭叶露珠草（subsp. *angustifolia*）中] 或花梗呈上升或直立，基部有时有一刚毛状小苞片。花芽无毛，稀近无毛；花萼无或短，最长达 0.6mm；萼片白色或粉红色，稀紫红色，或只先端淡紫色，矩圆状椭圆形、卵形、阔卵形或三角状卵形，长 0.8～2mm，宽 0.6～1.3mm，无毛，先端钝圆或微呈乳突状，伸展或微反曲；花瓣白色，倒三角形、倒卵形至阔倒卵形，长 0.5～2mm，宽 0.6～1.9mm，先端无凹缺至凹达花瓣的中部，花瓣裂片圆形至截形，稀呈细圆齿状 [见于狭叶露珠草（C. *alpina* subsp. *angustifolia*）中]；雄蕊直立或上升，稀伸展，与花柱等长或略长于花柱；蜜腺不明显，藏于花管内。果实棒状至倒卵状，长 1.6～2.7mm，径 0.5～1.2mm，基部平滑地渐狭向果梗，1 室，具 1 种子，表面无纵沟，但果梗延伸部分有浅槽；成熟果实连果梗长 3.5～7.8mm。

分布：青海省民和县，互助县，海东市乐都区，循化县，化隆县，海东市平安区，湟中县，湟源县，大通县，门源县，祁连县，贵德县，同德县，同仁市，泽库县，久治县，班玛县，玉树市，囊谦县，杂多县。

生态环境：生于海拔 2 300～4 300m 的阴坡崖下、沟谷林下、林缘灌丛、河滩湿地、山地田边。

柳叶菜属 *Epilobium* Linn.

➤ 沼生柳叶菜 *Epilobium palustre* L.

特征：植株高 3～50cm，无毛或茎上被短镰状毛及花序上被腺毛；根状茎顶端有块茎状加厚。叶形变异极大，自狭卵状菱形或椭圆形至近圆形，长 1～11cm，宽 0.7～5.5（8）cm，基部狭楔形至心形，先端急尖至短渐尖，边缘近全缘至尖锯齿。顶生总状花序长 12（17）cm。花梗与花序轴垂直 [见于深山露珠草（C. *alpina* subsp. *caulescens*）及狭叶露珠草（subsp. *angustifolia*）中] 或花梗呈上升或直立，基部有时有一刚毛状小苞片。花芽无毛，稀近无毛；花萼无或短，最长达 0.6mm；萼片白色或粉红色，稀紫红色，或只先端淡紫色，矩圆状椭圆形、卵形、阔卵形或三角状卵形，长 0.8～2mm，宽 0.6～1.3mm，无毛，先端钝圆或微呈乳突状，伸展或微反曲；花瓣白色，狭倒三角形、倒三角形、倒卵形至阔倒卵形，长 0.5～2mm，宽 0.6～1.9mm，先端无凹缺至凹达花瓣的中部，花瓣裂片圆形至截形，稀呈细圆齿状 [见于狭叶露珠草（C. *alpina* subsp. *angustifolia*）中]；雄蕊直立或上升，稀伸展，与花柱等长或略长于花柱；蜜腺不明显，藏于花管内。果实棒状至倒卵状，长 1.6～2.7mm，径 0.5～1.2mm，基部平滑地渐狭向果梗，1 室，具 1 种子，表面无纵沟，但果梗延伸部分有浅槽；成熟果实连果梗长 3.5～7.8mm。

分布：青海省民和县，互助县，海东市乐都区，循化县，化隆县，海东市平安区，湟中县，湟源县，大通县，门源县，祁连县，海晏县，贵德县，同德县，共和县，兴海县，乌兰县，同仁市，泽库县，河南县，玛沁县，甘德县，达日县，玛多县，称多县，玉树市，囊谦县，曲麻莱县，治多县，杂多县。

生态环境：生于海拔 1 800～4 500m 的高山灌丛、沟谷林下、林缘草地、河谷阶地、河湖岸边、河滩草地、路边。

➤ 喜山柳叶菜 *Epilobium royleanum* Hausskn.

特征：多年生草本植物，根茎短，颈部具几无柄的新芽。茎高 30～90cm，壮实，圆柱形，常呈紫红色，棱线不明显，光滑或幼部疏被曲柔毛，分枝多或少。叶近无柄或具长 1～3mm 的短，柄，叶片二面绿色或背面紫色，狭披针形，长渐尖，基部楔形，边缘具明显的不整齐的疣状齿凸，背面主脉及侧脉隆起，侧脉 4～6 对，斜伸，叶脉二面及边缘有短柔毛，余无毛，茎中部叶片长 3～5cm，宽 0.8cm，上下部及分枝上的叶片皆小。花单生于茎上部及分枝叶腋；花蕾卵状长圆形，有尖凸；花萼紫色带绿色，外被疏柔毛及腺毛；萼筒杯状，长约 1mm，裂片披针形，长 5mm；花瓣倒卵状长圆形，长 7.5mm，宽 5mm；花瓣紫色、粉红色、白色，倒卵状长圆形，长 7.5mm，宽 5mm，基部渐狭具短爪，先端浅内凹；花柱长 3mm，短于雄蕊，柱头杯状至倒圆锥状，顶部平凸或略下凹，长 2mm，粗 1.5mm。蒴果长 6～7cm，果梗长 5～8mm。种子圆柱状纺锤形，长约 1mm，具乳突顶端有短喙，簇毛白色。花期 7—8 月。

分布：青海省民和县，互助县，海东市乐都区，循化县，化隆县，海东市平安区，湟中县，湟源县，大通县，门源县，贵德县，同德县，玛沁县，班玛县，玉树市，杂多县。

生态环境：生于海拔 1 700～4 200m 的山坡林下、林缘、河沟灌丛、河滩草甸。

小二仙草科 Haloragidaceae

狐尾藻属 *Myriophyllum* Linn.

➤ 穗状狐尾藻 *Myriophyllum spicatum* L.

特征：多年生矮小草本植物，无地上茎，高 2.5～6cm。根状茎缩短，较粗壮，节间短，节密生；根圆锥状，带褐色或苍白色，细长，通常不分枝。叶均基生，莲座状；叶片厚纸质，卵形、圆形或长圆形，长 0.5～2cm，宽 2～5mm，先端钝，基部楔形或宽楔形，略下延，边缘全缘或疏生浅圆齿，两面均无毛，主脉明显隆起；叶柄较叶片稍长或近等长；托叶膜质，带白色，1/2～2/3 与叶柄合生，离生部分披针形，先端渐尖，边缘疏生具腺体的流苏。花小，深蓝紫色；花梗细而挺直，稍长于或与叶近等长，中部稍上处有 2 枚小苞片；小苞片近对生，线形或狭披针形，先端渐尖，边缘下部疏生腺体状流苏；萼片长圆形或卵状披针形，长 3～4mm，宽 1～1.5mm，先端钝，基部附属物极短，末端钝圆具 3 脉，边缘狭膜质；花瓣长圆状倒卵形，长 7～10mm，先端钝圆，基部稍狭，侧方花瓣无须毛，下方花瓣稍短，有白色脉纹；距极短，呈囊状，稍长于或不长于萼的附属物；花药长约 1.5mm，药隔顶部的附属物长约 1mm，下方 2 枚雄蕊背方之距极短，长仅 0.4mm；子房卵球形，长约 1.5mm，平滑无毛；花柱棍棒状，基部明显膝曲，顶部钝圆无缘边，向前方伸出极短的喙；喙端具较细的柱头孔。蒴果卵圆形，长 5～7mm。花期 6—7 月，果期 7—8 月。

分布： 青海省共和县，海晏县，乌兰县，河南县，玛沁县，久治县，玛多县。

生态环境： 生于海拔 2 800～4 600m 的河湖水域、高山草甸间死水坑、高寒沼泽草甸水域。

杉叶藻科 Hippuridaceae

杉叶藻属 *Hippuris* Linn.

➤ 杉叶藻 *Hippuris vulgaris* Linn.

特征： 车前科杉叶藻属多年生水生草本植物，全株光滑无毛。茎直立，多节，常带紫红色，高 8～150cm，上部不分枝，下部合轴分枝，有匍匐白色或棕色肉质根茎，节上生多数纤细棕色须根，生于泥中。叶条形，轮生，两型，无柄，（4）8～10（12）片轮生。沉水中的根茎粗大，圆柱形，直径 3～5mm，茎中具多孔隙贮气组织，白色或棕色，节上生多数须根；叶线状披针形，长 1.5～2.5cm，宽 1～1.5mm，全缘，较弯曲细长，柔软脆弱，茎中部叶最长，向上或向下渐短；露出水面的根茎较沉水叶根茎细小，节间亦短，节间长 5～15mm，直径 3～5mm，表面平滑，茎中空隙少而小；叶轮生，叶条形或狭长圆形，长 1.5～2.5（6）cm，宽 1～1.5cm，无柄、全缘，与深水叶相比稍短而挺直，羽状脉不明显，先端有一半透明，易断离成二叉状扩大的短锐尖。花细小，两性，稀单性，无梗，单生叶腋；萼与子房大部分合生成卵状椭圆形，萼全缘，常带紫色；无花盘；雄蕊 1，生于子房上略偏一侧；花丝细，常短于花柱，被疏毛或无毛，花药红色，椭圆形，顶端常靠在花药背部两药室之间，两裂，长约 1mm；子房下位，椭圆形，长不到 1mm，1 室，内有 1 倒生胚珠，胚珠有一单层珠被，珠孔完全闭合，有珠柄，花柱宿存，针状，稍长于花丝，被疏毛，雌蕊先熟，主要为风媒传粉。果为小坚果状，卵状椭圆形，长 1.2～1.5mm，直径约 1mm，表面平滑无毛，外果皮薄，内果皮厚而硬，不开裂，内有 1 种子，外种皮具胚乳，顶端近平截。花期 6 月。果期 5—10 月。

分布：青海省互助县，西宁市，大通县，门源县，祁连县，共和县，天峻县，乌兰县，德令哈市，同仁市，泽库县，玛沁县，甘德县，久治县，班玛县，达日县，玛多县，玉树市，称多县，囊谦县，曲麻莱县，杂多县。

生态环境：生于海拔2 000～4 600m的沼泽、草甸、湖滨、河畔溪水、河沟浅水中。

伞形科 Umbelliferae

当归属 *Angelica* Linn.

➤ 青海当归 *Angelica nitida* Wolff

  特征：多年生草本植物，高30～90cm。根圆锥形，多不分枝，黄棕色，长5～10cm。茎绿色或带紫色，有细槽纹，光滑无毛，仅上部有粗短硬毛。基生叶为1～2回羽状全裂，裂片2～4对；叶柄长3～5cm，基部膨大成宽管状的叶鞘，叶鞘长4～6.5cm，宽至2cm，两面无毛；茎上部叶为1～2回羽状全裂，叶片轮廓为阔卵形，长5～8cm，宽5～7cm；顶生叶简化成囊状的叶鞘，外面有短毛，顶端有3深裂的叶片；末回裂片长圆形至椭圆形，厚膜质，长1.5～4cm，宽1～2cm，上表面深绿色，下表面淡绿色，顶端钝，有白色膜质的短尖头，基部近截形，边缘锯齿钝圆，有缘毛。复伞形花序，直径6～10cm，伞辐9～19，长1.5～4cm；无总苞片；小伞花序密集或近球形，有花18～40；小总苞片6～10，披针形，尾状渐尖；花无萼齿；花瓣白色或黄白色，少为紫红色，长卵形，顶端渐尖，

稍反曲；花柱基扁平，紫黑色，花柱短而叉开。果实长圆形至卵圆形，长5～6.5cm，宽3.5～5cm，侧棱翅状，比果体狭，背棱线状，隆起，顶端有宿存的紫褐色扁平花柱基；背棱槽内有油管1，

极少为 2，侧棱槽内有油管 2，长短不等，合生面油管 2。花期 7—8 月，果期 8—9 月。

分布： 青海省互助县，大通县，门源县，贵德县，同德县，尖扎县，同仁市，泽库县，河南县，玛沁县，甘德县，久治县，班玛县，达日县。

生态环境： 生于海拔 3 100～4 050m 的山沟灌丛、河滩疏林下、灌丛草甸、阴坡林缘、山坡草地、河谷阶地。

葛缕子属 *Carum* Linn.

➤ 葛缕子 *Carum carvi* Linn.

特征： 多年生草本植物，高 30～70cm，根圆柱形，长 4～25cm，直径 5～10mm，表皮棕褐色。茎通常单生，稀 2～8。基生叶及茎下部叶的叶柄与叶片近等长，或略短于叶片，叶片轮廓长圆状披针形，长 5～10cm，宽 2～3cm，2～3 回羽状分裂，末回裂片线形或线状披针形，长 3～5mm，宽约 1mm，茎中、上部叶与基生叶同形，较小，无柄或有短柄。无总苞片，稀 1～3，线形；伞辐 5～10，极不等长，长 1～4cm，无  小总苞或偶有 1～3 片，线形。小伞形花序有花 5～15，花杂性，无萼齿，花瓣白色，或带淡红色，花柄不等长，花柱长约为花柱基的 2 倍。果实长卵形，长 4～5mm，宽约 2mm，成熟后黄褐色，果棱明显，每棱槽内油管 1，合生面油管 2。花果期 5—8 月。

分布： 青海省民和县，互助县，海东市乐都区，循化县，化隆县，海东市平安区，湟中县，湟源县，大通县，门源县，祁连县，海晏县，刚察县，贵德县，贵南县，同德县，共和县，兴海县，天峻县，乌兰县，都兰县，格尔木市，德令哈市，尖扎县，同仁市，泽库县，河南县，玛沁县，甘德县，久治县，班玛县，达日县，玛多县，称多县，玉树市，囊谦县，曲麻莱县，杂多县，治多县。

生态环境： 生于海拔 2 080～4 250m 的高山草甸、高山灌丛、沟谷林下、林缘草甸、道旁渠岸、田边宅旁。

独活属 *Heracleum* Linn.

➤ 裂叶独活 *Heracleum millefolium* Diels

特征：根长约 20cm，棕褐色；颈部被有褐色枯萎叶鞘纤维。茎直立，分枝。叶片轮廓为披针形，长 2.5～16cm，宽达 2.5cm，3～4 回羽状分裂，末回裂片线形或披针形，长 0.5～1cm，先端尖；茎生叶逐渐短缩。复伞形花序顶生和侧生，花序梗长 20～25cm；总苞片 4～5，披针形，长 5～7mm；伞辐 7～8，不等长；小总苞片线形，有毛；花白色；萼齿细小。果实椭圆形，背部极扁，长 5～6mm，宽约 4mm，有柔毛，背棱较细；每棱槽内有油管 1，合生面油管 2，其长度为分生果长度的一半或略超过。

分布：青海省湟源县，大通县，祁连县，刚察县，贵南县，同德县，共和县，兴海县，天峻县，同仁市，泽库县，河南县，玛沁县，甘德县，久治县，达日县，玛多县，称多县，玉树市，曲麻莱县，杂多县，治多县。

生态环境：生于海拔 2 700～4 800m 的高山草甸、高寒草原、阴坡灌丛、沟谷林下、河滩湿沙地、山坡岩隙。

山茱萸科 Cornaceae

梾木属 *Swida* Opiz

➤ 沙梾 *Swida bretschneideri*（L. Heng）Sojak

特征：灌木或小乔木，高 1～6m；树皮紫红色；幼枝圆柱形，带红色，有稀疏的贴生灰白色短柔毛，老枝淡黄色，无毛，有淡白色椭圆形皮孔。冬芽狭长形，长 3～9mm，顶端尖，被贴生白色短柔毛。叶对生，纸质，卵形、椭圆状卵形或长圆形，长 5～8.5cm，宽 2.5～6cm，先端突尖或短渐尖，基部阔楔形或圆形，上面绿色，有短柔毛，下面灰白色，密被不明显的乳头状突起及白色贴生的短柔毛，中脉在上面稍显明，下面凸出，侧脉 5～6（7）对，弓形内弯，脉腋簇生白色柔毛，细脉不显明；叶柄长 7～15mm，稀被贴生短柔毛，上面有浅沟，下面圆形。伞房状聚伞花序顶生，宽 4.5～6cm，被有贴生灰白色短柔毛；总花梗细圆柱形，长 2～4.4cm，被疏生短柔毛，后即秃净；花小，白色，直径 5.5～7mm；花萼裂片 4，尖齿状或尖三角形，长 0.2～0.25mm，与花盘等长或稍长于花盘，外侧被有短柔毛；花瓣 4，舌状长卵形，长 3～4mm，宽 1.4～1.8mm，上面无毛，下面有贴生短柔毛；雄蕊 4，着生于花盘外侧，无毛，长 5～5.7mm，伸出花外，花丝线形，长 5mm，花药淡黄白色，2 室，卵状长圆形，长约 1mm；花盘褥状无毛；花柱圆柱形，长 2.3～2.6mm，稀被贴生短柔毛，子房下位，花托近于球形，直径约 1.5mm，被贴生灰白色短柔毛；花梗细圆柱形，长 1.5～6mm，疏生灰白色短柔毛。核果蓝黑色至黑色，近于球形，直径 4～5mm，密被贴生短柔毛；核骨质，卵状扁圆球形，直径约 3.5mm，有几条不明显的条纹。花期 6—7 月；果期 8—9 月。

分布：青海省循化县，民和县，互助县，西宁市。

生态环境：生于海拔 1 800～2 560m 的河谷山坡林内、沟谷林缘、河岸林缘灌丛、河畔湿地。

报春花科 Primulaceae

点地梅属 *Androsace* Linn.

➤ 鳞叶点地梅 *Androsace squarrosula* Maxim.

特征：多年生草本植物。主根细长，具少数支根。地上部分由多数根出条组成疏丛；根出条深褐色，下部节间长 5～10mm，节上有枯叶丛；上部节间短或叶丛叠生其上，形成长 1～1.5cm 的柱状体。莲座状叶丛直径 3～4.5mm；叶呈不明显的两型，外层叶卵形至阔卵圆形，长 2～3.5mm，宽 1.5～2mm，先端锐尖，稍增厚，向外反折；内层叶披针形，长 3～5mm，宽 0.75～1mm，无毛或具稀疏缘毛，先端灰白色，带软骨质。花葶通常极短，藏于叶丛中，很少长

达 1cm；苞片 2 枚，披针形或阔披针形，长约 2mm；花单生，近于无梗；花萼钟状，长约 2.5mm，分裂近达中部，裂片卵状椭圆形，先端稍钝，边缘具缘毛；花冠白色，直径 6～7mm，筒部略高出花萼，裂片倒卵状长圆形。花期 5—6 月。

分布：青海省乌兰县，都兰县，格尔木市，河南县，玛沁县，玛多县，称多县。

生态环境：生于海拔 4 000～5 050m 的山坡草地、山顶石隙、河滩砾地、湖滨河岸草地。

➤ 唐古拉点地梅 *Androsace tanggulashanensis* Y. C. Yang et R. F. Huang

特征：多年生草本植物。主根细长，褐色，具多数丝状支根。地上部分为半球形的垫状体，由极多数的根出条紧密排列而成；根出条具鳞覆的枯死莲座状叶丛，呈柱状，直径 3～4mm，灰褐色。当年生叶丛绿色，叠生于老叶丛上，无间距；叶型分化不明显，无毛或被稀疏柔毛；外层叶阔披针形至披针形，长 2.5～3mm，土褐色，先端渐尖，背部略具脊；内层叶长圆形至阔线形，长 4～6mm，先端锐尖，有时叶的先端具

短柔毛或数根柔毛。花葶单一，自当年生叶丛中抽出，高 2～8mm，被开展的柔毛；苞片 2 枚，三角状披针形，长 3～4mm，对折成舟状，先端锐尖，基部膜质，具缘毛；花通常 1 朵，稀 2 朵，无梗或具极短的梗；花萼陀螺状，长约 4mm，分裂达中部，裂片宽披针形，先端钝，边缘膜质，具缘毛；花冠白色，直径约 7mm，裂片倒卵形；雄蕊位于冠筒的中上部，花药小，卵形；子房陀螺状，花柱细长，柱头头状。花期 7 月。

分布：青海省格尔木市，都兰县，兴海县，玛沁县，玛多县，达日县，称多县，曲麻莱县，治多县（可可西里），格尔木市（唐古拉山），杂多县。

生态环境：生于海拔 3 800～5 500m 的沙砾河滩、山坡草地、山麓砾石地、宽谷湖盆、冰碛湿地、雪山前缘的高山草甸、稀疏灌丛草甸、杂草草甸、河谷沼泽草甸、宽谷河漫滩草甸、山顶火山岩石堆、山前冲积扇、高山流石坡、河谷阶地沙砾地。

➢ 垫状点地梅 *Androsace tapete* Maxim.

特征： 多年生草本植物。株形为半球形的坚实垫状体，由多数根出短枝紧密排列而成；根出短枝为鳞覆的枯叶覆盖，呈棒状。当年生莲座状叶丛叠生于老叶丛上，通常无节间，直径 2～3mm。叶两型，外层叶卵状披针形或卵状三角形，长 2～3mm，较肥厚，先端钝，背部隆起，微具脊；内层叶线形或狭倒披针形，长 2～3mm，中上部绿色，顶端具密集的白色画笔状毛，下部白色，膜质，边缘具短缘毛。花葶近于无或极短；花单生，无梗或具极短的柄，包藏于叶丛中；苞片线形，膜质，有绿色细肋，约与花萼等长；花萼筒状，长 4～5mm，具稍明显的 5 棱，棱间通常白色，膜质，分裂达全长的 1/3，裂片三角形，先端钝，上部边缘具绢毛；花冠粉红色，直径约 5mm，裂片倒卵形，边缘微呈波状。

分布： 青海省格尔木市，玛沁县，甘德县，达日县，玛多县，称多县，玉树市，曲麻莱县，杂多县，治多县（可可西里）。

生态环境： 生于海拔 3 800～5 200m 的山顶石隙、河谷滩地、沙砾山坡、湖滨河岸湿沙地。

➢ 高原点地梅 *Androsace zambalensis*（Petitm.）Hand.–Mazz.

特征： 多年生草本植物，植株由多数根出条和莲座状叶丛形成密丛或垫状体。根出条稍粗壮，深褐色，下部节间长可达 7mm，节上具枯老叶丛，上部节间短或新叶丛叠生于老叶丛上而无明显间距。莲座状叶丛直径 6～8mm；叶近两型，外层叶长圆形或舌形，长 3.5～4.5mm，宽约 1mm，早枯，深褐色，先端钝，稍向内弯拱，腹面疏被毛，背面被短硬毛，上部边缘被睫毛；内层叶狭舌形至倒披针形，长 5～6mm，宽约 1mm，毛被同外层叶，但较密。

花葶单生，高 1～2cm，被开展的长柔毛；伞形花序 2～5 花；苞片倒卵状长圆形至阔倒披针形，长 5～7mm，宽 1.5～2.2mm，先端钝，背部和边缘具长柔毛；花梗短于苞片，长 2～4mm，被柔毛；花萼阔钟形或杯状，长 2.5～3mm，密被柔毛，分裂近达中部，裂片卵状三角形，先端稍钝；花冠白色，喉部周围粉红色，直径 4.5～8mm，裂片阔倒卵形或楔状倒卵形，全缘或先端微凹。花期 6—7 月。

分布： 青海省兴海县，格尔木市，玛沁县，甘德县，达日县，玛多县，称多县，玉树市，曲麻莱县，杂多县，治多县（可可西里）。

生态环境： 生于海拔 3 600～5 000m 的沼泽草甸、高山湿地、河谷阶地、砾沙质草滩。

海乳草属 *Glaux* Linn.

➤ 海乳草 *Glaux maritima* Linn.

特征： 茎高 3～25cm，直立或下部匍伏，节间短，通常有分枝。叶近于无柄，交互对生或有时互生，间距极短，仅 1mm，或有时稍疏离，相距可达 1cm，近茎基部的 3～4 对鳞片状，膜质，上部叶肉质，线形、线状长圆形或近匙形，长 4～15mm，宽 1.5～3.5（5）mm，先端钝或稍锐尖，基部楔形，全缘。花单生于茎中上部叶腋；花梗长可达 1.5mm，有时极短，不明显；花萼钟形，白色或粉红色，花冠状，长约 4mm，分裂达中部，裂片倒卵状长圆形，宽 1.5～2mm，先端圆形；雄蕊 5，稍短于花萼；子房卵珠形，上半部密被小腺点，花柱与雄蕊等长或稍短。蒴果卵状球形，长 2.5～3mm，先端稍尖，略呈喙状。

分布： 青海省民和县，互助县，海东市乐都区，循化县，化隆县，海东市平安区，西宁市，门源县，祁连县，海晏县，刚察县，海南州，茫崖市，乌兰县，格尔木市，大柴旦行政区，尖扎县，同仁市，泽库县，河南县，玛沁县，甘德县，久治县，班玛县，达日县，玛多县，称多县，玉树市，囊谦县，曲麻莱县，杂多县，治多县。

生态环境： 生于海拔 2 800～4 500m 的河滩湿沙地、湖滨沼泽、高寒草甸、盐碱地、水渠沟边、河谷阶地。

报春花属 *Primula* Linn.

➢ 苞芽粉报春 *Primula gemmifera* Batal.

特征：多年生草本植物。根状茎极短，具多数须根，常自顶端发出 1 至数个侧芽。叶矩圆形、卵形或阔匙形，连柄长 1～7cm，宽 0.5～2cm，先端钝或圆形，基部渐狭窄，边缘具不整齐的稀疏小牙齿，两面秃净或仅下面散布少数小腺体，中肋稍宽扁，侧脉 3～4 对，极纤细；叶柄甚短至长于叶片 1～2 倍，但通常与叶片近等长，具狭翅。花葶稍粗壮，高 8～30cm，无粉或顶端被白粉；伞形花序 3～10 花，顶生；苞片狭披针形至矩圆状披针形，长 3～10mm，基部稍膨大，常染紫色，微被粉；花梗长 6～35mm，被粉质腺体；花萼狭钟状，长（5）6～10mm，绿色或染紫色，外面被粉质腺体，边缘和内面被白粉，分裂达中部，裂片披针形至三角形，边缘具小腺毛；花冠淡红色至紫红色，极少白色，冠筒长 8～13mm，冠檐直径 1.5～2.5cm，裂片阔倒卵形，先端具深凹缺；长花柱花：雄蕊着生于冠筒中部，花柱长达冠筒口；短花柱花：雄蕊着生于冠筒上部，靠近喉部环状附属物，花柱长约达冠筒中部。蒴果长圆形，略长于宿存花萼。花期 5—8 月，果期 8—9 月。

分布：青海省互助县，循化县，门源县，祁连县，同德县，尖扎县，同仁市，河南县，玛沁县，久治县，班玛县，玛多县，达日县，玉树市，杂多县，治多县。

生态环境：生于海拔 2 300～4 550m 的高山灌丛、山地阴坡草地、河漫滩草甸、宽谷湖畔草地、河边砾石堆、沟谷山坡灌丛草甸、山谷林下草甸、河谷水沟边湿地。

➢ 天山报春 *Primula nutans* Georgi

特征：多年生草本植物，全株无粉。根状茎短小，具多数须根。叶丛基部通常无芽鳞及残存枯叶；叶片卵形、矩圆形或近圆形，长 0.5～2.5（3）cm，宽 0.4～1.5cm，先端钝圆，基部圆形至楔形，全缘或微具浅齿，两面无毛，鲜时稍带肉质，中肋稍宽，侧脉通常不明显；叶柄稍纤细，通常与叶片近等长，有时长于叶片 1～3 倍。花葶高（2）10～25cm，无毛；伞形花序 2～6（10）花；

苞片矩圆形，长5～8mm，先端钝或具骤尖头，边缘具小腺毛，基部下延成垂耳状，长1～1.5mm；花梗长0.5～2.2（4.5）cm；花萼狭钟状，长5～8mm，具5棱，外面通常有褐色小腺点，基部稍收缩，下延成囊状，分裂深达全长的1/3，裂片矩圆形至三角形，先端锐尖或钝，边缘密被小腺毛；花冠淡紫红色，冠筒口周围黄色，冠筒长6～10mm，喉部具环状附属物，冠檐直径1～2cm，裂片倒卵形，先端2深裂；长花柱花：雄蕊着生于冠筒中部，花柱微伸出筒口；短花柱花：雄蕊着生于冠筒上部，花药顶端微露出筒口，花柱长略超过冠筒中部。蒴果筒状，长7～8mm，顶端5浅裂。花期5—6月，果期7—8月。

分布： 青海省海东市乐都区，门源县，祁连县，刚察县，共和县，兴海县，天峻县，格尔木市，德令哈市，尖扎县，同仁市，泽库县，河南县，玛沁县，甘德县，久治县，班玛县，达日县，玛多县，玉树市，曲麻莱县。

生态环境： 生于海拔2 700～4 500m的宽谷河滩沼泽草甸、河边湿地、沟谷山地高寒灌丛草甸、河边砂砾地上的草甸、河谷沼泽化草甸、山坡石隙。

➤ 紫罗兰报春 *Primula purdomii* Craib

特征： 多年生草本植物，具粗短的根状茎和肉质长根。叶丛基部由鳞片和叶柄包叠成假茎状，外围有枯叶柄，常分解成纤维状；鳞片披针形，长3～5cm，干时膜质，褐色。叶片披针形、矩圆状披针形或倒披针形，长3～12cm，宽1～2.5cm，先端锐尖或钝，基部渐狭窄，边缘近全缘或具不明显的小钝齿，通常极窄外卷，干时厚纸质，无粉或微被白粉，中肋宽扁，侧脉纤细，不明显；叶柄具阔翅，通常稍短于叶片并为鳞片所覆盖。花葶高8～20cm，近顶端被白粉（压干后可变为乳黄色）；伞形花序1轮，具8～12（18）花；苞片线状披针形至钻形，长5～13mm；花梗长5～15mm，被白色或乳黄色粉，果时长2～5cm；花萼狭钟状，长6～10mm，分裂达中部，裂片矩圆状披针形，先端稍钝，外面被小腺毛，内面通常被粉；花冠蓝紫色至近白色，冠檐直径1.6～2cm，裂片矩圆形或狭矩圆形，长9～10mm，宽4～6mm，全缘；长花柱花：冠筒长11～13mm，雄蕊着生处距冠筒基部3～4mm，花柱长约6mm，稍高出花萼；短花柱花：冠筒长12～15mm，雄蕊着生于冠筒中部，花药顶端稍高出花萼，花柱长约2.5mm，高达花萼中部。蒴果筒状，约长于花萼1倍。花期6—7月，果期8月。

分布：青海省格尔木市，兴海县，贵德县，同德县，河南县，玛沁县，久治县，达日县，玛多县，称多县，玉树市，囊谦县，曲麻莱县，杂多县，治多县。

生态环境：生于海拔 3 700～5 000m 的高山草甸、砾石坡、高山流石滩、冰川石碛顶部、山顶岩穴和缝隙处的高山草甸中、沟谷山坡湿地。

➤ 钟花报春 *Primula sikkimensis* Hook.

特征：多年生草本植物，具粗短的根状茎和多数纤维状须根。叶丛高 7～30cm；叶片椭圆形至矩圆形或倒披针形，先端圆形或有时稍锐尖，基部通常渐狭窄，很少钝形以至近圆形，边缘具锐尖或稍钝的锯齿或牙齿，上面深绿色，鲜时有光泽，下面淡绿色，被稀疏小腺体，中肋宽扁，侧脉 10～18 对，在下面显著，网脉极纤细；叶柄甚短至稍长于叶片。花葶稍粗壮，高 15～90cm，顶端被黄粉；伞形花序通常 1 轮，有时亦出现第 2 轮花序；苞片披针形或线状披针形，长 0.5～2cm，先端渐尖，基部常稍膨大，多少被粉；花梗长 1～6（10）cm，被黄粉，开花时下弯，果时直立；花萼钟状或狭钟状，长 7～10（12）mm，具明显的 5 脉，内外两面均被黄粉，分裂约达中部，裂片披针形或三角状披针形，先端锐尖，微向外反卷；花冠黄色，稀为乳白色，干后常变为绿色，长 1.5～2.5（3）cm，筒部稍长于花萼，喉部无环状附属物，筒口周围被黄粉，冠檐直径（1）1.5～3cm，裂片倒卵形或倒卵状矩圆形，全缘或先端具凹缺；长花柱花：雄蕊距冠筒基部 2～3mm 着生，花柱长达冠筒口；短花柱花：雄蕊近冠筒口着生，花柱长约 2mm。蒴果长圆体状，约与宿存花萼等长。花期 6 月，果期 9—10 月。

分布：青海省玉树市，称多县，囊谦县，曲麻莱县，治多县，杂多县。

生态环境：生于海拔 3 500～4 200m 的河滩湿地、阴坡草甸、山沟阴湿石隙、河边草地。

➤ 甘青报春 *Primula tangutica* Duthie

特征：多年生草本植物，全株无粉。根、状茎粗短，具多数须根。叶丛基部无鳞片；叶椭圆形.椭圆状倒披针形至倒披针形，连柄长 4～15（20）cm，先端钝圆或稍锐尖，基部渐狭窄，边缘具小牙齿，稀近全缘，干时坚纸质，两面均有褐色小腺点，中肋稍宽，侧脉纤细，不明显；叶柄不明显或长达叶片的 1/2，很少与叶片近等长。花葶稍粗壮，通常高 20～60cm；伞形花序 1～3 轮，每轮 5～9 花；苞片线状披针形，长 6～10（15）mm；花梗长 1～4cm，被微柔毛，开花时稍下弯；花萼筒状，长 1～1.3cm，分裂达全长的 1/3 或 1/2，裂片三角形或披针形，边缘具小缘毛；花冠朱红色，裂片线形，长 7～10mm，宽约 1mm；长花柱花：冠筒与花萼近等长，雄蕊着生处距冠筒基部约 2.5mm，花柱长约 6mm；短花柱花：冠筒长于花萼约 0.5 倍，雄蕊着生处约与花萼等高，花柱长约 2mm。蒴果筒状，长于宿存花萼 3～5mm。花期 6—7 月，果期 8 月。

分布：青海省民和县，互助县，海东市乐都区，循化县，湟中县，大通县，门源县，祁连县，贵德县，同德县，共和县，兴海县，天峻县，尖扎县，同仁市，河南县，玛沁县，甘德县，久治县，玉树市。

生态环境：生于海拔 2 600～4 100m 的阴坡湿地、高山草甸、林下及河滩草地、沟谷灌丛。

白花丹科 Plumbaginaceae

补血草属 *Limonium* Mill.

➤ 黄花补血草 *Limonium aureum*（Linn.）Hill.

特征：多年生草本植物，高 4～35cm，全株（除萼外）无毛。茎基往往被有残存的叶柄和红褐色芽鳞。叶基生（偶尔花序轴下部 1～2 节上也有叶），常早凋，通常长圆状匙形至倒披针形，长 1.5～3（5）cm，宽 2～5（15）mm，先端圆或钝。有时急尖，下部渐狭成平扁的柄。花序圆锥状，花序轴 2 至多数，绿

色，密被疣状突起（有时仅上部嫩枝具疣），由下部作数回叉状分枝，往往呈"之"字形曲折，下部的多数分枝成为不育枝，末级的不育枝短而常略弯；穗状花序位于上部分枝顶端，由3～5（7）个小穗组成；小穗含2～3花；外苞长2.5～3.5mm，宽卵形，先端钝或急尖，第一内苞长5.5～6mm；萼长5.5～6.5（7.5）mm，漏斗状，萼筒径约1mm，基部偏斜，全部沿脉和脉间密被长毛，萼檐金黄色（干后有时变橙黄色），裂片正三角形，脉伸出裂片先端成一芒尖或短尖，沿脉常疏被微柔毛，间生裂片常不明显；花冠橙黄色。花期6—8月，果期7—8月。

分布： 青海省西宁市，门源县，刚察县，乌兰县，都兰县，格尔木市，德令哈市，大柴旦行政区，玛多县，玉树市。

生态环境： 生于海拔2 230～4 200m的林缘草地、高山荒漠、湖滨盐碱滩地。

龙胆科 Gentianaceae

喉毛花属 *Comastoma*（Wettsh.）Toyokuni

➤ 镰萼喉毛花 *Comastoma falcatum*（Turcz. ex Kar. et Kir.）Toyok.

特征： 一年生草本植物，高4～25cm。茎从基部分枝，分枝斜升，基部节间短缩，上部伸长，花葶状，四棱形，常带紫色。叶大部分基生，叶片矩圆状匙形或矩圆形，长5～15mm，宽3～6mm，先端钝或圆形，基部渐狭成柄，叶脉1～3条，叶柄长达20mm；茎生叶无柄，矩圆形，稀为卵形或矩圆状卵形，长8～15mm，一般宽3～4mm，有时宽达6mm，先端钝。花5数，单生分枝顶端；花梗常紫色，四棱形，长达12cm，一般长4～6cm；花萼绿色或有时带蓝紫色，长为花冠的1/2，稀达2/3或较短，深裂近基部，裂片不整齐，形状多变，常为卵状披针形，弯曲成镰状，有时为宽卵形或矩圆形至狭披针形，先端钝或急尖，边缘平展，稀外反，近于皱波状，基部有浅囊，背部中脉明显；花冠蓝色，深蓝色或蓝紫色，有深色脉纹，高脚杯状，长（9）12～25mm，冠筒筒状，喉部突然膨大，直径达9mm，裂达中部，裂片矩圆形或矩圆状匙形，长5～13mm，宽达7mm，先端钝圆，偶有小尖头，全缘，开展，喉部具一圈副冠，副冠白色，10束，长达4mm，流苏状裂片的先端圆形或钝，宽约0.5mm，冠筒基部具10个小腺体；雄蕊着生冠筒中部，花丝白色，长5～5.5mm，基部下延于冠筒上成狭翅，花药黄色，矩圆形，长1.5～2mm；子房无柄，披针形，连花柱长8～11mm，柱头2裂。蒴果狭椭圆形或披针形；种子褐色，近球形，径约0.7mm，表面光滑。花果期 7—9 月。

分布：青海省互助县，海东市乐都区，化隆县，兴海县，共和县，德令哈市，乌兰县，都兰县，泽库县，班玛县，玛沁县，玛多县，称多县，囊谦县，玉树市，曲麻莱县，治多县，杂多县。

生态环境：生于海拔 3 200～4 850m 的高山草甸、高山流石滩、河谷阶地、沙砾滩地、山坡草地、沼泽草甸。

➤ 喉毛花 *Comastoma pulmonarium*（Turcz.）Toyokuni .

特征：聚伞花序或单花顶生；花梗斜伸，不等长，长至 4cm；花 5 数；花萼开张，一般长为花冠的 1/4，深裂近基部，裂片卵状三角形，披针形或狭椭圆形，通常长 6～8mm，先端急尖，边缘粗糙，有糙毛，背面有细而不明显的 1～3 脉；花冠淡蓝色，具深蓝色纵脉纹，筒形或宽筒形，直径 6～7mm，稀达 10mm，长 9～23mm，通常长 15～20mm，浅裂，裂片直立，椭圆状三角形、卵状椭圆形或卵状三角形，长 5～6mm，先端急尖或钝，喉部具一圈白色副冠，副冠 5 束，长 3～4mm，上部流苏状条裂，裂片先端急尖，冠筒基部具 10 个小腺体；雄蕊着生于冠筒中上部，花丝白色，线形，长约 3mm，疏被柔毛，并下延冠筒上成狭翅，花药黄色，狭矩圆形，长 1mm；子房无柄，狭矩圆形，无花柱，柱头 2 裂。蒴果无柄，椭圆状披针形，通常长 2～2.7cm；种子淡褐色，近圆球形或宽矩圆形，直径 0.8～1mm，光亮。花果期 7—11 月。

分布：青海省民和县，互助县，海东市乐都区，化隆县，循化县，湟中县，大通县，门源县，祁连县，贵德县，共和县，兴海县，同仁市，泽库县，玛沁县，久治县，班玛县，称多县，囊谦县，玉树市，曲麻莱县，杂多县，治多县。

生态环境：生于海拔 2 600～4 500m 的沟谷林下、林缘灌丛、山坡草甸、河滩湖滨、高山草地。

龙胆属 *Gentiana*（Tourn.）Linn.

➤ 开张龙胆 *Gentiana aperta* Maxim.

特征：一年生草本植物，高 2～10cm。茎黄绿色，光滑，在下部多分枝，枝铺散。叶先端钝，边缘具不明显的膜质，平滑，两面光滑，叶脉在两面均不明显或具 1～3 条细脉，叶柄光滑，连合成长 1～2mm 的筒；基生叶在花期枯萎，宿存，卵形，长 5～7mm，宽 3～4mm；茎生叶疏离，远短于节间，卵形至椭圆形，长 5～9mm，宽 1～2.5mm，愈向茎上部叶愈狭窄。花数朵，单生于小枝顶端；花梗黄绿色，光滑，长 4.5～15mm，裸露；花萼钟形，长 5.5～6.5mm，萼筒

具 5 条膜质纵纹，裂片披针形或线状披针形，长 2.5～3.5mm，先端渐尖，边缘膜质，狭窄，光滑，中脉细，有时在背面呈脊状突起，并下延至萼筒上部，弯缺截形；花冠开张，淡蓝色或蓝色，具深蓝色宽条纹，喉部具黄绿色斑点，钟形，长 9～12mm，裂片卵状椭圆形或狭椭圆形，长 2～2.7（4）mm 先端钝，褶矩圆形，长 1.5～2（3）mm，上部 2 深裂，小裂片先端急尖，全缘；雄蕊着生于冠筒下部，整齐，花丝钻形，长 4～4.5mm，花药矩圆形，长 0.6～0.8mm；子房椭圆形，长 2～2.5mm，先端钝，基部渐狭，柄长 1.5～2mm，花柱线形，连柱头长 1.5～2mm，柱头 2 裂，裂片线形。蒴果外露或内藏，矩圆状匙形，长 4～5mm，先端钝圆，具宽翅，两侧边缘具狭翅，基部渐狭，柄长至 10mm；种子浅褐色，椭圆形，长 0.9～1.1mm，表面具光亮的念珠状网纹。花果期 6—8 月。

分布：青海省民和县，海东市乐都区，化隆县，湟中县，门源县，祁连县，共和县，乌兰县，天峻县。

生态环境：生于海拔 2 600～4 200m 的山坡草地、河岸草滩、高寒沼泽草甸、沟谷山坡灌丛下。

➢ 刺芒龙胆 *Gentiana aristata* **Maxim.**

特征：高 3～10cm。茎黄绿色，光滑，在基部多分枝，枝铺散，斜上升。基生叶大，在花期枯萎，宿存，卵形或卵状椭圆形，长 7～9mm，宽 3～4.5mm，先端钝或急尖，具小尖头，边缘软骨质，狭窄，具细乳突或光滑，两面光滑，中脉软骨质，在下面突起，叶柄膜质，光滑，连合成长 0.5mm 的筒；茎生叶对折，疏离，短于或等于节间，线状披针形，长 5～10mm，宽 1.5～2mm，愈向茎上部叶愈长，先端渐尖，具小尖头，边缘膜质，光滑，两面光滑，中脉在下面呈脊状突起，叶柄膜质，光滑，连合成长 1～2.5mm 的筒。花多数，单生于小枝顶端；花梗黄绿色，光滑，长 5～20mm，裸露；花萼漏斗形，长 7～10mm，光滑，裂片线状披针形，长 3～4mm，先端渐尖，具小尖头，边缘膜质，狭窄，光滑，中脉绿色，草质，在背面呈脊状突起，并向萼筒下延，弯缺宽，截形或圆形；花冠下部黄绿色，上部蓝色、深蓝色或紫红色，喉部具蓝灰色宽条纹，倒锥形，长 12～15mm，裂片卵形或卵状椭圆形，长 3～4mm，先端钝，褶宽矩圆形，长 1.5～2mm，先端截形，不整齐短条裂状；雄蕊着生于冠筒中部，整齐，花丝丝状钻形，长 3～4mm，先端弯垂，花药弯拱，矩圆形至肾形，长 0.7～1mm；子房椭圆形，长 2～3mm，两端渐狭，柄粗，长 1.5～2mm，花柱线形，连柱头长 1.5～2mm，柱头狭矩圆形。蒴果外露，稀内藏，矩圆形或倒卵状矩圆形，长 5～6mm，先端钝圆，有宽翅，两侧边缘有狭翅，基部渐狭成柄，柄粗壮，长至 20mm；种子黄褐色，矩圆形或椭圆形，长 1～1.2mm，表面具致密的细网纹。花果期 6—9 月。

分布：青海省互助县，海东市乐都区，循化县，化隆县，湟源县，大通县，门源县，祁连县，兴海县，河南县，泽库县，同仁市，久治县，玛沁县，称多县，玉树市，杂多县。

生态环境：生于海拔 2 900～4 600m 的阳坡草地、河滩草地、河谷灌丛、沼泽草甸、高山草甸、林缘灌丛草地。

➢ 白条纹龙胆 *Gentiana burkillii* H. Smith

特征：一年生草本植物，高 2～8cm。茎淡紫红色，密被乳突，在基部多分枝，枝铺散，斜升。叶先端稍外反，圆形，具短小尖头，边缘软骨质，狭窄，具极细乳突，两面光滑，中脉软骨质，在背面呈脊状突起；基生叶稍大，在花期枯萎，宿存，卵状披针形或卵圆形，长 4～6mm，宽 2～3mm，叶柄宽，长 1～2mm；茎生叶疏离、短于节间，稀密集、长于节间，倒卵形。长 3～5mm，宽 1.5～3mm，叶柄边缘具乳突，背面光滑，连合成长 1～1.5mm 的筒。花数朵，单生于小枝顶端；花梗淡紫红色，密被乳突，长 3～7mm，藏于上部叶中或裸露；花萼筒形，萼筒长 5～7mm，具 5 条白色膜质条纹与 5 条绿色条纹相间，裂片短，内拱，三角形，长 1.5～2mm，先端急尖，边缘膜质，狭窄，光滑，中脉在背面呈脊状突起，并下延至萼筒基部，弯缺截形；花冠蓝色，筒形，仅稍长于花萼，长 9～11mm，裂片卵形，长 2～2.5mm，先端钝，褶卵形，长 1.5～2mm，先端钝，全缘或边缘有少数细齿；雄蕊着生于冠筒中部，整齐，花丝丝状钻形，长 1.5～2mm，花药狭矩圆形，长 0.8～1mm；子房椭圆形，长 2～2.5mm，两端钝，柄长 1～1.5mm，花柱线形，连柱头长 1.5～2mm，柱头 2 裂，裂片外反，线形。蒴果外露，矩圆形，长 5～7mm，先端圆形，具宽翅，两侧边缘具狭翅，基部钝，柄长至 27mm；种子黄褐色，椭圆形，长 0.8～1mm，表面具明显的细网纹。花果期 6—8 月。

分布：青海省循化县，民和县，刚察县，兴海县，乌兰县，都兰县，玛沁县，玛多县，玉树市，曲麻莱县，杂多县，囊谦县，治多县。

生态环境：生于海拔 2 200～4 500m 的高山草甸、山坡草地、河谷阶地草甸、水渠沟边、高寒灌丛草甸。

➢ 蓝灰龙胆 *Gentiana caeruleo-grisea* T. N. Ho i

特征：一年生草本植物，高 2～8cm。茎黄绿色，光滑，在基部多分枝，枝铺散，斜升。基生叶稍大，在花期枯萎，宿存，卵形或近圆形，长 4～6mm，宽 3.5～5mm，先端圆形，边缘膜质，光滑，两面光滑，叶脉 3～5 条，细而明显，叶柄宽而短，长 1～2mm；茎生叶小，疏离，短于节间，下部叶匙形，中、上部叶椭圆形至线形，长 2～6mm，宽 1～2.5mm，先端钝圆至钝，边缘有不明显的膜质，平滑，两面光滑，脉在两面均不明显，叶柄光滑，连合成长 1.5～5mm 的筒，愈向茎上部筒愈长。花多数，单生于小枝顶端；花梗黄绿色，光滑，长 3～17mm，裸露；花萼狭漏斗形，长 6.5～7.5mm，萼筒常具 5 条膜质纵纹，裂片披针形，长 0.7～1mm，先端钝，边缘膜质，狭窄，光滑，中脉在背面呈龙骨状突起，并向萼筒下延成翅，弯缺圆形；花冠内面白色，外面具蓝灰色宽条纹，筒形或筒状漏斗形，长 11～13mm，裂片卵形，长 1.5～2.5mm，先端钝，褶宽卵形，长 1.5～

1.8mm，先端钝，具不整齐细齿；雄蕊着生于冠筒中部，整齐，花丝丝状钻形，长 1.2～1.1mm，花药狭短圆形，长 0.8～1mm；子房线状椭圆形，长 2～2.5mm，两端渐狭，柄长 1～1.5mm，花柱短而粗，长仅 0.5mm，柱头 2 裂，裂片半圆形。蒴果内藏，狭矩圆形或圆柱形，长 7.5～8.8mm，两端钝，边缘无翅，柄细，长 1.5～2mm；种子黑褐色或褐色，矩圆形，长 1～1.1mm，表面有细网纹。花果期 8—9 月。

分布： 青海省泽库县，玛多县，玉树市。

生态环境： 生于海拔 3 400～4 250m 的高山草甸、河滩高寒灌丛、高寒沼泽草甸。

➤ 青藏龙胆 *Gentiana futtereri* Diels et Gilg

特征： 多年生草本植物，高 5～10cm。根略肉质，须状。花枝多数丛生，铺散，斜升，黄绿色，光滑。叶先端急尖，边缘粗糙，叶脉在两面均不明显或仅中脉在下面明显，叶柄背面具乳突，莲座丛叶常不发达，线状披针形，长 10～20mm，宽 2～2.5mm，稀长 2～4.5cm；茎生叶多对，愈向枝上部叶愈密、愈长，下部叶狭矩圆形，长 3～6mm，宽 1.5～2mm，中、上部叶线形或线状披针形，长 6～20mm，宽 1.5～2mm。花单生枝顶，基部包围

于上部叶丛中；无花梗；花萼长为花冠的 1/3～1/2，萼筒宽筒形或倒锥状筒形，长 10～14mm，裂片与上部叶同形，长 6～14mm，宽 1.5～2mm，弯缺截形；花冠上部深蓝色，下部黄绿色，具深蓝色条纹和斑点，稀淡黄色至白色，具淡蓝灰色斑点，倒锥状筒形，长 5～6cm，裂片卵状三角形，长 6～7.5mm，先端急尖，全缘，褶整齐，宽卵形，长 4～5mm，先端钝，边缘有不整齐细齿；雄

蕊着生于冠筒中部，整齐，花丝钻形，长 7～11mm，基部连合成短筒包围子房，花药狭矩圆形，长 2.5～3mm；子房线形，长 12～14mm，两端渐狭，柄细，长 22～25mm，花柱线形，连柱头长 4～5mm，柱头 2 裂，裂片外反，矩圆形。蒴果内藏，椭圆形，长 15～18mm，两端渐狭，柄细，长至 2.5cm；种子黄褐色，有光泽，宽矩圆形，长 0.8～1mm，表面具蜂窝状网隙。花果期 8—11 月。

分布：青海省同德县，泽库县，河南县，玉树市，囊谦县，杂多县。

生态环境：生于海拔 3 580～4 300m 的高山草甸、灌丛草甸、河谷阶地、山坡草地。

➤ 南山龙胆 *Gentiana grumii* Kusnez.

特　征：一年生草本植物，高 2.5～4cm。茎黄绿色，下部光滑，上部有细乳突，在基部多分枝，枝铺散。基生叶大，在花期枯萎，宿存，卵形或卵圆形，长 6.5～10mm，宽 3.5～6mm，先端钝，具短小尖头，边缘软骨质，光滑，两面光滑，叶脉 1～3 条，在下面突起，叶柄极短；茎生叶小，对折，疏离，与节间等长，矩圆披针形至线状披针形，长 5～6mm，宽 1～2mm，先端钝至渐尖，具短小尖头，边缘膜质，狭窄，光滑，两面光滑，中脉在下面突起，叶柄连合成长 1～1.5mm 的筒。花数朵，单生于小枝顶端；花梗黄绿色，具细乳突，长 2～5mm，藏于最上部一对叶中；花萼倒锥形，长 5～6mm，裂片三角形，长 1.5～2mm，先端急尖，具小尖头，边缘膜质，狭窄，光滑，中脉在背面突起，并向萼筒作短的下延，弯缺圆形或截形；花冠开张，上部深蓝色，下部黄绿色，外面有黄绿色宽条纹，喉部具多数蓝黑色斑点，倒锥形，长 11～12（14）mm，裂片卵形，长 2～2.5mm，先端钝圆，褶卵形，长 1.5～2mm，先端钝，全缘或边缘具不显明细齿；雄蕊着生于冠筒的中部，整齐，花丝丝状钻形，长 3～3.5mm，花药稍弯曲，矩圆形，长 1.3～1.5mm；子房椭圆形，长 2.5～3mm，两端渐狭，柄长约 1.5mm，花柱线形，连柱头长 1.5～2mm，柱头 2 裂，裂片矩圆形。蒴果外露，矩圆形，长 3～4mm，先端钝圆，有宽翅，两侧边缘有狭翅，基部钝，柄长至 12mm；种子深褶色，狭椭圆形，长 1～1.2mm，表面具细网纹。花果期 6—7 月。

分布： 青海省门源县，刚察县，共和县，兴海县，玉树市，杂多县。

生态环境： 生于海拔 3 200～4 400m 的阳坡草地、林缘灌丛草甸、河滩草甸、沼泽草甸。

➤ 线叶龙胆 *Gentiana lawrencei* Burk. var. *farreri*（I. B. Balf.）T. N. Ho

特征： 多年生草本植物，高 5～10cm。根略肉质，须状。花枝多数丛生，铺散，斜升，黄绿色，光滑。叶先端急尖，边缘平滑或粗糙，叶脉在两面均不明显或仅中脉在下面明显，叶柄背面具乳突；莲座丛叶极不发达，披针形，长 4～6（20）mm，宽 2～3mm；茎生叶多对，愈向茎上部叶愈密、愈长，下部叶狭矩圆形，长 3～6mm，宽 1.5～2mm，中、上部叶线形，稀线状披针形，长 6～20mm，宽 1.5～2mm。花单生于枝顶，基部包围于上部茎生叶丛中；花梗常极短，稀长至 1cm；花萼长为花冠之半，萼筒紫色或黄绿色，筒形，长 15～16mm，裂片与上部叶同形，长 10～15（20）mm，弯缺截形；花冠上部亮蓝色，下部黄绿色，具蓝色条纹，无斑点，倒锥状筒形，长 4.5～6cm，裂片卵状三角形，长 6～7.5mm，先端急尖，全缘，褶整齐，宽卵形，长 4～5mm，先端钝，边缘啮蚀形；雄蕊着生于冠筒中部，整齐，花丝钻形，长 7～11mm，基部连合成短筒包围子房，花药狭矩圆形，长 2.5～3mm；子房线形，长 12～14mm，两端渐狭，柄长 25～26mm，花柱线形，连柱头长 5～6mm，柱头 2 裂，裂片外卷，线形。蒴果内藏，椭圆形，长 18～20mm，两端钝，柄细，长至 2.8mm；种子黄褐色，有光泽，矩圆状，长 1～1.2mm，表面具蜂窝状网隙。花果期 8—10 月。

分布： 青海省互助县，湟源县，门源县，祁连县，刚察县，泽库县，河南县，玛沁县，甘德县，达日县，玛多县，玉树市，曲麻莱县，治多县。

生态环境： 生于海拔 3 050～4 500m 的高山草甸、灌丛草甸、山谷草滩、河谷水边草地。

➤ 蓝白龙胆 *Gentiana leucomelaena* Maxim.

特征： 一年生草本植物，高 1.5～5cm。茎黄绿色，光滑，在基部多分枝，枝铺散，斜升。基生叶稍大，卵圆形或卵状椭圆形，长 5～8mm，宽 2～3mm，先端钝圆，边缘有不明显的膜质，平滑，两面光滑，叶脉不明显，或具 1～3 条细脉，叶柄宽，光滑，长 1～2mm；茎生叶小，疏离，短于或长于节间，椭圆形至椭圆状披针形，稀下部叶为卵形或匙形，长 3～9mm，宽 0.7～2mm，先端钝圆至钝，边缘光滑，膜质，狭窄或不明显，叶柄光滑，连合成长 1.5～3mm 的筒，愈向茎上部筒愈长。花数朵，单生于小枝顶端；花梗黄绿色，光滑，长 4～40mm，藏于最上部一对叶中或裸露，花萼钟形，长 4～5mm，裂片三角形，长 1.5～2mm，先端钝，边缘膜质，狭窄，光滑，中脉细，明显或否，弯缺狭窄，截形；花冠白色或淡蓝色，稀蓝色，外面具蓝灰色宽条纹，喉部具蓝色斑点，钟形，长 8～13mm，裂片卵形，长 2.5～3mm，先端钝，褶矩圆形，长 1.2～1.5mm，先端截形，具不整齐条裂；雄蕊着生于冠筒下部，整齐，花丝丝状锥形，长 2.5～3.5mm，花药矩圆形，长 0.7～1mm；子房椭圆形，长 3～3.5mm，先端钝，基部渐狭，柄长 1.5～2mm，花柱短而粗，圆柱形，长 0.5～0.7mm，柱头 2 裂，裂片矩圆形。蒴果外露或仅先端外露，倒卵圆形，长 3.5～5mm，先端圆形，具宽翅，两侧边缘具狭翅，基部渐狭，柄长至 19mm；种子褐色，宽椭圆形或椭圆形，长 0.6～0.8mm，表面具光亮的念珠状网纹。花果期 5—10 月。

分布： 青海省门源县，共和县，兴海县，茫崖市，德令哈市，河南县，泽库县，同仁市，玛沁县，玛多县，称多县，玉树市，曲麻莱县，囊谦县，治多县（可可西里），杂多县。

生态环境： 生于海拔 2 500～4 600m 的高寒灌丛、沼泽草甸、河湖滩地草甸、高山草甸。

➤ 假水生龙胆 *Gentiana pseudo-aquatica* Kusnez. in Acta Hort. Petrop.

特征： 一年生草本植物，高 2～6cm。茎纤细，近四棱形，分枝或不分枝，被微短腺毛。叶边缘软骨质，稍粗糙，先端稍反卷，具芒刺，下面中脉软骨质；基生叶较大，卵形或近圆形，长 5～12mm，宽 4～7mm；茎生叶较小，近卵形，长 3～7mm，宽 2～5mm，对生叶基部合生成筒，抱茎；无叶柄。花单生枝顶；花萼具 5 条软骨质凸起管状钟形，长 5～8mm，具 5 裂片，裂片直立，披针形，长 2～3mm，边缘软骨质，稍粗糙；花冠管状钟形，裂片 5，蓝色，卵圆形，先端锐尖，褶近三角形，蓝色。蒴果倒卵形或椭圆状倒卵形，顶端具狭翅，淡黄褐色，具长柄，外露。种子多数，椭圆形，表面细网状。花、果期 6—9 月。

分布： 青海省互助县，化隆县，共和县，兴海县，尖扎县，泽库县，同仁市，称多县，玉树市，曲麻莱县，杂多县，囊谦县，治多县。

生态环境： 生于海拔 2 300～4 600 m 的高山草甸、河滩草甸、高寒沼泽、沟谷林缘草地、高山灌丛草甸、河谷山坡林下。

➤ 麻花艽 *Gentiana straminea* Maxim.

特征： 多年生草本植物，高 10～35 cm，全株光滑无毛，基部被枯存的纤维状叶鞘包裹。须根多数，扭结成一个粗大、圆锥形的根。枝多数丛生，斜升，黄绿色，稀带紫红色，近圆形。莲座丛叶宽披针形或卵状椭圆形，长 6～20 cm，宽 0.8～4 cm，两端渐狭，边缘平滑或微粗糙，叶脉 3～5 条，在两面均明显，并在下面突起，叶柄宽，膜质，长 2～4 cm，包被于枯存的纤维状叶鞘中；茎生叶小，线状披针形至线形，长 2.5～8 cm，宽 0.5～1 cm，两端渐狭，边缘平滑或微粗糙，叶柄宽，长 0.5～2.5 cm，愈向茎上部叶愈小，柄愈短。聚伞花序顶生及腋生，排列成疏松的花序；花梗斜伸，黄绿色，稀带紫红色，不等长，总花梗长达 9 cm，小花梗长达 4 cm；花萼筒膜质，黄绿色，长 1.5～2.8 cm，一侧开裂呈佛焰苞状，萼齿 2～5 个，甚小，钻形，长 0.5～1 mm，稀线形，不等长，长 3～10 mm；花冠黄绿色，喉部具多数绿色斑点，有时外面带紫色或蓝灰色，漏斗形，长（3）3.5～4.5 cm，裂片卵形或卵状三角形，长 5～6 mm，先端钝，全缘，褶偏斜，三角形，长 2～3 mm，先端钝，全缘或边缘啮蚀形；雄蕊着生于冠筒中下部，整齐，花丝线状钻形，长 11～15 mm，花药狭矩圆形，长 2～3 mm；子房披针形或线形，长 12～20 mm，两端渐狭，柄长 5～8 mm，花柱线形，连柱头长 3～5 mm，柱头 2 裂。蒴果内藏，椭圆状披针形，长 2.5～3 cm，先端渐狭，基部钝，柄长 7～12 mm；种子褐色，有光泽，狭矩圆形，长 1.1～1.3 mm，表面有细网纹。花果期 7—10 月。

分布： 青海省玉树市，玛多县，玛沁县，久治县，同仁市，泽库县，河南县，德令哈市，都兰县，兴海县，共和县，贵南县，贵德县，化隆县，循化县，湟源县，湟中县，大通县，海东市乐都区，互助县，门源县，祁连县。

生态环境： 生长于海拔 2 000～4 950 m 的高山草甸、灌丛、林下、林间空地、山沟、多石干山坡及河滩等地。

➤ 大花龙胆 *Gentiana szechenyii* Kanitz

特征： 多年生草本植物，高 5～7 cm，基部被枯存的膜质叶鞘包围。主根粗大，短缩，圆柱形，具多数略肉质的须根。花枝数个丛生，较短，斜升，黄绿色，光滑。叶常对折，先端渐尖，边缘白色软骨质，密被乳突，中脉白色软骨质，在两面均明显，并在下面突起，密被乳突，叶柄白色膜质，光滑；莲座丛叶发达，剑状披针形，长 4～6 cm，宽 0.3～1 cm，茎生叶少，密集，椭圆状披针形或卵状披针形，长 1.5～3cm，宽 0.3～0.6cm。花单生枝顶，基部包于上部叶丛中；无花梗；花萼筒白色膜质，有时上部带紫红色，倒锥状筒形，长 1.2～1.7cm，裂片稍不整齐，椭圆形，长 7～17mm，先端钝，具短小尖头，边缘白色软骨质，具乳突，中脉白色软骨质，在背面突起，光滑或具乳突，弯缺宽，截形；花冠上部蓝色或蓝紫色，下部黄白色，具蓝灰色宽条纹，筒状钟形，长 4～6cm，裂片卵圆形或宽卵形，长 5～6mm，先端钝圆，具短小尖头，全缘，褶整齐，卵形，长 2.5～3mm，先端钝，全缘；雄蕊着生于冠筒中部，整齐，花丝钻形，长 15～17mm，花药狭矩圆形，长 4～5mm；子房披针形，长 1.2～1.5cm，先端渐尖，基部钝，柄粗壮，长 1.7～2cm，花柱线形，长 1～1.3cm，柱头 2 裂，裂片钝三角形。蒴果内藏，狭椭圆形，长 1.7～2cm，先端渐尖，基部钝，柄粗壮，长至 2.3cm；种子深褐色，矩圆形，长 1～1.2mm，表面具浅蜂窝状网隙。花果期 6—11 月。

分布： 青海省兴海县，泽库县，河南县，玛沁县，玛多县，玉树市，曲麻莱县，杂多县，治多县。

生态环境： 生于海拔 3 400～4 700m 的高山草甸、河岸阶地、山坡草地、湖滨滩地。

扁蕾属 *Gentianopsis* Ma

➤ 细萼扁蕾 *Gentianopsis barbata*（Froel.）Ma var. *stenocalyx* H. W. Li ex T. N. Ho

特征： 扁蕾一年生或二年生草本植物，高 8～40cm。茎单生，直立，近圆柱形，下部单一，上部有分枝，条棱明显，有时带紫色。基生叶多对，常早落，匙形或线状倒披针形，长 0.7～4cm，宽 0.4～1cm，先端圆形，边缘具乳突，基部渐狭成柄，中脉在下面明显，叶柄长至 0.6cm；茎生叶 3～10 对，无柄，狭披针形至线形，长 1.5～8cm，宽 0.3～0.9cm，先端渐尖，边缘具乳突，基部钝，分离，中脉在下面明显。

花单生茎或分枝顶端；花梗直立，近圆柱形，有明显的条棱，长达 15cm，果时更长；花萼筒状，稍扁，略短于花冠，或与花冠筒等长，裂片 2 对，不等长，异形，具白色膜质边缘，外对线状披针形，长 7.5～20mm，基部宽 2～3mm，先端尾状渐尖，内对卵状披针形，长 6～12mm，基部宽 4～6mm，先端渐尖，萼筒长 10～18mm，口部宽 6～10mm；花冠筒状漏斗形，筒部黄白色，檐部蓝色

或淡蓝色，长 2.5～5cm，口部宽达 12mm，裂片椭圆形，长 6～12mm，宽 6～8mm，先端圆形，有小尖头，边缘有小齿，下部两侧有短的细条裂齿；腺体近球形，下垂；花丝线形，长 8～12mm，花药黄色，狭长圆形，长约 3mm；子房具柄，狭椭圆形，长 2.5～3cm，花柱短，长 1～1.5mm，子房柄长 2～4mm。蒴果具短柄，与花冠等长；种子褐色，矩圆形，长约 1mm，表面有密的指状突起。花果期 7—9 月。细萼扁蕾茎仅从基部分枝，近帚状，稀单生；花梗较长；花萼细，口部宽 3～4mm，长为花冠的 1/2，裂片线状钻形，短于冠筒。

分布：青海省祁连县，刚察县，兴海县，都兰县，玛沁县，玛多县，称多县，玉树市，囊谦县，曲麻莱县，杂多县。

生态环境：生于海拔 3 700～4 300m 的高山草甸、山坡灌丛中、沟谷林缘、湖滨河滩、沼泽草甸。

➤ 湿生扁蕾 *Gentianopsis paludosa*（Hook. f.）Ma

特征：一年生草本植物，高 3.5～40cm。茎单生，直立或斜升，近圆形，在基部分枝或不分枝。基生叶 3～5 对，匙形，长 0.4～3cm，宽 2～9mm，先端圆形，边缘具乳突，微粗糙，基部狭缩成柄，叶脉 1～3 条，不甚明显，叶柄扁平，长达 6mm；茎生叶 1～4 对，无柄，矩圆形或椭圆状披针形，长 0.5～5.5cm，宽 2～14mm，先端钝，边缘具乳突，微粗糙，基部钝，离生。花单生茎及分枝顶端；花梗直立，长 1.5～20cm，果期略伸长；花萼筒形，长为花冠之半，长 1～3.5cm，裂片近等长，外对狭三角形，长 5～12mm，内对卵形，长 4～10mm，全部裂片先端急尖，有白色膜质边缘，背面中脉明显，并向萼筒下延成翅；花冠蓝色，或下部黄白色，上部蓝色，宽筒形，长 1.6～6.5cm，裂片宽矩圆形，长 1.2～1.7cm，先端圆形，有微齿，下部两侧边缘有细条裂齿；腺体近球形，下垂；花丝线形，长 1～1.5cm，花药黄色，矩圆形，长 2～3mm；子房具柄，线状椭圆形，长 2～3.5cm，花柱长 3～4mm。蒴果具长柄，椭圆形，与花冠等长或超出；种子黑褐色，矩圆形至近圆形，直径 0.8～1mm。花果期 7—10 月。

分布：青海省门源县，祁连县，海晏县，刚察县，互助县，民和县，海东市乐都区，循化县，化隆县，湟中县，湟源县，大通县，贵德县，共和县，兴海县，天峻县，乌兰县，河南县，泽库县，同仁市，久治县，班玛县，玛沁县，玛多县，称多县，囊谦县，玉树市，曲麻莱县，治多县，杂多县。

生态环境：生于海拔 2 400～4 500m 的山坡草地、沟谷山麓、山坡灌丛草甸、河滩草甸。

花锚属 *Halenia* Borkh.

➤ 椭圆叶花锚 *Halenis elliptica* D. Don

特征：一年生草本植物，高 15～60cm。根具分枝，黄褐色。茎直立，无毛、四棱形，上部具分枝。基生叶椭圆形，有时略呈圆形，长 2～3cm，宽 5～15mm，先端圆形或急尖呈钝头，基部渐狭呈宽楔形，全缘，具宽扁的柄，柄长 1～1.5cm，叶脉 3 条；茎生叶卵形、椭圆形、长椭圆形或卵状披针形，长 1.5～7cm，宽 0.5～2（3.5）cm，先端圆钝或急尖，基部圆形或宽楔形，全缘，叶脉 5 条，无柄或茎下部叶具极短而宽扁的柄，抱茎。聚伞花序腋生和顶生；花梗长短不相等，长 0.5～3.5cm；花 4 数，直径 1～1.5cm；花萼裂片椭圆形或卵形，长（3）4～6mm，宽 2～3mm，先端通常渐尖，常具小尖头，具 3 脉；花冠蓝色或紫色，花冠筒长约 2mm，裂片卵圆形或椭圆形，长约 6mm，宽 4～5mm，先端具小尖头，距长 5～6mm，向外水平开展；雄蕊内藏，花丝长 3～5mm，花药卵圆形，长约 1mm；子房卵形，长约 5mm，花柱极短，长约 1mm，柱头 2 裂。蒴果宽卵形，长约 10mm，直径 3～4mm，上部渐狭，淡褐色；种子褐色，椭圆形或近圆形，长约 2mm，宽约 1mm。花果期 7—9 月。

分布：青海省民和县，互助县，海东市乐都区，循化县，化隆县，湟中县，湟源县，大通县，门源县，祁连县，泽库县，河南县，同仁市，久治县，班玛县，玛沁县，称多县，玉树市，囊谦县，杂多县。

生态环境：生于海拔 1 900～4 000m 的林中空地、林缘草地、河谷灌丛、阴坡草地、河滩草甸。

肋柱花属 *Lomatogonium* A. Br.

➤ 大花肋柱花 *Lomatogonium macranthum*（Diels & Gilg）Fernald

特征：一年生草本植物，高 7～35cm。茎常带紫红色，分枝少而稀疏，斜升，近四棱形，节间长于叶。叶无柄，卵状三角形、卵状披针形或披针形，长 7～27mm，宽 2～12mm，茎上部及小枝的叶较小，先端急尖或钝，基部钝，叶脉不明显或仅中脉在下面明显。花 5 数，生于分枝顶端，常不等大，直径一般 2～2.5cm；花梗细瘦，弯垂或斜升，近四棱形，常带紫色，不等长，长至 9cm；花萼长为花冠的 1/2～2/3，裂片狭披针形至线形，稍不整齐，长 7～11mm，先端急尖，边缘微粗糙，背面中脉明显；花冠蓝紫色，具深色纵脉纹，裂片矩圆形或矩圆状倒卵形，长 13～20mm，先端急尖或钝，具小尖头，基部两侧各具 1 个腺窝，腺窝管形，基部稍合生，边缘具长约 3mm 的裂片状流苏；花丝线形，长 8～11mm，仅下部稍增宽，花药蓝色，狭矩圆形，长 3～3.2mm；子房无柄，长至 16mm，柱头小，下延至子房下部。蒴果无柄，狭矩圆形或狭矩圆状披针形，长 17～21mm；种子深褐色，矩圆形，长 0.7～0.9mm，表面微粗糙，稍有光泽。花果期 8—10 月。

分布：青海省循化县，祁连县，共和县，兴海县，泽库县，河南县，玉树市，囊谦县，杂多县，治多县。

生态环境：生于海拔 3 200～4 700m 的高山草甸、湖滨沙地、河谷阶地、林下林缘空地、山坡灌丛。

獐牙菜属 *Swertia* Linn.

➤ 歧伞獐牙菜 *Swertia dichotoma* Linn.

特征：一年生草本植物，高 5～12cm。直根较粗，侧根少。茎细弱，四棱形，棱上有狭翅，从基部作二歧式分枝，枝细瘦，四棱形。叶质薄，下部叶具柄，叶片匙形，长 7～15mm，宽 5～9mm，先端圆形，基部钝，叶脉 3～5 条，细而明显，叶柄细，长 8～20mm，离生；中上部叶无柄或有短柄，叶片卵状披针形，长 6～22mm，宽 3～12mm，先端急尖，基部近圆形或宽楔形，叶脉 1～3 条。聚伞花序顶生或腋生；花梗细弱，弯垂，四棱形，有狭翅，不等长，长 7～30mm；花萼绿色，长为花冠之半，裂片宽卵形，长 3～4mm，先端锐尖，边缘及背面脉上稍粗糙，背面具不明显的 1～3 脉；花冠白色，带紫红色，裂片卵形，长 5～8mm，先端钝，中下部具 2 个腺窝，腺窝黄褐色，鳞片半圆形，背部中央具角状突起；花丝线形，长约 2mm，基部背面两侧具流苏状长柔毛，有时可延伸至腺窝上，花药蓝色，卵形，长约 0.5mm；子房具极短的柄，椭圆状卵形，花柱短，柱状，柱头小，2 裂。蒴果椭圆状卵形；种子淡黄色，矩圆形，长 1.3～1.8mm，表面光滑。花果期 5—7 月。

分布：青海省民和县，互助县，海东市乐都区，海东市平安区，湟源县，大通县，门源县，尖扎县，同仁市，泽库县。

生态环境：生于海拔 2 300～3 300m 的沟谷灌丛、阴坡林下、溪水沟边、田埂路边、山坡草甸。

➤ 红直獐牙菜 *Swertia erythrosticata* Maxim.

特征： 多年生草本植物，高 30～70cm。具根茎。茎近圆形，常带紫色，中空，具明显的条棱，不分枝。基生叶枯萎，茎生叶对生，具柄，叶片矩圆形、卵状椭圆形至卵形，长 5.0～12.5cm，宽 1.0～5.5cm。圆锥状复聚伞花序，具多数花；花 5 数，花冠绿色或黄绿色，具红色斑点，裂片基部具 1 个腺窝，腺窝褐色、圆形，边缘具柔毛状流苏。蒴果无柄，卵状椭圆形；种子多数，黄褐色，矩圆形，周缘有宽翅。花、果期 8—10 月。

分布： 青海省民和县，互助县，海东市乐都区，海东市平安区，湟源县，大通县，门源县，尖扎县，同仁市，泽库县。

生态环境： 生于海拔 2 300～3 300m 的沟谷灌丛、阴坡林下、溪水沟边、田埂路边、山坡草甸。

➤ 祁连獐牙菜 *Swertia przewalskii* Pissjauk.

特征： 多年生草本植物，高 8～25cm，具短根茎。茎直立，黄绿色，中空，近圆形，具细条棱，不分枝，基部直径 1～1.5mm，被黑褐色枯老叶柄。基生叶 1～2 对，具长柄，叶片椭圆形、卵状椭圆形至匙形，长 1.6～6cm，宽 0.7～2.2cm，先端钝圆，基部楔形或圆形，渐狭成柄，叶脉 3～5 条，在下面细而明显，叶柄扁平，长 1.5～5cm；茎中部裸露无叶，上部有 1～2 对极小的呈苞叶状的叶，卵状矩圆形，长 1～2cm，宽 0.2～0.5cm，先端钝，基部无柄，离生，半抱茎，叶脉 1～3 条，在下面细而明显。简单或复聚伞花序狭窄，长 3～8cm，具 3～9 花，幼时密集，后疏离；花梗黄绿色，常带紫色，直立或斜伸，不整齐，长 0.5～5cm；花 5 数，直径 1～2cm；花萼长为花冠的 2/3，在果时与之等长，裂片狭披针形，长 8～11mm，先端渐尖，具明显的膜质边缘，脉不明显；花冠黄绿色，背面中央蓝色，老时呈褐色，裂片披针形，长（6）9～15mm，宽 5～7mm，先端渐尖或急尖，基部具 2 个腺窝，腺窝基部囊状，边缘具长 1～1.5mm 的柔毛状流苏；花丝扁平，线形，长 7～9mm，基部背面具流苏状短毛，花药蓝色，椭圆形或狭矩圆形，长 1.2～3.2mm；子房无柄，宽披针形，长 5～7mm，表面常有横的皱折，稀平滑，花柱不明显，柱头小，2 裂，裂片半圆形。蒴果无柄，卵状椭圆形，与宿存花冠等长；种子深褐色，宽矩圆形或近圆形，直径 0.9～1.1mm，表面具纵皱折。花果期 7—9 月。

分布： 青海省门源县，祁连县。

生态环境： 生于海拔 3 200～4 300m 的山坡草甸、河漫滩、沼泽水边、阴坡灌丛、高山流石滩。模式标本采自青海祁连山。

➤ 四数獐牙菜 *Swertia tetraptera* Maxim.

特征：一年生草本植物，高 5～30cm。主根粗，黄褐色。茎直立，四棱形，棱上有宽约 1mm 的翅，下部直径 2～3.5mm，从基部起分枝，枝四棱形；基部分枝较多，长短不等，长 2～20cm，纤细，铺散或斜升；中上部分枝近等长，直立。基生叶（在花期枯萎）与茎下部叶具长柄，叶片矩圆形或椭圆形，长 0.9～3cm，宽（0.8）1～1.8cm，先端钝，基部渐狭成柄，叶质薄，叶脉 3 条，在下面明显，叶柄长 1～5cm；茎中上部叶无柄，卵状披针形，长 1.5～4cm，宽达 1.5cm，先端急尖，基部近圆形，半抱茎，叶脉 3～5 条，在下面较明显；分枝的叶较小，矩圆形或卵形，长不逾 2cm，宽在 1cm 以下。圆锥状复聚伞花序或聚伞花序多花，稀单花顶生；花梗细长，长 0.5～6cm；花 4 数，大小相差甚远，主茎上部的花比主茎基部和基部分枝上的花大 2～3 倍，呈明显的大小两种类型；大花的花萼绿色，叶状，裂片披针形或卵状披针形，花时平展，长 6～8mm，先端急尖，基部稍狭缩，背面具 3 脉；花冠黄绿色，有时带蓝紫色，开展，异花授粉，裂片卵形，长 9～12mm，宽约 5mm，先端钝，啮蚀状，下部具 2 个腺窝，腺窝长圆形，邻近，沟状，仅内侧边缘具短裂片状流苏；花丝扁平，基部略扩大，长 3～3.5mm，花药黄色，矩圆形，长约 1mm；子房披针形，长 4～5mm，花柱明显，柱头裂片半圆形；蒴果卵状矩圆形，长 10～14mm，先端钝；种子矩圆形，长约 1.2mm，表面平滑；小花的花萼裂片宽卵形，长 1.5～4mm，先端钝，具小尖头；花冠黄绿色，常闭合，闭花授粉，裂片卵形，长 2.5～5mm，先端钝圆，啮蚀状，腺窝常不明显；蒴果宽卵形或近圆形，长 4～5mm，先端圆形，有时略凹陷；种子较小。花果期 7—9 月。

分布： 青海省民和县，互助县，海东市乐都区，化隆县，湟中县，湟源县，大通县，门源县，祁连县，海晏县，刚察县，贵德县，共和县，兴海县，泽库县，河南县，同仁市，久治县，玛沁县，班玛县，玛多县，称多县，玉树市，囊谦县，杂多县。

生态环境： 生于海拔2 300～4 000m的高山草甸、山坡湿地、阴坡山麓草甸、湖盆河滩草甸、沟谷灌丛中。

➤ 华北獐牙菜 *Swertia wolfgangiana* **Grüning**

特征： 多年生草本植物，高8～55cm。根状茎短。茎直立，不分枝，基部被黑褐色枯老叶柄。基生叶1～2对，矩圆形或椭圆形，长2～9cm，宽1～3cm，先端钝或圆形，基部渐狭成柄，叶柄长2.5～6cm，茎中部裸露无叶，上部具1～2对极小的苞叶状叶，卵状矩圆形，长1.53cm，宽0.5～1cm，先端钝，基部无柄，半抱茎。聚伞花序具2～7花或单花顶生，花梗黄绿色，长2～5cm，花两性，辐射对称，5数，花萼绿色，长为花冠的1/2～2/3，裂片卵状披针形，长8～13mm，宽3～5mm，先端急尖，具明显的白色膜质边缘，花冠黄绿色，背部中央蓝色，裂片矩圆形或椭圆形，长15～20mm，先端钝或圆形，基部有2个腺窝，腺窝下部囊状，边缘具柔毛状流苏，雄蕊5，着生于花冠基部，花丝背部具流苏状短毛，花药蓝色，矩圆形，子房上位，无柄，椭圆形，长8～15mm，花柱不明显，柱头2裂。蒴果与宿存花冠等长椭圆形，无柄。种子矩圆形，长1～1.2mm，深褐色，表面具纵皱折。花果期7—9月。聚伞花序具2～7花或单花顶生；花梗黄绿色，直立和斜伸，不整齐，长2～5cm；花萼绿色，长为花冠的1/2～2/3，裂片卵状披针形，长8～13mm，宽3～5mm，先端急尖，具明显的白色膜质边缘，脉不明显；花冠黄绿色，背面中央蓝色，裂片矩圆形或椭圆形，长15～20mm，先端钝或圆形，稍呈啮蚀状，基部具2个腺窝，腺窝下部囊状，边缘具长3～4mm的柔毛状流苏；花丝线形，长8～12mm，基部背面具流苏状短毛，花药蓝色，矩圆形，长3～4mm；子房无柄，椭圆形，长8～15mm，花柱不明显，柱头小，2裂，裂片半圆形。蒴果无柄，椭圆形，与宿存花冠等长；种子深褐色，矩圆形，长1～1.2mm，具纵的皱折。

分布： 青海省互助县，兴海县，河南县，同仁市，泽库县，久治县，玛沁县，玛多夏，称多县，玉树市，曲麻莱县。

生态环境： 生于海拔3 470～4 600m的河谷阶地、高山草甸、沼泽水边、阴坡灌丛。

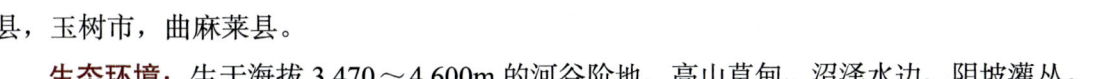

夹竹桃科 Apocynaceae

白麻属 *Poacynum* Baill.

➤ 大叶白麻 *Poacynum hendersonii*（Hook. f.）Woodson

特征： 直立半灌木，高 0.5～2.5m，一般高 1m 左右，植株含乳汁；枝条倾向茎的中轴，无毛。叶坚纸质，互生，叶片椭圆形至卵状椭圆形，顶端急尖或钝，具短尖头，基部楔形或浑圆，无毛，叶两面特别是幼嫩时的叶背具有颗粒状突起，叶片长 3～4cm，宽 1～1.5cm（最小的 1.5cm × 0.4cm，最大的 4.3cm × 2.3cm），叶缘具细牙齿；中脉在叶背凸起，侧脉纤细，扁平，两面均不明显；叶柄长 0.3～0.5mm，叶柄基部及腋间具腺体，老时脱落。圆锥状的聚伞花序一至多歧，顶生；总花梗长 2.5～9cm；花梗长 0.3～1cm；总花梗、花梗、苞片及花萼外面均被白色短柔毛；苞片披针形，长 1～4mm，反折；花萼 5 裂，梅花式排列，裂片卵状三角形，长 1.5～4mm，宽 1～2mm，内无腺体；花冠骨盆状，下垂，花张开直径 1.5～2cm，外面粉红色，内面稍带紫色，两面均具颗粒状凸起，花冠筒长 2.5～7mm，直径 1～1.5cm，花冠裂片反折，宽三角形，顶端钝，长 2.5～4mm，宽 3～5mm，每裂片具有三条深紫色的脉纹；副花冠裂片 5 枚，着生在花冠筒的基部，裂片宽三角形，基部合生，顶端长尖凸起；雄蕊 5 枚，着生在花冠筒基部，与副花冠裂片互生，花药箭头状，顶端渐尖，隐藏在花喉内，基部具耳，药耳平行，紧接或重叠，背部隆起，腹部粘生在柱头的基部；花丝短，被白色茸毛。雌蕊 1 枚，长 3～4mm，花柱短，长 1～2.5mm，上部膨大，下部缩小，柱头顶端钝，2 裂，基部盘状，子房半下位，由 2 枚离生心皮所组成，下部埋藏在花托中，上部被白色茸毛；胚珠多数，着生在子房腹缝线的侧膜胎座上；花盘肉质环状，顶端 5 浅裂或微缺，基部合生，环绕子房，基部着生在花托上。蓇葖 2 枚，叉生或平行，倒垂，长而细，圆筒状，顶端渐尖，幼嫩时绿色，成熟后黄褐色，长 10～30cm，直径 0.3～0.4cm；种子卵状长圆形，长 2.5～3mm，直径 0.5～0.7mm，顶端具一簇白色绢质的种毛；种毛长 1.5～2.5cm；子叶长卵圆形，与胚根几乎等长；胚根在上。花期 4—9 月（盛开期 6—7 月），果期 7—12 月（成熟期 9—10 月）。

分布： 青海省乌兰县，格尔木市。

生态环境： 生于海拔 2 700～3 100m 的湖滨沙滩、盐土草甸、河谷盐碱滩。

➤ 中华花葱 *Polemonium coeruleum* Linn. var. *chinense* Brand.

特征：多年生草本植物，根匍匐，圆柱状，多纤维状须根。茎直立，高 0.5～1m，无毛或被疏柔毛。羽状复叶互生，茎下部叶长约 20cm，茎上部叶长 7～14cm，小叶互生，11～21 片，长卵形至披针形，长 1.5～4cm，宽 0.5～1.4cm，顶端锐尖或渐尖，基部近圆形，全缘，两面有疏柔毛或近无毛，无小叶柄；叶柄长 1.5～8cm，生下部者长，上部具短叶柄或无柄，与叶轴同被疏柔毛或近无毛。聚伞圆锥花序顶生或上部叶腋生，疏生多花；花梗长 3～5（10）mm，连同总梗密生短的或疏长腺毛；花萼钟状，长 5～8mm，被短的或疏长腺毛，裂片长卵形、长圆形或卵状披针形，顶端锐尖或钝头，稀钝圆，与萼筒近相等长；花冠紫蓝色，钟状，长 1～1.8cm，裂片倒卵形，顶端圆或偶有渐狭或略尖，边缘有疏或密的缘毛或无缘毛；雄蕊着生于花冠筒基部之上，通常与花冠近等长，花药卵圆形，花丝基部簇生黄白色柔毛；子房球形，柱头稍伸出花冠之外。蒴果卵形，长 5～7mm。种子褐色，纺锤形，长 3～3.5mm，种皮具有膨胀性的黏液细胞，干后膜质似种子有翅。和花葱不同的是圆锥花序疏散；花通常较小，花冠长约 1cm，有时长达 1.5cm；花柱和雄蕊伸出花冠外。

分布：青海省民和县，互助县，海东市乐都区，循化县，湟中县，大通县，门源县，玛沁县。

生态环境：生于海拔 2 300～3 700m 的河谷草甸、林下灌丛、林间空地、河漫滩。

紫草科 Boraginaceae

锚刺果属 *Actinocarya* Benth.

➤ 锚刺果 *Actinocarya tibetica* Benth. in Benth. et Hook. f.

特征：茎丛生，高 3～10cm，上部疏生短伏毛，下部近无毛。基生叶倒披针形或匙形，长 1.2～2.4cm，宽 1.5～4.5mm，先端圆并有短尖头，基部渐狭，上面无毛，下面有疏短伏毛，茎生叶较小。花单生叶腋，花梗长达 10mm；花萼长约 1.5mm，裂片狭椭圆形，与花冠筒几等长，背面有短伏毛；花冠白色或淡蓝色，筒长约 1.3mm，檐部裂片近圆形，长约 0.8mm，喉部附属物浅 2 裂；雄蕊着生花冠筒中部，花药卵形，很小；子房4裂，花柱短，柱头头状。小坚果狭倒卵形，长1.5～2mm，具长0.4～0.8mm的锚状刺和短糙毛，背面有杯状或鸡冠状突起。花果期7—8月。

分布： 青海省兴海县，泽库县，同仁市，玛沁县，久治县，囊谦县。

生态环境： 生于海拔3 100～4 500m的高山草甸、河漫滩草甸、山坡灌丛草甸、河谷石隙、高山草甸裸地。

微孔草属 *Microula* Benth.

➤ 尖叶微孔草 *Microula blepharolepis*（Maxim.）Johnst.

特征： 茎高9～20cm，不分枝，或有不明显的短分枝，有开展的刚毛。茎中部以下叶卵形或狭卵形，包括柄长3～7cm，宽0.9～1.4cm，顶部急尖，基部圆形，突缩成长3～3.2cm的长柄，茎上部叶渐变小，具稍短柄，披针形，长1.5～4cm，顶端渐尖，基部宽楔形或渐狭，两面密被短伏毛；叶柄被刚毛。花少数在茎顶端或同时在茎顶部叶腋组成密集的短花序；苞片披针形，长2～4mm；花梗长0.5～2mm；花萼长约2mm，5裂近基部，裂片三角状披针形，外面密被长糙毛，内面疏被短伏毛；花冠檐部直径约2.5mm，无毛，5裂，裂片近圆形，筒长约1.8mm，无毛，附属物低梯形，高约0.5mm，顶端有短毛；花药狭椭圆形，长约0.6mm。

分布： 青海省互助县，同德县，兴海县，玛沁县，班玛县，玉树市。

生态环境： 生于海拔2 300～3 800m的沟谷林下、山坡灌丛、河滩草地。

➤ 疏散微孔草 *Microula diffusa*（Maxim.）I. M. Johnst.

特征：茎渐升，长（7）15～20cm，多分枝，有刚毛。下部茎生叶具柄，上部的无柄，狭长圆形或倒披针形，长2～6.5cm，宽0.5～1.5cm，顶端通常微尖，有时钝，基部渐狭，上面稍密被，下面疏被短糙伏毛，两面均散生刚毛。花在枝端形成长2～8cm象总状花序的狭长花序，苞片叶状，线形或狭线形，长0.8～2.5cm，宽1～3mm；或少数花在叶腋形成密集的短花序；花梗长约0.8mm；花萼长约1.6mm，果期长达4.5mm，5深裂，裂片三角形，外面有长硬毛；花冠紫蓝色或白色，无毛，檐部直径2～3mm，5裂，裂片圆卵形，筒长约1mm，附属物低梯形，高约0.3mm。小坚果狭卵形，长2～2.2mm，宽约1.2mm，有稀疏小瘤状突起和短毛，背孔狭三角形，长1.2～1.5mm，在边缘之内的膜质突起高约0.3mm，着生面位于腹面近基部处。6—9月开花。

分布：青海省门源县，贵南县，贵德县，同德县，兴海县，共和县，天峻县，都兰县，乌兰县，德令哈市，泽库县，河南县，玉树市，杂多县。

生态环境：生于海拔2 800～3 800m的干旱山坡草甸、河滩沙地、固定沙丘、沟谷草地。

➤ 狭叶微孔草 *Microula stenophylla* W. T. Wang

特征：茎直立或渐升，长5～25cm，常自基部起多分枝，被短糙伏毛和开展的刚毛。叶子形态叶匙状线形或线形，长1.5～7.5cm，宽2～7mm，顶端微尖，基部渐狭，上面多少密被糙伏毛或带基盘的短硬毛，并混生带基盘的刚毛，边缘疏被短刚毛，下面祇在中脉有疏刚毛，其他部分无毛。花自茎下部或中部起与叶对生，或数朵生分枝顶端形成密集或较狭长的短花序；花梗短。花萼长1.8～2mm，5裂近基部，裂片狭三角形，外面及边缘有长硬毛，内面有短伏毛；花冠蓝色或白色，无毛，檐部直径1.8～2mm，裂片近圆形，筒部长约1.8mm，附属物低梯形或半月形，高约0.3mm。小坚果三角状卵形，长2～2.5mm，宽约1mm，有小瘤状突起和短毛，背孔正三角形，长0.9～1.2mm，位于果背面上方，着生面位于腹面近基部处。6—8月开花。

分布：青海省贵南县，共和县，德令哈市，治多县，杂多县。

生态环境：生于海拔3 300～4 000m的沙滩砾地、潮湿滩地、河沟渠岸。

附地菜属 *Trigonotis* Stev.

➤ 西藏附地菜 *Trigonotis tibetica*（C. B. Clarke）Johnst.

特征： 一年生或二年生草本植物，细弱，铺散。茎多分枝，高 10～25cm，被短糙伏毛。基生叶及茎下部叶具柄，叶片椭圆状卵形至线形或披针形，长 0.8～2cm，宽 2～6mm，先端尖，基部楔形，两面被灰色短伏毛。花序顶生，疏松，仅基部具 3～5 个叶状苞片；花梗细，通常斜升，长达 5mm；花萼 5 深裂，裂片狭卵形或披针形，直立，果期长达 1.5mm；花冠浅蓝色或白色，钟状，筒部长约 1.5mm，檐部直径约 3mm，裂片倒卵形，长约 1.5mm，喉部黄色，附属物 5，半月形；雄蕊 5，内藏，着生花冠筒中部。小坚果 4，斜三棱锥状四面体形，成熟后暗褐色，有光泽，通常平滑无毛，长 1～1.5mm，背面凸呈卵形，具 3 锐棱，腹面基底面向下方隆起，其余 2 个侧面近等大，中央具 1 纵棱，具短柄；柄向一侧急弯。花期 5—9 月，果期 6—9 月。

分布： 青海省海东市乐都区，循化县，湟中县，贵南县，贵德县，同德县，兴海县，天峻县，同仁市，泽库县，河南县，玛沁县，久治县，玉树市，曲麻莱县，治多县。

生态环境： 生于海拔 2 500～4 200m 的山前冲积扇、河滩灌丛、湖滨草甸裸地处、山坡砾石堆、阳坡圆柏林下。

唇形科 Labiatae

筋骨草属 *Ajuga* Linn.

➤ 圆叶筋骨草 *Ajuga ovalifolia* Bur. et Franch.

特征：一年生草本植物。茎直立，高10～23cm，有时达30cm以上，四棱形，具槽，被白色长柔毛，无分枝。叶柄具狭翅，长0.7～2cm，绿白色，有时呈紫红色或绿紫色；叶片纸质，长圆状椭圆形至阔卵状椭圆形，长4～8cm，宽2.2～5cm，先端钝或圆形，基部楔形，下延，边缘中部以上具波状或不整齐的圆齿，具缘毛，上面黄绿或绿色，脉上有时带紫，满布具节糙伏毛，下面较淡，仅沿脉上被糙伏毛，侧脉4～5对，与中脉在上面平坦，下面隆起。穗状聚伞花序顶生，几呈头状，长2～3cm，由3～4轮伞花序组成；苞叶大，叶状，卵形或椭圆形，长1.5～4.5cm，下部则呈紫绿色、紫红色至紫蓝色，具圆齿或全缘，被缘毛，上面被糙伏毛，下面几无毛；花梗短或几无。花萼管状钟形，长5～8mm，无毛但仅萼齿边缘被长缘毛，具10脉，萼齿5，长三角形或线状披针形，长占花萼之半或较短。花冠红紫色至蓝色，筒状，微弯，长2～2.5cm或更长，外面被疏柔毛，内面近基部有毛环，冠檐二唇形，上唇2裂，裂片圆形，相等，下唇3裂，中裂片略大，扇形，侧裂片圆形。雄蕊4，二强，内藏，着生于上唇下方的冠筒喉部，花丝粗壮，无毛。花柱被极疏的微柔毛或无毛，先端2浅裂，裂片细尖。花盘环状，前面呈指状膨大。花期6—8月，果期8月以后。

分布：青海省久治县，班玛县。

生态环境：生于海拔3 300～3 900m的河谷草甸、山坡灌丛、林缘、阴坡草地。

青兰属 *Dracocephalum* Linn.

➤ 岷山毛建草 *Dracocephalum purdomii* W. W. Sm.

特征：茎高 7～15cm，基部渐升，被柔毛。基出叶约 6，具长柄，柄长达 3～4cm，疏被毛，叶片卵状长圆形，先端近圆形，基部截形或心形，长达 3cm，宽达 1.5cm，边缘密生钝齿，两面疏被伏毛；茎生叶 2 对，与基出叶相似，但较小，具短柄或几无柄。轮伞花序顶生，密集成球形，直径约 3cm；苞片长约为萼的 2/3，倒披针形或狭长圆形，边缘被长睫毛，上部具 5 齿，齿具长刺。花萼长 1.1～1.5cm，筒直，无毛，5 齿近等长，上唇中齿宽椭圆形，宽约 3mm，先端钝具短刺，有时渐宽并具不规则常具刺尖的细齿数个，边缘被睫毛，其余 4 齿三角状披针形，刺状渐尖，疏被睫毛或无毛。花冠深蓝色，长 2.2～2.5cm，外面密被白色长柔毛，冠筒基部细，上部宽达 5～7mm，冠檐二唇形，上唇 2 裂，下唇具斑点，3 裂，中裂片伸长。雄蕊稍伸出，花丝被白色柔毛。花期 7—8 月

分布：青海省民和县，互助县，海东市乐都区，门源县。

生态环境：生于海拔 2 000～3 000m 的沟谷山地草甸、河滩林下、河溪水沟边、山坡林缘灌丛。

香薷属 *Elsholtzia* Willd.

➤ 密穗香薷 *Elsholtzia densa* Benth.

特征：草本植物，高 20～60cm，密生须根。茎直立，自基部多分枝，分枝细长，茎及枝均四棱形，具槽，被短柔毛。叶长圆状披针形至椭圆形，长 1～4cm，宽 0.5～1.5cm，先端急尖或微钝，基部宽楔形或近圆形，边缘在基部以上具锯齿，草质，上面绿色下面较淡，两面被短柔毛，侧脉 6～9 对，与中脉在上面下陷下面明显；叶柄长 0.3～1.3cm，背腹扁平，被短柔毛。穗状花序长圆形或近圆形，长 2～6cm，宽 1cm，密被紫色串珠状长柔毛，由密集的轮伞花序组成；最下的一对苞叶与叶同形，向上呈苞片状，卵圆状圆形，长约 1.5mm，先端圆，外面及边缘被具节长柔毛。花萼钟状，长约 1mm，外面及边缘密被紫色串珠状长柔毛，萼齿 5 个，后 3 齿稍长，近三角形，果时花萼膨大，近球形，长 4mm，宽达 3mm，外面极密被串珠状紫色长柔毛。花冠小，淡紫色，长约 2.5mm，外面及边缘密被紫色串珠状长柔毛，内面在花丝基部具不明显的小疏柔毛环，冠筒向上渐宽大，冠

檐二唇形，上唇直立，先端微缺，下唇稍开展，3裂，中裂片较侧裂片短。雄蕊4，前对较长，微露出，花药近圆形。花柱微伸出，先端近相等2裂。小坚果卵珠形，长2mm，宽1.2mm，暗褐色，被极细微柔毛，腹面略具棱，顶端具小疣突起。花期7—9月。

分布： 青海省民和县，互助县，海东市乐都区，循化县，化隆县，海东市平安区，湟中县，湟源县，大通县，门源县，祁连县，海晏县，刚察县，贵德县，贵南县，同德县，共和县，兴海县，天峻县，乌兰县，都兰县，格尔木市，德令哈市，尖扎县，同仁市，泽库县，河南县，玛沁县，甘德县，久治县，达日县，班玛县，玛多县，玉树市，囊谦县。

生态环境： 生于海拔1 800～4 300m的宅旁荒地、村舍及畜圈周围、田边、路边、水沟边、河滩疏林下、灌丛中。

➤ 高原香薷 *Elsholtzia densa* Benth.

特征： 细小草本植物，高3～20cm。茎自基部分枝，小枝尤其是在下部的依伏或上升，被短柔毛。叶卵形，长4～24mm，宽3～14mm，先端钝，基部圆形或阔楔形，边缘具圆齿，上面绿色，下面较淡，或下面常带紫色，上面密被短柔毛，下面被短柔毛，但沿脉上较长而密，腺点稀疏或不明显，侧脉约5对，与中脉在上面略凹陷下面显著；叶柄长2～8mm，扁平，被短柔毛。穗状花序长1～1.5cm，生于茎、枝顶端，偏于一侧，由多花轮伞花序组成；苞片圆形，长宽约3mm，先端具芒尖，外面被柔毛，在脉上尤为明显；边缘具缘毛，内面无毛，脉紫色；花梗短，与序轴被白色柔毛。花萼管状，长约2mm，外面被白色柔毛，萼齿5，披针状钻形，具缘毛，长短不相等，通常前2枚较长，先端刺芒状。花冠红紫色，长约8mm，外被柔毛及稀疏的腺点，冠筒自基部向上扩展，冠檐二唇形，上唇直立，先端微缺，被长缘毛，全缘，下唇较开展，3裂，中裂片圆形，全缘，侧裂片弧形。雄蕊4，前对较长，均伸出，花丝无毛。花柱纤细，伸出，先端相等2浅裂。小坚果长圆形，长约1mm，深棕色。花、果期9—11月。

分布： 青海省互助县，民和县，循化县，西宁市，同德县，泽库县，同仁市，玛沁县，称多县，玉树市，囊谦县，曲麻莱县，治多县。

生态环境： 生于海拔2 000～4 100m的牲畜圈棚周围、河滩草甸、田边路旁、河谷弃荒地、山坡草丛。

夏至草属 *Lagopsis* Bunge ex Benth.

➤ 夏至草 *Lagopsis supina*（Steph.）Ik-Gal. ex Knorr.

特征：多年生草本植物，披散于地面或上升，具圆锥形的主根。茎高 15～35cm，四棱形，具沟槽，带紫红色，密被微柔毛，常在基部分枝。叶轮廓为圆形，长宽 1.5～2cm，先端圆形，基部心形，3 深裂，裂片有圆齿或长圆形犬齿，有时叶片为卵圆形，3 浅裂或深裂，裂片无齿或有稀疏圆齿，通常基部越冬叶远较宽大，叶片两面均绿色，上面疏生微柔毛，下面沿脉上被长柔毛，余部具腺点，边缘具纤毛，脉掌状，3～5 出；叶柄长，基生叶的长 2～3cm，上部叶的较短，通常在 1cm 左右，扁平，上面微具沟槽。轮伞花序疏花，径约 1cm，在枝条上部者较密集，在下部者较疏松；小苞片长约 4mm，稍短于萼筒，弯曲，刺状，密被微柔毛。花萼管状钟形，长约 4mm，外密被微柔毛，内面无毛，脉 5，凸出，齿 5，不等大，长 1～1.5mm，三角形，先端刺尖，边缘有细纤毛，在果时明显展开，且 2 齿稍大。花冠白色，稀粉红色，稍伸出于萼筒，长约 7mm，外面被绵状长柔毛，内面被微柔毛，在花丝基部有短柔毛；冠筒长约 5mm，径约 1.5mm；冠檐二唇形，上唇直伸，比下唇长，长圆形，全缘，下唇斜展，3 浅裂，中裂片扁圆形，2 侧裂片椭圆形。雄蕊 4，着生于冠筒中部稍下，不伸出，后对较短；花药卵圆形，2 室。花柱先端 2 浅裂。花盘平顶。小坚果长卵形，长约 1.5mm，褐色，有鳞粃。花期 3—4 月，果期 5—6 月。

分布：青海省民和县，互助县，海东市乐都区，湟中县，循化县，化隆县，海东市平安区，西宁市，同仁市，尖扎县，玉树市。

生态环境：生于海拔 2 000～3 450m 的田埂路边、宅旁墙根、河溪水沟边、山坡撂荒地。

益母草属 *Leonurus* Linn.

➤ 细叶益母草 *Leonurus sibiricus* Linn.

特征： 一年生或二年生草本植物，有圆锥形的主根。茎直立，高20～80cm，钝四棱形，微具槽，有短而贴生的糙伏毛，单一，或多数从植株基部发出，不分枝，或于茎上部稀在下部分枝。茎最下部的叶早落，中部的叶轮廓为卵形，长5cm，宽4cm，基部宽楔形，掌状3全裂，裂片呈狭长圆状菱形，其上再羽状分裂成3裂的线状小裂片，小裂片宽1～3mm，上面绿色，疏被糙伏毛，叶脉下陷，下面淡绿色，被疏糙伏毛及腺点，叶脉明显凸起且呈黄白色，叶柄纤细，长约2cm，腹面具槽，背面圆形，被糙伏毛；花序最上部的苞叶轮廓近于菱形，3全裂成狭裂片，中裂片通常再3裂，小裂片均为线形，宽1～2mm。轮伞花序腋生，多花，花时轮廓为圆球形，径3～3.5cm，多数，向顶渐次密集组成长穗状；小苞片刺状，向下反折，比萼筒短，长4～6mm，被短糙伏毛；花梗无。花萼管状钟形，长8～9mm，外面在中部密被疏柔毛，余部贴生微柔毛，内面无毛，脉5，显著，齿5，前2齿靠合，稍开张，钻状三角形，具刺尖，长3～4mm，后3齿较短，三角形，具刺尖，长2～3mm。花冠粉红至紫红色，长约1.8cm，冠筒长约0.9cm，外面无毛，内面近基部1/3有近水平向的鳞毛状的毛环，冠檐二唇形，上唇长圆形，直伸，内凹，长约1cm，宽约0.5cm，全缘，外面密被长柔毛，内面无毛，下唇长约0.7cm，宽约0.5cm，比上唇短1/4左右，外面疏被长柔毛，内面无毛，3裂，中裂片倒心形，先端微缺，边缘薄膜质，基部收缩，侧裂片卵圆形，细小。雄蕊4，均延伸至上唇片之下，平行，前对较长，花丝丝状，扁平，中部疏被鳞状毛，花药卵圆形，2室。花柱丝状，略超出于雄蕊，先端相等2浅裂，裂片钻形。花盘平顶。子房褐色，无毛。小坚果长圆状三棱形，长2.5mm，顶端截平，基部楔形，褐色。花期7—9月，果期9月。

分布： 青海省互助县，海东市乐都区，循化县，西宁市，尖扎县，同仁市。

生态环境： 生于海拔2 230～2 600m的沟谷阳坡、溪流河沟边、田边荒地、山坡路边砾石地。

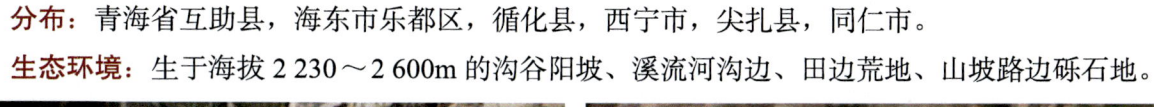

薄荷属 *Mentha* Linn.

➤ 薄荷 *Mentha haplocalyx* Bxiq.

特征: 薄荷是多年生草本植物。其植株较为低矮,株高在 30～60cm。根茎横生地下,它的茎是方形的,主茎通常直立挺拔,下部数节具有纤细的须根及水平生长的匍匐根状茎。上部被倒向微柔毛,下部仅沿棱上被微柔毛,多分枝。叶片长圆状披针形,披针形,椭圆形或卵状披针形,稀长圆形,长 3～5(7)cm,宽 0.8～3cm,先端锐尖,基部楔形至近圆形,边缘在基部以上疏生粗大的牙齿状锯齿,侧脉 5～6 对,与中肋在上面微凹陷下面显著,上面绿色;沿脉上密生余部疏生微柔毛,或除脉外余部近于无毛,上面淡绿色,通常沿脉上密生微柔毛;叶柄长 2～10mm,腹凹背凸,被微柔毛。夏末会开红色、白色或紫色的花,花朵非常小。轮伞花序腋生,轮廓球形,花时径约 18mm,具梗或无梗,具梗时梗可长达 3mm,被微柔毛;花梗纤细,长 2.5mm,被微柔毛或近于无毛。花萼管状钟形,长约 2.5mm,外被微柔毛及腺点,内面无毛,10 脉,不明显,萼齿 5,狭三角状钻形,先端长锐尖,长 1mm。花冠淡紫,长 4mm,外面略被微柔毛,内面在喉部以下被微柔毛,冠檐 4 裂,上裂片先端 2 裂,较大,其余 3 裂片近等大,长圆形,先端钝。雄蕊 4,前对较长,长约 5mm,均伸出于花冠之外,花丝丝状,无毛,花药卵圆形,2 室,室平行。花柱略超出雄蕊,先端近相等 2 浅裂,裂片钻形。花盘平顶。开花后结暗棕色的细小果实。小坚果卵珠形,黄褐色,被洼点,具小腺窝。花期 7—9 月,果期 10 月。

分布: 青海省民和县,循化县,海东市乐都区,湟源县,同仁市。

生态环境: 生于海拔 1 900～2 600m 的田埂路边、溪流水沟边。

鼠尾草属 *Salvia* Linn.

➤ 黏毛鼠尾草 *Salvia roborowskii* Maxim.

特征: 一年生或二年生草本植物;根长锥形,长 10～15cm,直径 3～7mm,褐色。茎直立,高 30～90cm,多分枝,钝四棱形,具四槽,密被有黏腺的长硬毛。叶片戟形或戟状三角形,长 3～8cm,宽 2.5～5.5cm,先端变锐尖或钝,基部浅心形或截形,边缘具圆齿,两面被粗伏毛,下面尚被有浅黄色腺点；叶柄长 2～6cm，下部者较长，向茎顶渐变短，毛被与茎同。轮伞花序 4～6 花，上部密集下部疏离组成顶生或腋生的总状花序；下部苞片与叶相同，上部苞片披针形或卵圆形，长 5～15mm，边缘波状或全缘，被长柔毛及腺毛，有浅黄褐色腺点；花梗长约 3mm，与花序轴被黏腺硬毛。花萼钟形，开花时长 6～8mm，花后增大，外被长硬毛及腺短柔毛，其间混生浅黄褐色腺点，内面被微硬伏毛，二唇形，唇裂至花萼长 1/3，上唇三角状半圆形，长约 3.5mm，宽约 5mm，先端具三个短尖头，下唇与上唇近等长，浅裂成 2 齿，齿三角形，先端锐尖，具长约 1mm 的刺尖尖头。花冠黄色，短小，长 1～1.3（1.6）cm，外被疏柔毛或近无毛，内面离冠筒基部 2～2.5mm 有不完全的疏柔毛毛环，冠筒稍外伸，在中部以下稍缢缩，出萼后膨大，至喉部宽约 5mm，冠檐二唇形，上唇直伸，长圆形，长约 4.5mm，宽约 2.7mm，全缘，下唇比上唇大，长约 3.5mm，宽约 7mm，3 裂，中裂片倒心形，长 1.5mm，宽 3mm，先端微缺，基部收缩，侧裂片斜半圆形，宽约 2mm。能育雄蕊 2，伸至上唇，内藏或近外伸，花丝长约 4mm，药隔弯成弧形，长约 4mm，上下臂近等长，二下臂药室联合。花柱伸出，先端不相等 2 浅裂，后裂片较短。花盘前方略膨大。小坚果倒卵圆形，长 2.8mm，直径 1.9mm，暗褐色，光滑。花期 6—8 月，果期 9—10 月。

分布：青海省民和县，互助县，海东市乐都区，循化县，化隆县，海东市平安区，湟中县，湟源县，大通县，门源县，祁连县，海晏县，刚察县，贵德县，贵南县，同德县，共和县，兴海县，尖扎县，同仁市，泽库县，河南县，玛沁县，达日县，久治县，班玛县，称多县，治多县，曲麻莱县，玉树市。

生态环境：生于海拔 2 800～4 200m 的山谷草地、山坡林中空地、沟谷山地灌丛草甸、河滩湿地、山麓裸地、山地田边。

黄芩属 *Scutellaria* Linn.

➤ 并头黄芩 *Scutellaria scordifolia* Fisch. ex Schrank.

特征：唇形科黄芩属的多年生草本植物，又名头巾草、山麻子。根茎斜行或近直伸，节上生须根；茎直立，高 12～36cm，四棱形，基部粗 1～2mm，常带紫色，在棱上疏被上曲的微柔毛，或几无毛，不分枝，或具或多或少或长或短的分枝；叶具很短的柄或近无柄，柄长 1～3mm，腹凹背凸，被小柔毛；叶片三角状狭卵形或披针形，长 1.5～3.8cm，宽 0.4～1.4cm，先端大多钝，稀微尖，基部浅心形，近截形，边缘大多具浅锐牙齿，稀生少数不明显的波状齿，极少近全缘，上面绿色，无毛，下面较淡，沿中脉及侧脉疏被小柔毛，有时几无毛，具多数凹点，有时有不具凹点，侧脉约 3 对，上面凹陷，下面明显凸起；花单生于茎上部的叶腋内，偏向一侧；花梗长 2～4mm，被短柔毛，近基部有一对长约 1mm 的针状小苞片；花萼开花时长 3～4mm，被短柔毛及缘毛，盾片高约 1mm，果时花萼长 4.5mm，盾片高 2mm；花冠蓝紫色，长 2～2.2cm，外面被短柔毛，内面无毛；冠筒基部浅囊状膝曲，宽约 2mm，向上渐宽，至喉部宽达 6.5mm；冠檐 2 唇形，上唇盔状，内凹，先端微缺，下唇中裂片圆状卵圆形，先端微缺，最宽处 7mm，2 侧裂片卵圆形，先端微缺，宽2.5mm；雄蕊 4，均内藏，前对较长，具能育半药，退化半药明显，后对较短，具全药，药室裂口具髯毛；花丝扁平，前对内侧后对两侧下部被疏柔毛；花柱细长，先端锐尖，微裂；花盘前方隆起，后方延伸成短子房柄；子房 4 裂，裂片等大；小坚果黑色，椭圆形，长 1.5mm，径 1mm，具瘤状突起，腹面近基部具果脐。花期 6—8 月，果期 8—9 月。

分布： 青海省民和县，互助县，海东市乐都区，循化县，湟源县，大通县，门源县，同仁市。

生态环境： 生于海拔 2 230～2 800m 的沟谷山坡、村舍周围、山地田边、山坡路边、溪流水沟边、山坡草地、沟谷山地林下灌丛。

水苏属 *Stachys* Linn.

➤ 甘露子 *Stachys sieboldii* Miq.

特征： 多年生草本植物，高 30～120cm，在茎基部数节上生有密集的须根及多数横走的根茎；根茎白色，在节上有鳞状叶及须根，顶端有念珠状或螺狮形的肥大块茎。茎直立或基部倾斜，单一，或多分枝，四棱形，具槽，在棱及节上有平展的或疏或密的硬毛。茎生叶卵圆形或长椭圆状卵圆形，长 3～12cm，宽 1.5～6cm，先端微锐尖或渐尖，基部平截至浅心形，有时宽楔形或近圆形，边缘有规则的圆齿状锯齿，内面被或疏或密的贴生硬毛，但沿脉上仅疏生硬毛，侧脉 4～5 对，上面不明显，下面显著，叶柄长 1～3cm，腹凹背平，被硬毛；苞叶向上渐变小，呈苞片状，通常反折（尤其栽培型），下部者无柄，卵圆状披针形，长约 3cm，比轮伞花序长，先端渐尖，基部近圆形，上部者短小，无柄，披针形，比花萼短，近全缘。轮伞花序通常 6 花，多数远离组成长 5～15cm 顶生穗状花序；小苞片线形，长约 1mm，被微柔毛；花梗短，长约 1mm，被微柔毛。花萼狭钟形，连齿长 9mm，外被具腺柔毛，内面无毛，10 脉，多少明显，齿 5，正三角形至长三角形，长约 4mm，先端具刺尖头，微反折。花冠粉红至紫红色，下唇有紫斑，长约 1.3cm，冠筒筒状，长约 9mm，近等粗，前面在毛环上方略呈囊状膨大，外面在伸出萼筒部分被微柔毛，内面在下部 1/3 被微柔毛毛环，冠檐二唇形，上唇长圆形，长 4mm，宽 2mm，直伸而略反折，外面被柔毛，内面无毛，下唇长宽约 7mm，外面在中部疏被柔毛，内面无毛，3 裂，中裂片较大，近圆形，径约 3.5mm，侧裂片卵圆形，较短小。雄蕊 4，前对较长，均上升至上唇片之下，花丝丝状，扁平，先端略膨大，被微柔毛，花药卵圆形，2 室，室纵裂，极叉开。花柱丝状，略超出雄蕊，先端近相等 2 浅裂。小坚果卵珠形，径约 1.5cm，黑褐色，具小瘤。

分布： 青海省互助县，民和县，循化县，海东市乐都区，湟中县，大通县，门源县，祁连县，泽库县，河南县，尖扎县，同仁市，玛沁县，班玛县，囊谦县，称多县，玉树市。

生态环境： 生于海拔 2 000～4 200m 的河谷山坡林下、沟谷灌丛、河滩草地、山地田边、河溪水沟边。

茄科 Solanceae

茄属 *Solanum* Linn.

➤ 野海茄 *Solanum japonense* Nakai

特征： 茄科、茄属的一种野生植物。草质藤本，长 0.5～1.2m，无毛或小枝被疏柔毛。叶三角状宽披针形或卵状披针形，通常长 3～8.5cm，宽 2～5cm，先端长渐尖，基部圆或楔形，边缘波状，有时 3（5）裂，侧裂片短而钝，中裂片卵状披针形，先端长渐尖，无毛或在两面均被具节疏柔毛或仅脉上被疏柔毛，中脉明显，侧脉纤细，通常每边 5 条；在小枝上部的叶较小，卵状披针形，长 2～3cm；叶柄长 0.5～2.5cm，无毛或具疏柔毛。聚伞花序顶生或腋外生，疏毛，总花梗长 1～1.5cm，近无毛，花梗长 6～8mm，无毛，顶膨大；萼浅杯状，直径约 2.5mm，5 裂，萼齿三角形，长约 0.5mm；花冠紫色，直径约 1cm，花冠筒隐于萼内，长不及 1mm，冠檐长约 5mm，基部具 5 个绿色的斑点，先端 5 深裂，裂片披针形，长 4mm；花丝长约 0.5mm，花药长圆形，长 2.5～3mm，顶孔略向前；子房卵形，直径不及 1mm，花柱纤细，长约 5mm，柱头头状。浆果圆形，直径约 1cm，成熟后红色；种子肾形，直径约 2mm。花期夏秋间，果熟期秋末。

分布： 青海省民和县，互助县，海东市乐都区，循化县，海东市平安区，西宁市，兴海县，泽库县，同仁市。

生态环境：生于海拔 1 900～2 700m 的宅旁荒地、河沟水边、田林路边、河滩灌丛、疏林草甸。

玄参科 Scrophulariaceae

小米草属 *Euphrasia* Linn.

➤ 小米草 *Euphrasia pectinata* Ten.

特征：植株直立，高 10～30（45）cm，不分枝或下部分枝，被白色柔毛。叶与苞叶无柄，卵形至卵圆形，长 5～20mm，基部楔形，每边有数枚稍钝、急尖的锯齿，两面脉上及叶缘多少被刚毛，无腺毛。花序长 3～15cm，初花期短而花密集，逐渐伸长至果期果疏离；花萼管状，长 5～7mm，被刚毛，裂片狭三角形，渐尖；花冠白色或淡紫色，背面长 5～10mm，外面被柔毛，背部较密，其余部分较疏，下唇比上唇长约 1mm，下唇裂片顶端明显凹缺；花药棕色。蒴果长矩圆状，长 4～8mm。种子白色，长 1mm。花期 6—9 月。

分布：青海省互助县，循化县，门源县，同德县，共和县，兴海县，同仁市，泽库县，囊谦县。

生态环境：生于海拔 2 200～4 600m 的高山灌丛、河谷草甸潮湿处、山沟流水旁、河漫滩、林缘林下草甸。

兔耳草属 *Lagotis* Gaertn.

➤ 短穗兔耳草 *Lagotis brachystachya* Maxim.

特征：多年生矮小草本植物，高 4～8cm。根状茎短，不超过 3cm；根多数，簇生，条形，肉质，长可达 10cm，根颈外面为多数残留的老叶柄所形成的棕褐色纤维状鞘包裹。匍匐走茎带紫红色，长可达 30cm 以上，直径 1～2mm。叶全部基出，莲座状；叶柄长 1～3（5）cm，扁平，翅宽；叶片宽条形至披针形，长 2～7cm，顶端渐尖，基部渐窄成柄，边全缘。花葶数条，纤细，倾卧或直立，高度不超过叶；穗状花序卵圆形，长 1～1.5cm，花密集；苞片卵状披针形，长 4～

6mm，下部的可达 8mm，纸质；花萼成两裂片状，约与花冠筒等长或稍短，后方开裂至 1/3 以下，除脉外均膜质透明，被长缘毛；花冠白色或微带粉红或紫色，长 5～6mm，花冠筒伸直较唇部长，上唇全缘，卵形或卵状矩圆形，宽 1.5～2mm，下唇 2 裂，裂片矩圆形，宽 1～1.2mm；雄蕊贴生于上唇基部，较花冠稍短；花柱伸出花冠外，柱头头状；花盘 4 裂。果实红色，卵圆形，顶端大而微凹，光滑无毛。花果期 5—8 月。

分布：青海省湟源县，大通县，祁连县，刚察县，贵南县，同德县，共和县，兴海县，天峻县，河南县，泽库县，同仁市，尖扎县，玛沁县，甘德县，久治县，达日县，玛多县，称多县，玉树市，囊谦县，曲麻莱县，杂多县，治多县。

生态环境：生于海拔 2 600～4 400m 的河边沙砾滩地、阔叶疏林下、河谷灌丛、山麓湿沙地、弃耕地及山坡裸地。

➤ 全缘兔耳草 *Lagotis integra* W. W. Smith

特征： 多年生草本植物，高 7～30（50）cm。根状茎伸长或短缩，肥厚，黄色，长达 6cm；根多数，条形，簇生，长可达 16cm，直径 1～2mm，有少数须根。茎 1 至数条，直立或外倾，较粗壮，长超过于叶。基生叶多为 4～5 片，可达 7～8 片，具长柄，翅宽，基部扩大成鞘状；叶片卵形至卵状披针形，长 4～11cm，顶端渐尖或钝，基部楔形，边全缘或有疏而细不规则的锯齿；茎生叶 3～4（11）片，近无柄，较基生叶小得多，全缘或有不明显齿状缺刻。穗状花序长 5～15cm；苞片卵形至卵状披针形，全缘，向上渐小，较萼短；花萼大，佛焰苞状，超过花冠筒，膜质，后方顶端短的 2 裂，裂片钝三角形，被细缘毛；花冠浅黄、绿白、少紫色，长 5～6（8）mm，花冠筒明显向前弓曲，比唇部长，上唇椭圆形，全缘或顶端微缺，下唇 2 裂，裂片披针形；雄蕊 2 枚，着生于花冠上下唇分界处，花丝极短；花柱内藏。核果圆锥状，长 5～6mm，黑色，含种子 2 颗。花果期 6—8 月。

分布： 青海省玉树市，囊谦县，杂多县。

生态环境： 生于海拔 4 600～5 600m 的山顶草甸、河谷草甸、山顶沼泽化草甸。

肉果草属 *Lancea* Hook. f. et Thoms.

➤ 肉果草 *Lancea tibetica* Hook. f. et Thoms.

特征： 多年生矮小草本植物，高 3～7cm，最高不超过 15cm，除叶柄有毛外其余无毛。根状茎细长，可达 10cm，直径 2～3mm，横走或斜下，节上有一对膜质鳞片。叶 6～10 片，几成莲座状，倒卵形至倒卵状矩圆形或匙形，近革质，长 2～7cm，顶端钝，常有小凸尖，边全缘或有很不明显的疏齿，基部渐狭成有翅的短柄。花 3～5 朵簇生或伸长成总状花序，苞片钻状披针形；花萼钟状，革质，长约 1cm，萼齿钻状三角形；花冠深蓝色或紫色，喉部稍带黄色或紫色斑点，长 1.5～2.5cm，花冠筒长 8～13mm，上唇直立，2 深裂，偶有几全裂，下唇开展，中裂片全缘；雄蕊着生近花冠筒中部，花丝无毛；柱头扇状。果实卵状球形，长约 1cm，红色至深紫色，被包于宿存的花萼内；种子多数，矩圆形，长约 1mm，棕黄色。花期 5—7 月，果期 7—9 月。

分布：青海省民和县，互助县，海东市乐都区，循化县，化隆县，海东市平安区，湟中县，湟源县，门源县，祁连县，海晏县，刚察县，贵德县，贵南县，同德县，共和县，兴海县，天峻县，乌兰县，都兰县，格尔木市，德令哈市，尖扎县，同仁市，泽库县，河南县，玛沁县，甘德县，久治县，班玛县，达日县，玛多县，称多县，玉树市，囊谦县，曲麻莱县，杂多县，治多县。

生态环境：生于海拔 2 200～4 600m 的湖盆河谷草甸、高山灌丛、高寒草甸、河漫滩湿沙地、弃耕地、河谷砾石滩地、山坡林缘灌丛、河边草地、山地疏林内。

马先蒿属 *Pedicularis* Linn.

➤ 碎米蕨叶马先蒿 *Pedicularis cheilanthifolia* Chrenk

特征：低矮或相当高升，高 5～30cm，干时略略变黑。根茎很粗，被有少数鳞片；根多少变粗而肉质，略为纺锤形，在较小的植株中有时较细，长可达 10cm 以上，粗可达 10mm；茎单出直立，或成丛而多达十余条，不分枝，暗绿色，有 4 条深沟纹，沟中有成行之毛，节 2～4 枚，节间最长者可达 8cm。叶基出者宿存，有长柄，丛生，柄长达 3～4cm，茎叶 4 枚轮生，中部一轮最大，柄仅长 5～20mm；叶片线状披针形，羽状全裂，长 0.75～4cm，宽 2.5～8mm，裂片 8～12 对，卵状披针形至线状披针形，长 3～4mm，宽 1～2mm，羽状浅裂，小裂片 2～3 对，有重齿，或仅有锐锯齿，齿常有胼胝。花序一般亚头状，在一年生植株中有时花仅一轮，但大多多少伸长，长者达 10cm，下部花轮有时疏远；苞片叶状，下部者与花等长；花梗仅偶在下部花中存在；萼长圆状钟形，脉上有密毛，前方开裂至 1/3 处，长 8～9mm，宽 3.5mm，齿 5 枚，后方 1 枚三角形全缘，较膨大有锯齿的后侧方两枚狭 1 倍，而与有齿的前侧方 2 枚等宽；花冠自紫红色一直退至纯白色（作者由活植物中观察），管状花初放时几伸直，后约在基部以上 4mm 处几以直角向前膝屈，上段向前方扩大，长达 11～14mm，下唇稍宽过于长，长 8mm，宽 10mm，裂片圆形而等宽，盔长 10mm，花盛开时作镰状弓曲，稍自管的上段仰起，但不久即在中部向前作膝状屈曲，端几无喙或有极短的圆锥形喙；雄蕊花丝着生于管内约等于子房中部的地方，仅基部有微毛，上部无毛；花柱伸出。蒴果披针状三角形，锐尖而长，长达 16mm，宽 5.5mm，下部为宿萼所包；种子卵圆形，基部显有种阜，色浅而有明显之网纹，长 2mm。花期 6—8 月，果期 7—9 月。

分布：青海省海东市乐都区，互助县，大通县，门源县，祁连县，刚察县，贵南县，贵德县，同德县，共和县，兴海县，天峻县，德令哈市，格尔木市，河南县，泽库县，同仁市，玛沁县，久治县，玛多县，称多县，玉树市，囊谦县，曲麻莱县，杂多县，治多县。

生态环境：生于海拔 2 500～4 700m 的高寒草原、山坡砾地、湖滨草甸、河谷杨树林下、云杉林下、河滩草地、山坡路边、高山草甸裸地、高山灌丛、林缘草甸。

➤ 中国马先蒿 *Pedicularis chinensis* Maxim.

特征：一年生，低矮或多少升高，可达 30cm，干时不变黑。主根圆锥形，有少数支根，长达 8cm。茎单出或多条，直立或外方者弯曲上升或甚至倾卧，有深沟纹，有成行的毛或几光滑，有时上部偶有分枝。叶基出与茎生，均有柄，基叶之柄长达 4cm，近基的大半部有长毛，上部之柄较短；叶片披针状长圆形至线状长圆形，长达 7cm，宽达 18mm，羽状浅裂至半裂，裂片近端者靠近，向后较疏远，7～13 对，卵形，有时带方形，钝头，基部常多少全缘而连于轴翅，前半有重锯齿，齿常有胼胝，两面无毛，下面碎冰纹网脉明显。花序常占植株的大部分，有时近基处叶腋中亦有花；苞片叶状而较小，柄近基处膨大，常有长而密的缘毛。花梗短，长者可达 10mm，被短细毛；萼管状，长 15～18mm，生有白色长毛，下部较密，或有时无长毛而仅被密短毛，亦有具紫斑者，前方约开裂至 2/5，脉很多，达 20 条，其中仅 2 条较粗，通入齿中，齿仅 2 枚，基部有极短之柄，以上即膨大叶状，绿色，卵形至圆形，缘有缺刻状重锯齿。花冠黄色，管长 4.5～5cm，外面有毛，端不扩大，盔直立部分稍向后仰，前缘高 3～4mm，上端渐渐转向前上方成为合有雄蕊的部分，长约 4mm，前端又渐细为端指向喉部的半环状长喙，长达 9～10mm，下唇宽过于长，宽约 20mm，长自盔的基部计仅 9～10mm，有短而密的缘毛，侧裂强烈指向前外方（按其脉理而言），钝头，为不等的心脏形，其外侧的基部耳形很深，两边合成下唇的深心脏形基部，中裂宽过于长，宽约 6mm，长仅 3～3.5mm，截头至微圆头，完全不伸出于侧裂之前；雄蕊花丝两对均被密毛。蒴果长圆状披针形，长 19mm，宽 7mm，不很偏斜，上背缝线较急剧地弯向下方，在近端处成一斜截头，端更有指向前下方的小凸尖。

分布：青海省民和县，互助县，海东市乐都区，循化县，化隆县，海东市平安区，湟中县，湟源县，大通县，门源县，祁连县，海晏县，刚察县，贵德县，同德县，兴海县，同仁市，泽库县，河南县，玛沁县，久治县。

生态环境：生于海拔 2 300～3 600m 的河滩草地、沟谷灌丛草甸、林缘灌丛、林间空地湿草地、阴坡高寒灌丛。

➤ 毛颏马先蒿 *Pedicularis lasipohrys* Maxim.

特征： 多年生草本植物，干时变黑；根须状，丛生于根颈周围，下连于细而鞭状的根茎，深入地下的根茎未见。茎直立，不分枝，仅在极偶然的情况下分枝，有条纹，沿纹有毛，尤以基部为密，中部毛最疏。叶在基部者最发达，有时成假莲座，中部以上几无叶，基生者有短柄，稍上者即无柄而多少抱茎；叶片长圆状线形至披针状线形，长达 4cm，最宽者达 11mm，一般远较此为小，钝头至锐头，缘有羽状的裂片或深齿，裂片或齿两侧全缘，顶端复有重齿或小裂，上面散生疏白毛，或至后几光滑，下面散生褐色之毛，沿中肋尤多。花序多少头状或伸长为短总状，而下部之花较疏；苞片披针状线形至三角状披针形，密生褐色腺毛；萼钟形，亦多毛，长 6～8mm，齿 5 枚，几相等，三角形全缘，约等萼管长度的一半；花冠淡黄色，其管仅稍长于萼，无毛，下唇 3 裂，稍短于盔，裂片均圆形而有细柄，无缘毛，盔含有雄蕊的部分多少膨大，卵形，以直角自直立部分转折，前端突然细缩成稍稍下弯而光滑之喙，其前额与颏均密被黄色之毛，与其下缘的须毛相衔接；雄蕊花丝 2 对均无毛，花柱不伸出或稍稍伸出。果黑色光滑，卵状椭圆形，有小凸尖，室相等，长达 1cm，宽 5mm；种子多少三角形而长，有蜂窝状孔纹。花期 7—8 月。

分布： 青海省海东市乐都区，湟中县，大通县，门源县，祁连县，共和县，兴海县，天峻县，泽库县，同仁市，玛沁县，久治县，玛多县，玉树市，囊谦县，杂多县。

生态环境： 生于海拔 2 500～4 800m 的高山草甸、高寒灌丛、河谷阶地草甸、沙砾河滩、沼泽滩地、林缘灌丛、林下草地、山坡公路边、沟谷山地岩石缝中、高山碎石带。

➤ 长花马先蒿 *Pedicularis longiflora* Rudolph

特征： 低矮草本植物，仅偶然升高，全身少毛。根束生，几不增粗，长者可达15cm，下端渐细成须状。茎多短，很少伸长。叶基出与茎出，常成密丛，有长柄，柄在基叶中较长，1～2cm，在茎叶中较短，下半部常多少膜质膨大，时有疏长缘毛，叶片羽状浅裂至深裂，有时最下方之叶儿为全缘，披针形至狭长圆形，两面无毛，背面网脉显明而细，常有疏散的白色肤屑状物，裂片5～9对，有重锯齿，齿常有胼胝而反卷。花均腋生，有短梗；萼管状，长11～15mm，前方开裂约至2/5，裂口多少膨膨，无毛，仅有极微的缘毛，脉约15条，其中仅2条较粗，然亦细弱，仅近管端处略有网结，齿2枚，有短柄，多少掌状开裂，裂片有少数之锯齿。花均腋生，花冠黄色，长达5～8cm，管外面有毛，盔直立部分稍向后仰，前缘高2～3mm，上端转向前上方成为膨大的雄蕊部分，长4～5mm，宽达3mm，其前端很快狭细为一半环状卷曲的细喙，长约6mm，其端指向花喉，下唇有长缘毛，宽过于长，宽达20mm，长11～12mm，中裂较小，近于倒心脏形，约向前凸出一半，长5～6mm，宽约相等，端明显凹入，侧裂为斜宽卵形，凹头，外侧明显耳形，约为中裂的2倍；花丝两对均有密毛，着生于花管之端；花柱明显伸出于喙端。蒴果披针形，长达22mm，宽达6mm，约自萼中伸出3/5，基部有伸长的梗，长可达2cm。种子狭卵圆形，有明显的黑色种阜，具纵条纹，长约2mm。花期7—9月。

分布： 青海省循化县，大通县，刚察县，门源县，共和县，兴海县，天峻县，杂多县。

生态环境： 生于海拔2 700～4 100m的沟谷河滩沼泽草甸、河溪水边草甸、山坡疏林下灌丛、河谷滩地草甸。

➤ 班唇马先蒿 *Pedicularis longiflora* Rudolph subsp.var.*tubiformis*（Klotz.）Tsoong

特征： 沼泽生草本植物。高5～20cm。叶披针形至狭披针形，羽状深裂至全裂。花腋生，花冠黄色，具长6mm的喙，喉部具2个棕红色或紫褐色的色斑。花期5—10月。喜冷湿，喜光。西藏广布，多分布于海拔2 700～5 200m的高山草甸、沼泽、林缘湿地。云南西北部、四川西部以及沿喜马拉雅诸国也产。

分布： 青海省互助县，海东市乐都区，大通县，门源县，祁连县，海晏县，贵德县，同德县，共和县，兴海县，德令哈市，河南县，泽库县，同仁市，玛沁县，久治县，达日县，玛多县，称多县，玉树市，囊谦县，曲麻莱县，杂多县，治多县。

生态环境： 生于海拔2 100～4 800m的高山灌丛、高山草甸湿处、高寒沼泽草甸、泉水出露处、河湖岸边积水处、河滩灌丛。

➤ 藓生马先蒿 *Pedicularis muscicola* Maxim.

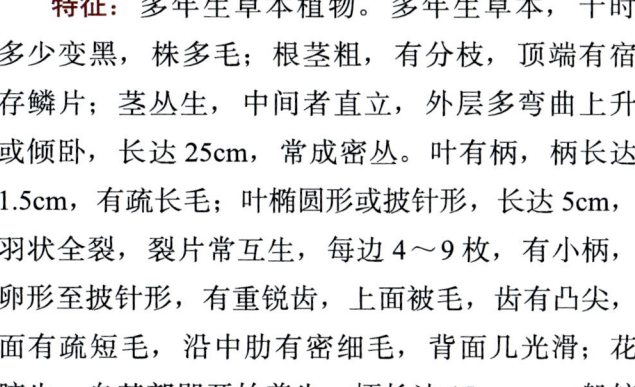

特征： 多年生草本植物。多年生草本，干时多少变黑，株多毛；根茎粗，有分枝，顶端有宿存鳞片；茎丛生，中间者直立，外层多弯曲上升或倾卧，长达 25cm，常成密丛。叶有柄，柄长达 1.5cm，有疏长毛；叶椭圆形或披针形，长达 5cm，羽状全裂，裂片常互生，每边 4～9 枚，有小柄，卵形至披针形，有重锐齿，上面被毛，齿有凸尖，面有疏短毛，沿中肋有密细毛，背面几光滑；花腋生，自基部即开始着生，梗长达 15mm，一般较短，密被白长毛至几乎光滑；花萼圆筒形，长达 11mm，前方不裂，主脉 5 条，上有长毛，齿 5 枚，略相等，基部三角形而连于萼管，向上渐细，均全缘，上部卵形，有锯齿，花冠玫瑰色，管长 4～7.5cm，外面被毛，盔直立部分很短，几在基部即向左方扭折使其顶部向下，前方渐细为卷曲或 "S" 形的长喙，喙因盔扭折之故而反向上方卷曲，上唇近基部向左扭折，中裂片长圆形，花丝均无毛，花柱稍伸出喙端，长达 10mm 或更多，下唇极大，宽达 2cm，长亦如之，侧裂极大，宽达 1cm，稍指向外方，中裂较狭，为长圆形，长约 8mm，宽 6.5mm，钝头；花丝两对均无毛，花柱稍稍伸出于喙端；蒴果稍扁平，偏卵形，长 1cm，宽 7mm，为宿萼所包；花期 5—7 月；果期 8 月。

分布： 青海省民和县，海东市乐都区，互助县，循化县，海东市平安区，湟中县，湟源县，大通县，门源县，祁连县，海晏县，同德县，兴海县，泽库县，同仁市，尖扎县。

生态环境： 生于海拔 2 300～3 500m 的沟谷山坡杂木林下、山地云杉林下、山坡阴湿灌丛、溪流河谷石缝。

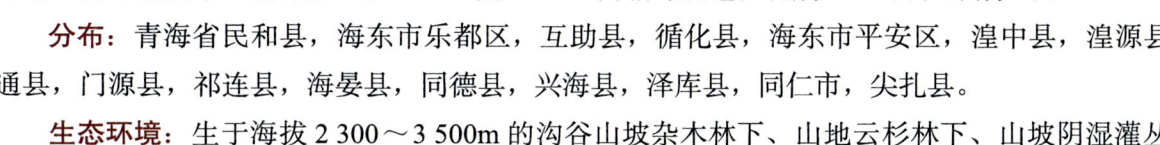

➤ 华马先蒿 *Pedicularis oederi* Vahl var. *sinensis*（Maxim.）Hurus.

特征： 多年生草本植物，体低矮，高5～
10cm，极少有达15cm以上者，干时变为黑色。根
多数，多少纺锤形，粗者径可达1cm左右，肉质；
根颈粗，顶端常生有少数卵形至披针状长圆形的宿
存膜质鳞片。茎草质多汁，常为花葶状，其大部长
度均为花序所占，多少有绵毛，有时几变光滑，有
时很密。叶多基生，宿存成丛，有长柄，柄长者达
5cm，一般较短，毛被亦多变，叶片长1.5～7cm，
线状披针形至线形，羽状全裂，在芽中为拳卷，而

其羽片则垂直相迭而作鱼鳃状排列，此种特征有时在叶子舒放后很久尚留存，裂片多数，常紧密排
列，其间的距离一般小于羽片本身，其数每边10～20，多少卵形至长圆形，长达5mm，一般较短，
锐头至钝头，缘有锯齿，齿常有胼胝而多反卷，面常无毛，背面有时脉上有毛，茎叶常极少，仅1～
2枚，与基叶同而较小。花序顶生，变化极多，常占茎的大部长度，仅在茎相当高升的情况中较短，
长者可达10cm以上，一般仅5cm左右，其花开次序显然离心；苞片多少披针形至线状披针形，短
于花或等长，几全缘或上部有齿，常被棉毛，有时颇密；萼狭而圆筒形，长9～12mm，主脉5条，
次脉很多，多纵行而少网结，齿5枚，竟披针形，锐头，几相等。花冠多二色，盔端紫黑色，其余
黄白色，有时下唇及盔的下部亦有紫斑，管长12～16mm，在近端处多少向前膝屈使花前俯，盔与
管的上段同其指向，几伸直，长约9mm，宽3.5mm，额圆形，前缘之端稍稍作三角形凸出，下唇
大小很多变化，竟甚过于长，长5～7mm，7～14mm，侧裂斜椭圆形，甚大于多少圆形的中裂，后
者几完全不向前方伸出；雄蕊花丝前方1对被毛，后方1对光滑；花柱不伸出于盔端。蒴果因花序
离心，故在顶上者生长常最良好，而下部之花往往不实，长达18mm，宽可达7mm，一般较小，长
卵形至卵状披针形，两室强烈不等，但轮廓则不甚偏斜，端锐头而有细凸尖；种子灰色，狭卵形锐
头，有细网纹，长1.8mm，宽0.7mm。花期6月底至9月初。

分布： 青海省互助县，海东市乐都区，循化县，化隆县，大通县，门源县，祁连县，海晏县，
刚察县，贵德县，同德县，共和县，兴海县，天峻县，乌兰县，都兰县，德令哈市，格尔木市，同
仁市，尖扎县，泽库县，河南县，玛沁县，甘德县，久治县，达日县，玛多县，称多县，玉树市，
囊谦县，曲麻莱县，治多县，杂多县。

生态环境： 生于海拔2 800～5 085m的高山灌丛草甸、沼泽草甸、河谷阶地、高山流石滩、河
谷草甸、阴坡石隙、泉水出露处。

➤ 轮叶马先蒿 *Pedicularis verticillata* Linn.

特征： 多年生草本植物，干时不变黑，高达 15～35cm，有时极低矮。主根多少纺锤形，一般短细，极偶然在多年的植株中肉质变粗，径达 6.5mm，须状侧根不发达；根茎端有三角状卵形至长圆状卵形的膜质鳞片数对。茎直立，在当年生植株中常单条，多年者常自根颈成丛发出，多达 7 条以上，中央者直立，外方者弯曲上升，下部圆形，上部多少四棱形，具毛线 4 条。叶基出者发达而长存，柄长达 3cm 左右，被疏密不等的白色长毛；叶片长圆形至线状披针形，下面微有短柔毛，羽状深裂至全裂，长 2.5～3cm，裂片线状长圆形至三角状卵形，具不规则缺刻状齿，齿端常有多少白色胼胝，茎生叶下部者偶对生，一般 4 枚成轮，具较短之柄或几无柄，叶片较基生叶为宽短。花序总状，常稠密，仅极偶然有全部花轮均有间歇；苞片叶状，下部者甚长于花，有时变为长三角状卵形，上部者基部变宽，膜质，向前有锯齿，有白色长毛；萼球状卵圆形，常变红色，口多

少狭缩，膜质，具 10 条暗色脉纹，外面密被长柔毛，长 6mm，前方深开裂，齿常不很明显而偏聚于后方，后方 1 枚多独立，较小，其前侧方者与后侧方者多合并成一个三角形的大齿，顶有浅缺或无，缘无清晰的锯齿而多为全缘。花冠紫红色，长 13mm，管红在距基部 3mm 处以直角向前膝屈，使其上段由萼的裂口中伸出，上段长 5～6mm，中部稍稍向下弓曲，喉部宽约 3mm，下唇约与盔等长或稍长，中裂圆形而有柄，甚小于侧裂，裂片上有时红脉极显著，盔略略镰状弓曲，长 5mm 左右，额圆形，无明显的鸡冠状突起，下缘之端似微有凸尖，但不显著；雄蕊药对离开而不并生，花丝前方一对有毛；花柱稍稍伸出。蒴果形状大小多变，多少披针形，端渐尖，不弓曲，或偶然有全长向下弓曲者，或上线至近端处突然弯下成一钝尖，而后再在下基线前端成一小凸尖，长 10～15mm，宽 4～5mm。种子黑色，半圆形，长 1.8mm，有极细而不显明的纵纹。花期 7—8 月。

分布： 青海省湟中县，大通县，门源县，刚察县，同德县，兴海县，天峻县，尖扎县，玛沁县，玛多县，称多县，玉树市，曲麻莱县，治多县，杂多县。

生态环境： 生于海拔 3 380～4 600m 的高山阳坡草甸、河谷灌丛、河边滩地。

细穗玄参属 *Scrofella* Maxim.

➤ 细穗玄参 *Scrofella chinensis* Maxim.

特征： 多年生直立草本植物，不分枝，无毛，高 20～50cm；根状茎短。叶互生，稠密，无柄，矩圆形至矩圆状披针形，上部的较窄，长 2～6cm，全缘，仅中脉明显。穗状花序顶生，花序轴、苞片、萼裂片均被极细的腺毛；苞片钻形；花梗极短；花萼 5 深裂几达基部，裂片钻形，长

约 2mm，后方 1 枚短得多，齿状；花冠白色，唇形，长约 4mm，筒部坛状，上唇宽大，3 浅裂，裂片顶端具不规则齿缺，下唇仅 1 片，披针形，反折，在其内面的基部两侧各有一簇短柔毛；雄蕊 2 枚；子房基部有杯状花盘，花柱短，柱头棒状。蒴果锥状，长约 4mm，4 瓣裂。植株直立，高 20～50cm，不分枝。茎叶无毛，叶稠密，无柄，全缘，长矩圆形至披针形，上部的较窄，长 2～6cm，宽近 1cm，仅中脉明显。花序长达 10cm，花密集，花序轴、苞片、花萼裂片均被细腺毛；苞片钻形；花萼裂片钻形，长 2mm；花冠白色，长 4mm。蒴果长约 4mm。种子长近 1mm。花期 7—8 月。

分布： 青海省海东市平安区，同德县，同仁市，河南县，玛沁县，久治县，班玛县。

生态环境： 生于海拔 3 100～3 900m 的沟谷山地林下、高山灌丛草甸、河滩草地、高寒沼泽草甸、宽谷滩地、山坡林缘草地。

婆婆纳属 *Veronica* Linn.

➤ 北水苦荬 *Veronica anagallis-aquatica* Linn.

特征： 多年生（稀为一年生）草本植物，通常全体无毛，极少在花序轴、花梗、花萼和蒴果上有几根腺毛。根茎斜走。茎直立或基部倾斜，不分枝或分枝，高 10～100cm。叶无柄，上部的半抱茎，多为椭圆形或长卵形，少为卵状矩圆形，更少为披针形，长 2～10cm，宽 1～3.5cm，全缘或有疏而小的锯齿。花序比叶长，多花；花梗与苞片近等长，上升，与花序轴成锐角，果期弯曲向上，使蒴果靠近花序轴，花序通常不宽于 1cm；花萼裂片卵状披针形，急尖，长约 3mm，果期直立或叉开，不紧贴蒴果；花冠浅蓝色，浅紫色或白色，直径 4～5mm，裂片宽卵形；雄蕊短于花冠。蒴果近圆形，长宽近相等，几乎与萼等长，顶端圆钝而微凹，花柱长约 2mm（西藏产的植物的花柱常短至 1.5mm）。花期 4—9 月。

分布： 青海省民和县，互助县，湟中县，湟源县，大通县，同仁市，都兰县，称多县，玉树市。

生态环境： 生于海拔 2 200～3 900m 的山谷河沟水中、沟谷河滩沼泽地、山前溪流浅水中。

狸藻科 Lentibulariaceae

狸藻属 *Utricularia* Linn.

➤ 狸藻 *Utricularia vulgaris* Linn.

特征： 狸藻为水生草本植物。匍匐枝圆柱形，长 15～80cm，粗 0.5～2mm，多分枝，无毛，节间长 3～12mm。叶器多数，互生，2 裂达基部，裂片轮廓呈卵形、椭圆形或长圆状披针形，长 1.5～6cm，宽 1～2cm，先羽状深裂，后 2～4 回二歧状深裂；末回裂片毛发状，顶端急尖或微钝，边缘具数个小齿，顶端及齿端各有一至数条小刚毛，其余部分无毛。秋季于匍匐枝及其分枝的顶端产生冬芽，冬芽球形或卵球形，长 1～5cm，密被小刚毛。捕虫囊通常多数，侧生于叶器裂片上，斜卵球状，侧扁，长 1～3mm，具短柄；口侧生，上唇具 2 条多少分枝的刚毛状附属物，下唇无附属物。花序直立，长 10～30cm，中部以上具 3～10 朵疏离的花，无毛；花序梗圆柱状，粗 1～2.4mm，具 1～4 个鳞片；苞片与鳞片同形，基部着生，宽卵形、圆形或长圆形，顶端急尖、圆形或 2～3 浅裂，基部耳状，膜质，长 3～7mm；无小苞片；花梗丝状，长 6～15mm，于花期直立，果期明显下弯。花萼 2 裂达基部，裂片近相等，卵形至卵状长圆形，长 2.5～33mm，上唇顶端微钝，下唇顶端截形或微凹。花冠黄色，长 12～18mm，无毛；上唇卵形至近圆形，长 6～9mm，下唇横椭圆形，长 6～12mm，宽 9～16mm，顶端圆形或微凹，喉凸隆起呈浅囊状；距筒状，基部宽圆锥状，顶端多少急尖，较下唇短并与其成锐角叉开，仅远轴的内面散生腺毛。雄蕊无毛；花丝线形，弯曲，长 1.5～2mm，药室汇合。子房球形，无毛；花柱稍短于子房，无毛；柱头下唇半圆形，边缘流苏状，上唇微小，正三角形。蒴果球形，长 3～5mm，周裂。种子扁压，具 6 角和细小的网状突起，直径 0.5～0.7mm，厚 0.3～0.4mm，褐色，无毛。

分布： 青海省门源县，乌兰县，德令哈市，共和县，海晏县。

生态环境： 生于海拔 2 800～3 400m 的水域中。

车前科 Plantaginaceae

车前属 *Plantago* Linn.

➢ 平车前 *Plantago depressa* Willd.

特征： 一年生或二年生草本植物。直根长，具多数侧根，多少肉质。根茎短。叶基生呈莲座状，平卧、斜展或直立；叶片纸质，椭圆形、椭圆状披针形或卵状披针形，长 3～12cm，宽 1～3.5cm，先端急尖或微钝，边缘具浅波状钝齿、不规则锯齿或牙齿，基部宽楔形至狭楔形，下延至叶柄，脉 5～7 条，上面略凹陷，于背面明显隆起，两面疏生白色短柔毛；叶柄长 2～6cm，基部扩大成鞘状。花序 3～10 余个；花序梗长 5～18cm，有纵条纹，疏生白色短柔毛；穗状花序细圆柱状，上部密集，基部常间断，长 6～12cm；苞片三角状卵形，长 2～3.5mm，内凹，无毛，龙骨突宽厚，宽于两侧片，不延至或延至顶端。花萼长 2～2.5mm，无毛，龙骨突宽厚，不延至顶端，前对萼片狭倒卵状椭圆形至宽椭圆形，后对萼片倒卵状椭圆形至宽椭圆形。花冠白色，无毛，冠筒等长或略长于萼片，裂片极小，椭圆形或卵形，长 0.5～1mm，于花后反折。雄蕊着生于冠筒内面近顶端，同花柱明显外伸，花药卵状椭圆形或宽椭圆形，长 0.6～1.1mm，先端具宽三角状小突起，新鲜时白色或绿白色，干后变淡褐色。胚珠 5 个。蒴果卵状椭圆形至圆锥状卵形，长 4～5mm，于基部上方周裂。种子 4～5，椭圆形，腹面平坦，长 1.2～1.8mm，黄褐色至黑色；子叶背腹向排列。花期 5—7 月，果期 7—9 月。

分布： 青海省门源县，乌兰县，德令哈市，共和县，海晏县。

生态环境： 生长于海拔 54 500m 的草地、河滩、沟边、草甸、田间及路旁。

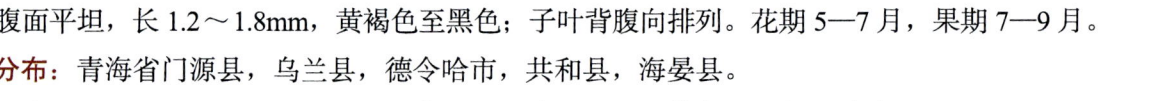

➤ 大车前 *Plantago major* Linn.

特征： 二年生或多年生草本植物。须根多数。根茎粗短。叶基生呈莲座状，平卧、斜展或直立；叶片草质、薄纸质或纸质，宽卵形至宽椭圆形，长 3～18（30）cm，宽 2～11（21）cm，先端钝尖或急尖，边缘波状、疏生不规则牙齿或近全缘，两面疏生短柔毛或近无毛，少数被较密的柔毛，脉（3）5～7 条；叶柄长（1）3～10（26）cm，基部鞘状，常被毛。花序 1 至数个；花序梗直立或弓曲上升，长（2）5～18（45）cm，有纵条纹，被短柔毛或柔毛；

穗状花序细圆柱状，（1）3～20（40）cm，基部常间断；苞片宽卵状三角形，长 1.2～2mm，宽与长约相等或略超过，无毛或先端疏生短毛，龙骨突宽厚。花无梗；花萼长 1.5～2.5mm，萼片先端圆形，无毛或疏生短缘毛，边缘膜质，龙骨突不达顶端，前对萼片椭圆形至宽椭圆形，后对萼片宽椭圆形至近圆形。花冠白色，无毛，冠筒等长或略长于萼片，裂片披针形至狭卵形，长 1～1.5mm，于花后反折。雄蕊着生于冠筒内面近基部，与花柱明显外伸，花药椭圆形，长 1～1.2mm，通常初为淡紫色，稀白色，干后变淡褐色。胚珠 12～40 个。蒴果近球形、卵球形或宽椭圆球形，长 2～3mm，于中部或稍低处周裂。种子（8）12～24（34），卵形、椭圆形或菱形，长 0.8～1.2mm，具角，腹面隆起或近平坦，黄褐色；子叶背腹向排列。花期 6—8 月，果期7—9 月。

分布： 青海省贵南县，民和县，互助县，海东市乐都区，循化县，化隆县，海东市平安区，湟中县，湟源县，大通县，门源县，贵德县，兴海县，共和县，同仁市。

生态环境： 生于海拔 1 790～3 200m 的山坡林缘、河边沙地、疏林草甸、田埂、路边、河滩湿地。

茜草科 Rubiaceae

拉拉藤属 *Galium* Linn.

➤ 蓬子菜 *Galium verum* Linn.

特征： 多年生近直立草本植物，基部稍木质，高 25～45cm；茎有 4 角棱，被短柔毛或秕糠状毛。叶纸质，6～10 片轮生，线形，通常长 1.5～3cm，宽 1～1.5mm，顶端短尖，边缘极反卷，常卷成管状，上面无毛，稍有光泽，下面有短柔毛，稍苍白，干时常变黑色，1 脉，无柄。聚伞花序顶生和腋生，较大，多花，通常在枝顶结成带叶的长可达 15cm、宽可达 12cm 的圆锥花序状；总花梗密被短柔毛；花小，稠密；花梗有疏短柔毛或无毛，长 1～2.5mm；萼管无毛；花冠黄色，辐状，无毛，直径约 3mm，花冠裂片卵形或长圆形，顶端稍钝，长约 1.5mm；花药黄色，花丝长约 0.6mm；花柱长约 0.7mm，顶部 2 裂。果小，果爿双生，近球状，直径约 2mm，无毛。

分布： 青海省玛沁县，尖扎县，同仁市，泽库县，河南县，共和县，贵南县，大通县，湟源县，刚察县，海东市乐都区，民和县，祁连县。

生态环境： 生于海拔 40～4 000m 的山地、河滩、旷野、沟边、草地、灌丛或林下。

茜草属 *Rubia* Linn.

➤ 茜草 *Rubia cordifolia* Linn.

特征： 草质攀缘藤木，长通常 1.5～3.5m；根状茎和其节上的须根均红色；茎数至多条，从根状茎的节上发出，细长，方柱形，有 4 棱，棱上生倒生皮刺，中部以上多分枝。叶通常 4 片轮生，纸质，披针形或长圆状披针形，长 0.7～3.5cm，顶端渐尖，有时钝尖，基部心形，边缘有齿状皮刺，两面粗糙，脉上有微小皮刺；基出脉 3 条，极少外侧有 1 对很小的基出脉。叶柄长通常 1～2.5cm，有倒生皮刺。聚伞花序腋生和顶生，多回分枝，有花 10 余朵至数十朵，花序和分枝均细瘦，有微小皮刺；花冠淡黄色，干时淡褐色，盛开时花冠檐部直径 3～3.5mm，花冠裂片近卵形，微伸展，长约 1.5mm，外面无毛。果球形，直径通常 4～5mm，成熟时橘黄色。花期 8—9 月，果期 10—11 月。

分布： 青海省民和县，互助县，海东市乐都区，循化县，化隆县，海东市平安区，湟中县，湟源县，大通县，门源县，祁连县，贵德县，同德县，贵南县，兴海县，尖扎县，同仁市，泽库县，玛沁县，班玛县，称多县，囊谦县，玉树市。

生态环境： 生于海拔 2 000～4 200m 的河谷灌丛、山地阴坡林缘、河滩疏林下、沟谷湿沙丘、村舍宅旁围篱边。

忍冬科 Caprifoliaceae

忍冬属 *Lonicera* Linn.

➤ 金花忍冬 *Lonicera chrysantha* Turcz. ex Ledeb.

特征： 落叶灌木，高达 4m；幼枝、叶柄和总花梗常被开展的直糙毛、微糙毛和腺。冬芽卵状披针形，鳞片 5～6 对，外面疏生柔毛，有白色长睫毛。叶纸质，菱状卵形、菱状披针形、倒卵形或卵状披针形，长 4～8（12）cm，顶端渐尖或急尾尖，基部楔形至圆形，两面脉上被直或稍弯的糙伏毛，中脉毛较密，有直缘毛；叶柄长 4～7mm。总花梗细，长 1.5～3（4）cm；苞片条形或狭条状披针形，长 2.5（8）mm，常高出萼筒；小苞片分离，卵状矩圆形、宽卵形、倒卵形至近圆形，长约 1mm，为萼筒的 1/3～2/3；相邻两萼筒分离，长 2～2.5mm，常无毛而具腺，萼齿圆卵形、半圆形或卵形，顶端圆或钝；花冠先白色后变黄色，长（0.8）1～1.5（2）cm，外面疏生短糙毛，唇形，唇瓣长 2～

3倍于筒，筒内有短柔毛，基部有1深囊或有时囊不明显；雄蕊和花柱短于花冠，花丝中部以下有密毛，药隔上半部有短柔伏毛；花柱全被短柔毛。果实红色，圆形，直径约5mm。花期5—6月，果熟期7—9月。

分布： 青海省民和县，互助县，海东市乐都区，循化县，大通县，门源县，尖扎县。

生态环境： 生于海拔2 230～2 700m的河谷山坡林缘灌丛、溪流山沟林下。

➤ 小叶忍冬 *Lonicera microphylla* Walld. ex Roem. et Schultz.

特征： 落叶灌木，高达2（3）m；幼枝无毛或疏被短柔毛，老枝灰黑色。叶纸质，倒卵形、倒卵状椭圆形至椭圆形或矩圆形，有时倒披针形，长5～22mm，顶端钝或稍尖，有时圆形至截形而具小凸尖，基部楔形，具短柔毛状缘毛，两面被密或疏的微柔伏毛或有时近无毛，下面常带灰白色，下半部脉腋常有趾蹼状鳞腺；叶柄很短。总花梗成对生于幼枝下部叶腋，长5～12mm，稍弯曲或下垂；苞片钻形，长略超过萼檐或达萼筒的2倍；相邻两萼筒几乎全部合生，无毛，萼檐浅短，环状或浅波状，齿不明显；花冠黄色或白色，长7～10（14）mm，外面疏生短糙毛或无毛，唇形，唇瓣长约等于基部一侧具囊的花冠筒，上唇裂片直立，矩圆形，下唇反曲；雄蕊着生于唇瓣基部，与花柱均稍伸出，花丝有极疏短糙毛，花柱有密或疏的糙毛。果实红色或橙黄色，圆形，直径5～6mm；种子淡黄褐色，光滑，矩圆形或卵状椭圆形，长2.5～3mm。花期5—6（7）月，果熟期7—8月（9月）。

分布： 青海省民和县，互助县，循化县，海东市乐都区，大通县，湟源县，门源县，格尔木市，德令哈市，尖扎县。

生态环境： 生于海拔2 300～3 900m的河岸渠边、沟谷山坡灌丛、河谷林下、山坡林缘灌丛。

➤ 岩生忍冬 *Lonicera rupicola* Hook. f. et Thoms.

特征：落叶灌木，高达 1.5（2.5）m，在高海拔地区有时仅 10～20cm，幼枝和叶柄均被屈曲、白色短柔毛和微腺毛，或有时近无毛；小枝纤细，叶脱落后小枝顶常呈针刺状，有时伸长而平卧。叶纸质，3（4）枚轮生，很少对生，条状披针形、矩圆状披针形至矩圆形，长 0.5～3.7cm，顶端尖或稍具小凸尖或钝形，基部楔形至圆形或近截形，两侧不等，边缘背卷，上面无毛或有微腺毛，下面全被白色毡毛状屈曲短柔毛而毛之间无空隙，很少毛较稀而有空隙，幼枝上部的叶有时完全无毛；叶柄长达 3mm。花生于幼枝基部叶腋，芳香，总花梗极短；凡苞片、小苞片和萼齿的边缘均具微柔毛和微腺；苞片叶状，条状披针形至条状倒披针形，长略超出萼齿；杯状小苞顶端截形或具 4 浅裂至中裂，有时小苞片完全分离，长为萼筒之半至相等；相邻两萼筒分离，长约 2mm，无毛，萼齿狭披针形，长 2.5～3mm，长超过萼筒，裂隙高低不齐。花冠淡紫色或紫红色，筒状钟形，长（8）10～15mm，外面常被微柔毛和微腺毛，筒长为裂片的 1.5～2 倍，内面尤其上端有柔毛，裂片卵形，长 3～4mm，为筒长的 2/5～1/2，开展；花药达花冠筒的上部；花柱高达花冠筒之半，无毛。果实红色，椭圆形，长约 8mm；种子淡褐色，矩圆形，扁，长 4mm。花期 5—8 月，果熟期 8—10 月。

分布：青海省东南部。

生态环境：生于海拔 2 100～4 950m 的高山灌丛草甸、流石滩边缘、林缘河滩草地或山坡灌丛中。

接骨木属 *Sambucus* Linn.

➤ 血满草 *Sambucus adnata* Wall. ex DC.

特征：多年生高大草本植物或半灌木，高 1～2m；根和根茎红色，折断后流出红色汁液。茎草质，具明显的棱条。羽状复叶具叶片状或条形的托叶；小叶 3～5 对，长椭圆形、长卵形或披针形，长 4～15cm，宽 1.5～2.5cm，先端渐尖，基部钝圆，两边不等，边缘有锯齿，上面疏被短柔毛，脉上毛较密，顶端一对小叶基部常沿柄相连，有时亦与顶生小叶片相连，其他小叶在叶轴上互生，亦有近于对生；小叶的托叶退化成瓶状突起的腺体。聚伞花序顶生，伞形式，长约 15cm，具总花梗，3～5 出的分枝成锐角，初时密被黄色短柔毛，多少杂有腺毛；花小，有恶臭；萼被短柔毛；花冠白色；花丝基部膨大，花药黄色；子房 3 室，花柱极短或几乎无，柱头 3 裂。果实红色，圆形。花期 5—7 月，果熟期 9—10 月。

分布： 青海省青海民和县，互助县，海东市乐都区，循化县，化隆县，湟中县，大通县。

生态环境： 生于海拔 1 800～2 800m 的山坡林下、林缘灌丛、河滩疏林、沟谷溪边。

莛子藨属 *Triosteum* Linn.

➤ 莛子藨 *Triosteum pinnatifidum* Maxim.

特征： 叶羽状深裂，基部楔形至宽楔形，近无柄，轮廓倒卵形至倒卵状椭圆形，长 8～20cm，宽 6～18cm，裂片 1～3 对，无锯齿，顶端渐尖，上面浅绿色，散生刚毛，沿脉及边缘毛较密，背面黄白色；茎基部的初生叶有时不分裂。聚伞花序对生，各具 3 朵花，无总花梗，有时花序下具卵全缘的苞片，在茎或分枝顶端集合成短穗状花序；萼筒被刚毛和腺毛，萼裂片三角形，长 3mm；花冠黄绿色，狭钟状，长 1cm，筒基部弯曲，一侧膨大成浅囊，被腺毛，裂片圆而短，内面有带紫色斑点；雄蕊着生于花冠筒中部以下，花丝短，花药矩圆形，花柱基部被长柔毛，柱头楔状头形。果癸卵圆，肉质，具 3 条槽，长 10mm，冠以宿存的萼齿；核 3 枚，扁，亮黑色。种子凸平，腹面具 2 条槽。花期 5—6 月，果期 8—9 月。

分布：青海省青海民和县，互助县，海东市乐都区，循化县，湟中县，大通县，同仁市，玛沁县，班玛县。

生态环境：生于海拔2 500～3 700m的河谷山坡林缘灌丛、沟谷林下。

五福花科 Adoxaceae

五福花属 *Adoxa* Linn.

➤ 五福花 *Adoxa moschatellina* Linn.

特征：草本植物，高达15cm；根状茎横生，末端加粗；茎单一，纤细，无毛，有长匍匐枝。基生叶1～3，为1～2回三出复叶；小叶片宽卵形或圆形，长1～2cm，3裂，小叶柄长0.6～1.2cm，叶柄长4～9cm；茎生叶2枚，对生，3深裂，裂片再3裂，叶柄长1cm左右。花序有限生长，5～7朵花成顶生聚伞性头状花序，无花柄。花黄绿色或淡黄色，直径4～6mm；花萼浅杯状，顶生花的花萼裂片2，侧生花的花萼裂片3；花冠幅状，管极短，顶生花的花冠裂片4，侧生花的花冠裂片5，裂片上乳突约略可见；内轮雄蕊退化为腺状乳突，外轮雄蕊在顶生花为4，在侧生花为5，花丝2裂几至基部，花药单室，盾形，外向，纵裂；子房半下位至下位，花柱在顶生花为4，侧生花为5，基部连合，柱头4～5，点状。核果球形，直径2～3mm。花期在6—8月，果期7—8月。

分布：青海省互助县，循化县，大通县，湟中县，门源县，祁连县，海晏县，同德县，玛沁县。

生态环境：生于海拔2 600～3 600m的阴坡林下、河谷灌丛。

败酱科 Valerianaceae

甘松属 *Nardostachys* DC.

➤ 甘松 *Nardostachys chinensis* Batal.

特征： 甘松为多年生草本植物，高 5～50cm；根状茎木质、粗短，直立或斜升，下面有粗长主根，有烈香。叶丛生，长匙形或线状倒披针形，长3～25cm，宽 0.5～2.5cm，主脉平行三出，无毛或微被毛，全缘，顶端钝渐尖，基部渐窄而为叶柄，叶柄与叶片近等长；花茎旁出，茎生叶 1～2 对，下部的椭圆形至倒卵形，基部下延成叶柄，上部的倒披针形至披针形，有时具疏齿，无柄。花序为聚伞性头状，顶生，直径 1.5～2cm，花后主轴及侧轴

有时伸长；花序基部有 4～6 片披针形总苞，每花基部有窄卵形至卵形苞片 1，与花近等长，小苞片2，较小。花萼 5 齿裂，果时常增大。花冠紫红色、钟形，基部略偏突，长 4.5～9mm，裂片 5，宽卵形至长圆形，长 2～3.8mm，花冠筒外面多少被毛，里面有白毛；雄蕊 4，与花冠裂片近等长，花丝具毛；子房下位，花柱与雄蕊近等长，柱头头状。瘦果倒卵形，长约 4mm，被毛或无毛；宿萼不等 5 裂，裂片三角形至卵形，长 1.5～2.5mm，顶端渐尖，稀为突尖，具明显的网脉。花期 6—8 月，果期 8—9 月。

分布： 青海省同仁市，河南县，泽库县，久治县，玛沁县，班玛县。

生态环境： 生于海拔 3 200～4 200m 的阴坡高山灌丛下草甸、高山草甸、河漫滩草甸、山坡草地、河谷湿地、山谷沼泽地。

缬草属 *Valeriana* Linn.

➤ 小缬草 *Valeriana tangutica* Batal.

特征：细弱小草本植物，高 10～15（20）cm，全株无毛；根状茎斜升，顶端包有膜质纤维状老叶鞘；根细带状，根状茎及根均具有浓香味。基生叶薄纸质，心状宽卵形或长方状卵形，长 1～2（4）cm，宽约 1cm，全缘或大头羽裂，顶裂片圆或椭圆形，长宽约 1cm，全缘，侧裂片 1～2 对，小椭圆形或狭椭圆形，两端均钝圆，全缘；叶柄长达 5cm；茎上部叶羽状 3～7 深裂，裂片线状披针形，全缘。半球形的聚伞花序顶生，直径 1～2cm；小苞片披针形，边缘膜质。花白色或有时粉红色，花冠筒状漏斗形，长 5～6mm，花冠 5 裂，裂片倒卵形；雌雄蕊近等长，均伸出于花冠之外。子房椭圆形、光秃。花期 6—7 月，果期 7—8 月。

分布：青海省互助县，海东市乐都区，门源县，祁连县，循化县，贵南县，贵德县，同德县，兴海县，共和县，天峻县，德令哈市，同仁市，尖扎县，泽库县，河南县，玛沁县，治多县，囊谦县。

生态环境：生于海拔 2 800～5 300m 的沟谷林下、山坡林缘灌丛、河岸石缝、田林路边、河边阴坡草甸、河漫滩灌丛和林下、潮湿的岩石缝隙中。

川续断科 Dipsacaceae

刺参属 *Morina* Linn.

➤ 圆萼刺参 *Morina chinensis*（Bat.）Diels

特征：多年生草本植物；根粗壮，通常不分枝或在下部有细小分枝；茎高（15）20～50（70）cm，有明显的纵沟，下部光滑，紫色，上部通常带紫色，被白色绒毛，在基部常留有褐色纤维状残叶。基生叶 6～8，簇生，线状披针形，长 10～20（25）cm，宽 1～1.5（2）cm，质地较坚硬，先端渐尖，基部下延抱茎，边缘具不整齐的浅裂片，裂片近三角形，裂至中脉的一半，边缘有 3～9 枚硬刺，上面深绿色，背面浅绿色，光滑，中脉明显。花茎从叶丛中生出；茎生叶与基生叶相似，但较短，长5～15cm，4～6叶（通常4）轮生，2～3轮，向上渐小，裂片边缘具硬刺。轮伞花序顶生，6～9节，紧密穗状，花后各轮疏离，每轮有总苞苞片4，总苞片叶状，长卵形，渐尖，长2.5～

3.5cm，边缘具密集的刺，基部更多；小总苞隐藏于总苞之内，钟形，长1～1.4cm，顶端平截，边缘有10条以上硬刺，长短不等，通常2条较长，可达6mm，基部有柄，外面疏被长柔毛；萼露出总苞外约3mm，草质，二唇形，长（6）8～10mm，每唇片先端2裂，裂片钝圆，先端无刺尖，脉明显，外面光滑，内面被绒毛，基部具髯毛；花冠二唇形，短于花萼，长6～7mm，淡绿色，上唇2裂，下唇3裂，流被，柔毛；雄蕊4，上面2枚能育，贴生于花冠管上部，下面2枚退化，着生于花冠管基部，花药不外露；花柱稍长于雄蕊，柱头头状。瘦果长圆形，长2～3mm，褐色，表面有皱纹，顶端斜截形，具宿存花萼，藏于小总苞内。花期7—8月，果期9月。

分布： 青海省海东市乐都区，大通县，门源县，祁连县，刚察县，同德县，贵德县，兴海县，共和县，同仁市，泽库县，河南县，玛沁县，甘德县，达日县，久治县，玉树市，杂多县。

生态环境： 生于海拔2 200～4 850m的河谷灌丛中、高山草甸、山坡草地、山沟林中空地、溪流河滩草地。

➢ 青海刺参 *Morina kokonorica* Hao

特征： 多年生草本植物，高（20）30～50（70）cm；根粗壮，长40cm，不分枝或下部分枝；茎单1，稀具2或3分枝，下部具明显的沟槽，光滑，上部被茸毛，基部多有残存的褐色纤维状残叶。基生叶5～6，簇生，坚硬，线状披针形，长（7）10～15（20）cm，宽1～1.5cm，先端渐尖，基部渐狭成柄，边缘具深波状齿，齿裂片近三角形，裂至近中脉处，边缘有3～7硬刺，中脉明显，两面光滑；茎生叶似基生叶，长披针形，常4叶轮生，2～3轮，向上渐小，基部抱茎。轮伞花序顶生，6～8节，紧密穗状，花后各轮疏离，每轮有总苞片4；总苞片长卵形，近革质，长2～3cm，渐尖，边缘具多数黄色硬刺；小总苞钟状，藏于总苞内，长1.2～1.5cm，网脉明显，具柄，边缘具10条以上的硬刺，刺长短不等，通常有1～2条较长，可达7mm；萼杯状，质硬，长

8～12（15）mm，露出总苞之外约 3mm，外面光滑，内面有柔毛，基部具髯毛，2 深裂，每裂片再 2 或 3 裂，成 4～5（6）裂片，裂片披针形，先端常具刺尖；花冠二唇形，5 裂，淡绿色，外面被毛，长 6～8mm，较花萼为短；雄蕊 4，能育雄蕊 2，插生于花冠管的上部，花丝短，被长柔毛，不育雄蕊 2，生于花冠管的基部，几无柄；花柱不露出花冠之外，较雄蕊稍长，柱头头状。瘦果褐色，圆柱形，近光滑，长 6～7mm，具棱，顶端斜截形。花期 6—8 月，果期 8—9 月。

分布：青海省刚察县，共和县，兴海县，同仁市，囊谦县，曲麻莱县，称多县，杂多县，玉树市，治多县。

生态环境：生于海拔 3 100～4 800m 的平缓山坡、河谷湖滩草甸、干旱山坡草地、高山草甸、阴坡灌丛草甸、高寒草原碎石上。

桔梗科 Campanulaceae

沙参属 *Adenophora* Fisch.

➤ 长柱沙参 *Adenophora stenanthia*（Ledeb.）Kitag.

特征：多年生草本植物，有白色乳汁。根胡萝卜状，茎常数支丛生，高 40～120cm，有时上部有分枝，通常被倒生糙毛。基生叶心形，边缘有深刻而不规则的锯齿；茎生叶从丝条状到宽椭圆形或卵形，长 2～10cm，宽 1～20mm，全缘或边缘有疏离的刺状尖齿，通常两面被糙毛。花序无分枝，因而呈假总状花序或有分枝而集成圆锥花序。花萼无毛，筒部倒卵状或倒卵状矩圆形，裂片钻状三角形至钻形，长 1.5～5（7）mm，全缘或偶有小齿；花冠细，近于筒状或筒状钟形，5 浅裂，长 10～17mm，直径 5～8mm，浅蓝色、蓝色、蓝紫色、紫色；雄蕊与花冠近等长；花盘细筒状，长 4～7mm，完全无毛或有柔毛；花柱长 20～22mm。蒴果椭圆状，长 7～9mm，直径 3～5mm。花期 8—9 月。

分布：青海省门源县，祁连县，刚察县，民和县，互助县，海东市乐都区，循化县，化隆县，海东市平安区，湟中县，湟源县，大通县，贵德县，贵南县，同德县，兴海县，共和县，乌兰县，天峻县，都兰县，德令哈市，尖扎县，同仁市，泽库县，河南县，玛沁县，久治县，囊谦县，玉树市，杂多县。

生态环境：生于海拔 2 600～3 900m 的阳坡柏树林下、沟谷山坡灌丛、山地断崖草坡、河谷田边路旁、溪流渠岸、河谷砾地。

菊科 Compositae

亚菊属 *Ajania* Poljak.

➤ 丝裂亚菊 *Ajania nematoloba*（Hand.–Mazz.）Ling et Shih

特征：小半灌木，高达 30cm。一年生枝细长，淡紫色或淡绿色，老枝极短缩。茎枝无毛或几无毛或幼时被微柔毛。中下部茎叶宽卵形、楔形或扁圆形，长 1～2cm，宽 1～4cm，二回三出（少有五出）掌状或掌式羽状分裂。一二回全部全裂。上部叶 3～5 全裂，但通常 4 全裂。或全部叶羽状全裂。末回裂片细裂如丝，宽 0.1～0.2mm，两面同色，绿色或淡绿色，无毛或有极稀疏的短微毛。头状花序小，多数在枝端排成疏松的伞房花序，花序直径达 8cm。花梗细，长 0.5～2cm。总苞钟状，直径 2.5～3mm，总苞片 4 层，外层卵形，长 1mm，中内层宽倒卵形，长 2.5～3mm。全部苞片麦秆黄色，有光泽，无毛，边缘白色膜质。边缘雌花约 5 个，花冠长 1.5mm，细管状，顶端 2 侧裂尖齿。两性花冠管状，长 2mm。瘦果长近 1mm。花果期 9—10 月。

分布：青海省海东市乐都区，循化县，海东市平安区，西宁市。

生态环境：生于海拔 2 200～2 400m 的干旱山坡、河谷田边荒地、溪流河岸、山地冲沟。

➤ 细叶亚菊 *Ajania tenuifolia*（Jacq.）Tzvel.

特征：年生草本植物，高 9～20cm。根茎短，发出多数的地下匍茎和地上茎。匍茎上生稀疏的宽卵形浅褐色的苞鳞。茎自基部分枝，分枝弧形斜升或斜升。茎枝被短柔毛，上部及花序梗上的毛稠密。叶二回羽状分裂。全形半圆形或三角状卵形或扇形，长宽 1～2cm，通常宽大于长。一回侧裂片 2～3 对。末回裂片长椭圆形或倒披针形，宽 0.5～2mm，顶端钝或圆。自中部向下或向上叶渐小。全部叶两面同色或几同色或稍异色。上面淡绿色，被稀疏的长柔毛，或稍白色或灰白色而被较多的毛，下面白色或灰白色，被稠密的顺向贴伏的长柔毛。叶柄长 0.4～0.8cm。头状花序少数在茎顶排成直径 2～3cm 的伞房花序。总苞钟状，直径约 4mm。总苞片 4 层，外层披针形，长 2.5mm，中内层椭圆形至倒披针形，长 3～4mm。仅外层被稀疏的短柔毛，其余无毛。全部苞片顶端钝，边缘宽膜质。膜质内缘棕褐色，膜质外缘无色透明。边缘雌花 7～11 个，细管状，花冠长 2mm，顶端 2～3 齿裂。两性花冠状，长 3～4mm。全部花冠有腺点。花果期 6—10 月。

分布：青海省互助县，海东市乐都区，循化县，海东市平安区，大通县，湟源县，门源县，祁连县，贵南县，贵德县，共和县，兴海县，天峻县，都兰县，乌兰县，河南县，泽库县，同仁市，尖扎县，久治县，班玛县，甘德县，玛沁县，达日县，玛多县，称多县，囊谦县，玉树市，曲麻莱县。

生态环境：生于海拔 3 000～4 500m 的沙砾河滩、高山草甸裸地、宽谷湖岸、河谷阶地、高寒草原、石砾山坡。

香青属 *Anaphalis* DC.

➤ 玲玲香青 *Anaphalis hancockii.*

特征：根状茎细长，稍木质，匍枝有膜质鳞片状叶和顶生的莲座状叶丛。茎从膝曲的基部直立，高 5～35cm，稍细，被蛛丝状毛及具柄头状腺毛，上部被蛛丝状密绵毛，常有稍疏的叶。莲座状叶与茎下部叶匙状或线状长圆形长 2～10cm，宽 0.5～1.5cm，基部渐狭成具翅的柄或无柄，顶端圆形或急尖；中部及上部叶直立，常贴附于茎上，线形，或线状披针形，稀线状长圆形而多少开展，边缘平，顶端有膜质枯焦状长尖头；全部叶薄质，两面被蛛丝状毛及头状具柄腺毛，边缘被灰白色蛛丝状长毛，有明显的离基三出脉或另有 2 不显明的侧脉。头状花序 9～15 个，在茎端密集成复伞房状；花序梗长 1～3mm。总苞宽钟状，长 8～9 稀 11mm，宽 8～10mm；总苞片 4～5 层，稍开展；外层卵圆形，长 5～6mm，红褐色或黑褐色；内层长圆披针形，长 8～10mm，宽 3～4mm，顶端尖，上部白色；最内层线形。花序托有繸状毛。雌株头状花序有多层雌花，中央有 1～6 个雄花；雄株头状花序全部有雄花。花冠长 4.5～5mm。冠毛较花冠稍长，雄花冠毛上部较粗扁，有锯齿。瘦果长圆形，长约 1.5mm，被密乳头状突起。花期 6—8 月，果期 8—9 月。

分布：青海省民和县，互助县，海东市乐都区，循化县，化隆县，海东市平安区，湟中县，湟源县，大通县，门源县，祁连县，海晏县，刚察县，贵德县，同德县，兴海县，共和县，尖扎县，河南县，同仁市，泽库县，玛沁县，甘德县，久治县，班玛县，达日县，玛多县，称多县，曲麻莱县，囊谦县，治多县，杂多县，玉树市，唐古拉镇。

生态环境：生于海拔 2 800～4 600m 的湖滨草甸、溪流河滩高寒草甸、山坡高寒草地、河岸山谷沼泽草甸、沙砾山坡、沟谷灌丛、山地高山草甸。

蒿属 *Artemisia* Linn.

➤ 牛尾蒿 *Artemisia dubia* Wall. ex Bess.

特征：半灌木状草本植物。主根木质，稍粗长，垂直，侧根多；根状茎粗短，直径 0.5～2cm，有营养枝。茎多数或少数，丛生，直立或斜向上，高 80～120cm，基部木质，纵棱明显，紫褐色或绿褐色，分枝多，开展，枝长 15～35cm 或更长，常呈屈曲延伸；茎、枝幼时被短柔毛，后渐稀疏或无毛。叶厚纸质或纸质，叶面微有短柔毛，背面毛密，宿存；基生叶与茎下部叶大，卵形或长圆形，羽状 5 深裂，有时裂片上还有 1～2 枚小裂片，无柄，花期叶凋谢；中部叶卵形，长 5～12cm，宽 3～7cm，羽状 5 深裂，裂片椭圆状披针形、长圆状披针形或披针形，长 3～8cm，宽 5～12mm，先端尖，边缘无裂齿，基部渐狭，楔形，成柄状，有小型、披针形或线形的假托叶；上部叶与苞片叶指状 3 深裂或不分裂，裂片或不分裂的苞片叶椭圆状披针形或披针形。头状花序多数，宽卵球形或球形，直径 1.5～2mm，有短梗或近无梗，基部有小苞叶，在分枝的小枝上排成穗状花序或穗状花序状的总状花序，而在分枝上排成复总状花序，在茎上组成开展、具多级分枝大型的圆锥花序；总苞片 3～4 层，外层总苞片略短小，外、中层总苞片卵形、长卵形，背面无毛，有绿色中肋，边膜质，内层总苞片半膜质；雌花 6～8 朵，花冠狭小，略呈圆锥形，檐部具 2 裂齿，花柱伸出花冠外甚长，光端 2 叉，叉端尖；两性花 2～10 朵，不孕育，花冠管状，花药线形，先端附属物尖，长三角形，基部圆钝，花柱短，先端稍膨大，2 裂，不叉开。瘦果小，长圆形或倒卵形。花果期 8—10 月。

分布：青海省互助县，海东市乐都区，循化县，大通县，同德县，共和县，兴海县，河南县，泽库县，同仁市，班玛县，玛多县。

生态环境：生于海拔 2 200～4 300m 的河滩湿沙地、河谷阶地、高寒草原裸地、村舍宅旁、田边荒地。

➤ 冷蒿 *Artemisia frigida* Willd.

特征：多年生草本植物，有时略成半灌木状。主根细长或粗，木质化，侧根多；根状茎粗短或略细，有多条营养枝，并密生营养叶。茎直立，数枚或多数常与营养枝共组成疏松或稍密集的小丛，稀单生，高30～60（70）cm，稀10～20cm，基部多少木质化，上部分枝，枝短，稀略长，斜向上，或不分枝；茎、枝、叶及总苞片背面密被淡灰黄色或灰白色、稍带绢质的短茸毛，后茎上毛稍脱落。茎下部叶与营养枝叶长圆形或倒卵状长圆形，长、宽0.8～1.5cm，2～3回羽状全裂，每侧有裂片（2）3～4枚，小裂片线状披针形或披针形，叶柄长0.5～2cm；中部叶长圆形或倒卵状长圆形，长、宽0.5～0.7cm，1～2回羽状全裂，每侧裂片3～4枚，中部与上半部侧裂片常再3～5全裂，下半部侧裂片不再分裂或有1～2枚小裂片，小裂片长椭圆状披针形、披针形或线状披针形，长2～3mm，宽0.5～1.5mm，先端锐尖，基部裂片半抱茎，并成假托叶状，无柄；上部叶与苞片叶羽状全裂或3～5全裂，裂片长椭圆状披针形或线状披针形。头状花序半球形、球形或卵球形，直径（2）2.5～3（4）mm，在茎上排成总状花序或为狭窄的总状花序式的圆锥花序；总苞片3～4层，外层、中层总苞片卵形或长卵形，背面密被短茸毛，有绿色中肋，边缘膜质，内层总苞片长卵形或椭圆形，背面近无毛，半膜质或膜质；花序托有白色托毛；雌花8～13朵，花冠狭管状，檐部具2～3裂齿，花柱伸出花冠外，上部2叉，叉枝长，叉端尖；两性花20～30朵，花冠管状，花药线形，先端附属物尖，长三角形，基部圆钝，花柱与花冠近等长，先端2叉，叉端截形。瘦果长圆形或椭圆状倒卵形，上端圆，有时有不对称的膜质冠状边缘。花果期7—10月。

分布：青海省民和县，互助县，海东市乐都区，循化县，化隆县，海东市平安区，湟中县，湟源县，大通县，门源县，海晏县，贵德县，同德县，共和县，兴海县，乌兰县，都兰县，泽库县，河南县，玛沁县，甘德县，达日县，玛多县，称多县，玉树市，曲麻莱县，治多县。

生态环境：生于海拔2 230～4 300m的高寒草原、高山草甸下部裸地、干旱山坡、湖滨沙滩、河岸阶地、沟谷石隙。

➤ 蒙古蒿 *Artemisia mongolica* （Fisch. ex Bess.）Nakai

特征：菊科蒿属多年生草本植物。根细，侧根多；根状茎短，半木质化，直径4～7mm，有少数营养枝。茎少数或单生，高40～120cm，具明显纵棱；分枝多，长（6）10～20cm，斜向上或略开展；茎、枝初时密被灰白色蛛丝状柔毛，后稍稀疏。叶纸质或薄纸质，上面绿色，初时被蛛丝状柔毛，后渐稀疏或近无毛，背面密被灰白色蛛丝状茸毛；下部叶卵形或宽卵形，二回羽状全裂或深裂，第一回全裂，每侧有裂片2～3枚，裂片椭圆形或长圆形，再次羽状深裂或为浅裂齿，叶柄长，两侧常有小裂齿，花期叶萎谢；中部叶卵形、近圆形或椭圆状卵形，长（3）5～9cm，宽4～6cm，一至二回羽状分裂，第一回全裂，每侧有裂片2～3枚，裂片椭圆形、椭圆状披针形或披针形，再次羽状全裂，稀深裂或3裂，小裂片披针形、线形或线状披针形，先端锐尖，边缘不反卷，基部渐狭成短柄，叶柄长0.5～2cm，两侧偶有1～2枚小裂齿，基部常有小型的假托叶；上部叶与苞片叶卵形或长卵形，羽状全裂或5或3全裂，裂片披针形或线形，无裂齿或偶有1～30浅裂齿，无柄。头状花序多数，椭圆形，直径1.5～2mm，无梗，直立或倾斜，有线形小苞叶，在分枝上排成密集的穗状花序，稀少为略疏松的穗状花序，并在茎上组成狭窄或中等开展的圆锥花序；总苞片3～4层，覆瓦状排列，外层总苞片较小，卵形或狭卵形，背面密被灰白色蛛丝状毛，边缘狭膜质，中层总苞片长卵形或椭圆形，背面密被灰白色蛛丝状柔毛，边宽膜质，内层总苞片椭圆形，半膜质，背面近无毛；雌花5～10朵，花冠狭管状，檐部具2裂齿，紫色，花柱伸出花冠外，先端2叉，反卷，叉端尖；两性花8～15朵，花冠管状，背面具黄色小腺点，檐部紫红色，花药线形，先端附属物尖，长三角形，基部圆钝，花柱与花冠近等长，先端2叉，叉端截形并有睫毛。瘦果长圆状倒卵圆形。

分布： 青海省民和县，互助县，海东市乐都区，循化县，化隆县，海东市平安区，湟中县，湟源县，大通县，门源县，贵德县，都兰县，乌兰县，同仁市，泽库县，河南县，玛沁县。

生态环境： 生于海拔2 000～3 200m的砾石河滩、河边疏林下、山地灌丛中、田边荒地、山坡草地、村舍周围、渠岸沟沿。

➤ 昆仑蒿 *Artemisia nanschanica* Krasch.

特征： 多年生草本植物，植株有臭味。主、侧根细，多数；根状茎细长或稍粗，匍匐，斜向上，有营养枝并密生营养叶。茎：茎多数，成丛，直立或斜向上，高10～20cm，有细纵棱，紫红色，通常不分枝，仅上部具着生头状花序的短分枝；茎、枝初时微有灰白色或灰黄色平贴柔毛，后稀疏或无毛。叶纸质，初时两面被灰白色或灰黄色略带绢质的平贴短柔毛，后毛渐稀疏或无毛；茎下部叶与营养枝叶匙形、倒卵形或宽卵形，长1～2cm，宽0.5～1cm，羽状或近于掌状深裂或浅裂，稀少近全裂，裂片小，斜向叶先端，椭圆形、长圆形或椭圆状披针形，长0.5～1cm，宽1～2mm，先端钝尖，叶基部渐狭成短柄，柄长0.3～0.6cm；中部叶匙形或倒卵状楔形，自叶上端斜向基部的（2）3（4）深裂，稀少近全裂，裂片椭圆形或线形，长0.5～0.8cm，宽1（2）mm，叶基部渐狭成柄，上部叶匙形，自叶上端斜向基部的2～3深裂或浅裂或不分裂。头状花序半球形或近球形，直径3～

3.5（4）mm，无梗或有短梗，初时在茎端与短的分枝上排成密集的短穗状花序或穗状花序式的总状花序，而在茎上组成狭窄总状花序式的圆锥花序，或茎无分枝，而头状花序在茎上组成穗状花序式的总状花序；总苞片3～4层，外层总苞片略短小，外、中层总苞片卵形或长卵形，背面初时被灰黄色短柔毛，后稀疏或近无毛，边缘褐色，宽膜质，内层总苞片半膜质；雌花10～15朵，花冠狭管状，檐部具2裂齿，花柱略伸出花冠外，先端2叉，叉端钝尖；两性花12～20朵，不孕育，檐部背面疏被短柔毛，花药线形，先端附属物尖，长三角形，基部钝，花柱短，先端略膨大，2裂，不叉开。瘦果长圆形、长圆状倒卵形，果期7—10月。

分布： 青海省祁连县，刚察县，共和县，兴海县，德令哈市，久治县，达日县，玛沁县，玛多县，称多县，曲麻莱县，治多县，杂多县。

生态环境： 生于海拔3 200～4 600m的山坡石隙、沙砾滩地、湖滨沙滩、河谷阶地、固定沙丘、河湖岸边、高山草地。

➤ 猪毛蒿 *Artemisia scoparia* **Waldst. et Kir.**

特征： 多年生草本植物或近一、二年生草本植物；植株有浓烈的香气。主根单一，狭纺锤形、垂直，半木质或木质化；根状茎粗短，直立，半木质或木质，常有细的营养枝，枝上密生叶。茎通常单生，稀2～3枚，高40～90（130）cm，红褐色或褐色，有纵纹；常自下部开始分枝，枝长10～20cm或更长，下部分枝开展，上部枝多斜上展；茎、枝幼时被灰白色或灰黄色绢质柔毛，以后脱落。基生叶与营养枝叶两面被灰白色绢质柔毛。叶近圆形、长卵形，2～3回羽状全裂，具长柄，花期叶凋谢；茎下部叶初时两面密被灰白色或灰黄色略带绢质的短柔毛，后毛脱落，叶长卵形或椭圆形，长1.5～3.5cm，宽1～3cm，2～3回羽状全裂，每侧有裂片3～4枚，再次羽状全裂，每侧具小裂片1～2枚，小裂片狭线形，长3～5mm，宽0.2～1mm，不再分裂或具1～2枚小裂齿，叶柄长2～4cm；中部叶初时两面被短柔毛，后脱落，叶长圆形或长卵形，长1～2cm，宽0.5～1.5cm，1～2回羽状全裂，每侧具裂片2～3枚，不分裂或再3全裂，小裂片丝线形或为毛发状，长4～8mm，宽0.2～0.3（0.5）mm，多少弯曲；茎上部叶与分枝上叶及苞片叶3～5全裂或不分裂。头状花序近球形，稀近卵球形，极多数，直径1～1.5（2）mm，具极短梗或无梗，基部有线形的小苞叶，在分枝上偏向外侧生长，并排成复总状或复穗状花序，而在茎上再组成大型、开展的圆锥花序；总苞片 3～4 层，外层总苞片草质、卵形，背面绿色、无毛，边缘膜质，中、内层总苞片长卵形或椭圆形，半膜质；花序托小，突起；雌花 5～7 朵，花冠狭圆锥状或狭管状，冠檐具 2 裂齿，花柱线形，伸出花冠外，先端 2 叉，叉端尖；两性花 4～10 朵，不孕育，花冠管状，花药线形，先端附属物尖，长三角形，花柱短，先端膨大，2 裂，不叉开，退化子房不明显。瘦果倒卵形或长圆形，褐色。该种在北温带与高寒地区为一、二年生草本，根垂直，茎单生；而在稍温暖地区则为多年生草本，其主根虽然亦单一，垂直，狭纺锤状，但地下部分经冬不死，当年生茎冬季枯死后，翌年春天又从根部萌发出新的地上茎，因此地上茎多 2～3 枚或数枚。花果期 7—10 月。

分布：青海省互助县，海东市乐都区，西宁市，门源县，同德县，贵南县，共和县，泽库县，天峻县，都兰县，玛沁县。

生态环境：生于海拔 2 230～3 600m 的山坡草地、河谷湿沙地、宅旁荒地、田边沟沿、渠岸墙根。

➤ 大籽蒿 *Artemisia sieversiana* Ehrhart ex Willd.

特征：一、二年生草本植物。主根单一，垂直，狭纺锤形。茎单生，直立，高 50～150cm，细，有时略粗，稀下部稍木质化，基部直径可达 2cm，纵棱明显，分枝多；茎、枝被灰白色微柔毛。下部与中部叶宽卵形或宽卵圆形，两面被微柔毛，长 4～8（13）cm，宽 3～6（15）cm，2～3 回羽状全裂，稀为深裂，每侧有裂片 2～3 枚，裂片常再成不规则的羽状全裂或深裂，基部侧裂片常有第三次分裂，小裂片线形或线状披针形，长 2～10mm，宽 1～1.5（2）mm，有时小裂片边缘有缺齿，先端钝或渐尖，叶柄长（1）2～4cm，基部有小型羽状分裂的假托叶；上部叶及苞片叶羽状全裂或不分裂，而为椭圆状披针形或披针形，无柄。头状花序大，多数，半球形或近球形，直径（3）4～6mm，具短梗，稀近无梗，基部常有线形的小苞叶，在分枝上排成总状花序或复总状花序，而在茎上组成开展或略狭窄的圆锥花序；总苞片 3～4 层，近等长，外、中层总苞片长卵形或椭圆形，背面被灰白色微柔毛或近无毛，中肋绿色，边缘狭膜质，内层长椭圆形，膜质；花序托凸起，半球形，有白色托毛；雌花 2（3）层，20～30 朵，花冠狭圆锥状，檐部具（2）3～4 裂齿，花柱线形，略伸出花冠外，先端 2 叉，叉端钝尖；两性花多层，80～120 朵，花冠管状，花药披针形或线状披针形，上端附属物尖，长三角形，基部有短尖头，花柱与花冠等长，先端叉开，叉端截形，有睫毛。瘦果长圆形。花果期 6—10 月。大籽蒿植株大小，叶形状，头状花序大小，排列方式等变异大。有的学者曾分为若干变种或变型。据作者在西北、华北、东北及西南考察并结合标本研究，发现这些变异乃是生长在不同生态环境中所产生的体态变异，甚至在同一小区域里也常出现其变异，如在水湿条件好的环境里，其植株高可达 1.5m，植株各部分近无毛，叶长可达 6～13cm，宽 4～15cm，其小裂片宽可达 3～4mm，头状花序在茎上排成开展的圆锥花序；而在干燥的环境里生长的植株通常矮小，高 20～30cm，植株各部分被毛多，叶小，长 4～5cm，宽 3～4cm，其小裂片亦狭窄，宽仅 1～2mm，头状花序小，在茎上排成狭窄的圆锥花序。这些特征在小区域内随水湿条件呈过度性变化，同样能观察到其特征也有过度性的变化。所以前人建立的变种与变型均应予以归并。

分布：青海省民和县，互助县，海东市乐都区，循化县，化隆县，海东市平安区，湟中县，湟源县，大通县，门源县，祁连县，海晏县，刚察县，贵德县，贵南县，同德县，共和县，兴海县，天峻县，乌兰县，都兰县，格尔木市，德令哈市，尖扎县，同仁市，泽库县，河南县，玛沁县，甘德县，久治县，班玛县，达日县，玛多县，称多县，玉树市，囊谦县，曲麻莱县，杂多县，治多县。

生态环境： 生于海拔 2 000～4 300m 的田边渠岸、宅旁荒地、河谷阶地、沙砾河滩、半阴坡草地、河谷林缘、灌丛边、林中空地、畜棚周围。

➤ 毛莲蒿 *Artemisia vestita* Wall. ex Bess.

特征： 半灌木状草本植物或为小灌木状草木植物。植株有浓烈的香气，根木质，稍粗，侧根多；根状茎粗短，木质，直径 0.5～2cm，常有营养枝。茎直立，多数，丛生，稀单一，高 50～120cm，下部木质，分枝多而长；茎、枝紫红色或红褐色，被蛛丝状微柔毛。叶面绿色或灰绿色，有小凹穴，两面被灰白色密茸毛或上面毛略少，背面毛密；茎下部与中部叶卵形、椭圆状卵形或近圆形，长（2）3.5～7.5cm，宽（1.5）2～4cm，2～3 回栉齿状的羽状分裂，第一回全裂或深裂，每侧有裂片 4～6 枚，裂片长椭圆形、披针形或楔形，第二回为深裂，小裂片小，边缘常具数枚栉齿状的深裂齿，裂齿细小，近椭圆形，长 1～2mm，宽 0.2～0.5mm，有时裂齿上有 1～2 枚小锯齿，先端有小尖头，中轴两侧有栉齿状小裂片，叶柄长 0.8～2cm，基部常有小型、栉齿状的假托叶；上部叶小，栉齿状羽状深裂或浅裂；苞片叶分裂或不分裂，而为披针形，边缘有少量栉齿。头状花序多数，球形或半球形，直径 2.5～3.5（4）mm，有短梗或近无梗，下垂，基部有线形小苞叶，在茎的分枝上排成总状花序、复总状花序或近似于穗状花序，上述花序常在茎上组成开展或略为开展的圆锥花序；总苞片 3～4 层，内、外层近等长，外层总苞片卵状披针形或长卵形，背面被灰白色短柔毛，中肋明显，绿色，边缘狭膜质，中、内层总苞片卵形或宽卵形，中层总苞片背面微有短柔毛，边缘宽膜质，内层总苞片背面无毛，膜质；花序托小，凸起；雌花 6～10 朵，花冠狭管状，檐部具 2 裂齿，花柱伸出花冠外，先端 2 叉，外弯；两性花 13～20 朵，花冠管状，花药线形，上端附属物尖，长三角形，基部钝，花柱与花冠管近等长，先端 2 叉，叉端截形。瘦果长圆形或倒卵状椭圆形。花果期 8—11 月。

分布： 青海省互助县，海东市乐都区，循化县，化隆县，海东市平安区，湟中县，湟源县，大通县，海晏县，刚察县，同德县，乌兰县，都兰县，格尔木市，尖扎县，同仁市，泽库县，河南县，玛沁县，称多县，玉树市。

生态环境： 生于海拔 2 400～3 000m 的干旱阳坡草地、河沟石隙、山麓沙砾地、河边渠岸草丛、田边路边、林缘灌丛、河滩砾地、沟谷疏林下。

紫菀属 *Aster* Linn.

➤ 重冠紫菀 *Aster diplostephioides*（DC.）C. B. Clarke

特征： 多年生草本植物；根状茎粗壮，有顶生的茎或莲座状叶丛。茎直立，高 16～45cm，粗壮，下部为枯叶残存的纤维状鞘所围裹，被卷曲或开展的柔毛，上部被具柄腺毛，不分枝，上部有较疏的叶或几无叶。下部叶与莲座状叶长圆状匙形或倒披针形，渐狭成细长或具狭翅而基部宽鞘状的柄，连同柄长 6～16cm 稀达 22cm；叶片宽 1～4cm，顶端尖或近圆形，有小尖头，全缘或有小尖头状齿；中部叶长圆状或线状披针形，基部稍狭或近圆形；上部叶渐小，长至 3.5mm，宽 0.4mm；全部叶质薄，上面被微腺毛或近无毛，下面沿脉和边缘有开展的长疏毛，离基三出脉和侧脉在下面稍高起，网脉显明。头状花序单生，径 6～9cm。总苞半球形，径 2～2.5cm；总苞片约 2 层，线状披针形，顶端细尖，较花盘为长，长 15mm，宽 1～3mm，外层深绿色，草质，背面被较密的黑色腺毛，又特别在基部被长毛，内层边缘有时狭膜质。舌状花常 2 层，有 80～100 个；管部长 1.5mm；舌片蓝色或蓝紫色，线形，长 20～30mm，宽 1～2.5mm。管状花长 5～6mm，上部紫褐色或紫色，后黄色，近无毛，管部长 1.5～2mm，裂片长 1mm；花柱附片长 1.25mm。冠毛 2 层，外层极短，膜片状，白色，内层污白色，有长 4.5～5mm 的微糙毛。瘦果倒卵圆形，长 3～3.5mm，宽 1～1.5mm，除边肋外，两面各 1 肋，被黄色密腺点及疏贴毛。花期 7—9 月；果期 9—12 月。

分布：青海省互助县，海东市乐都区，循化县，化隆县，海东市平安区，湟中县，湟源县，大通县，海晏县，刚察县，同德县，乌兰县，都兰县，格尔木市，尖扎县，同仁市，泽库县，河南县，玛沁县，称多县，玉树市。

生态环境：生于海拔 2 400～3 000m 的干旱阳坡草地、河沟石隙、山麓沙砾地、河边渠岸草丛、田边路边、林缘灌丛、河滩砾地、沟谷疏林下。

➤ 中亚紫菀木 *Asterothamnus centrali-asiaticus* Novopokr.

特征：多分枝半灌木，高 20～40cm。根状茎粗壮，径超过 1cm，茎多数，簇生，下部多分枝，上部有花序枝，直立或斜升，基部木质，坚硬，具细条纹，有被茸毛的腋芽，外皮淡红褐色，被灰白色短茸毛，或后多少脱毛，当年生枝被灰白色蜷曲的短茸毛，后多少脱毛，变绿色。叶较密集，斜上或直立，长圆状线形或近线形，长（8）12～15mm，宽 1.5～2mm，先端尖，基部渐狭，边缘反卷，具 1 明显的中脉，上面被灰绿色，下面被灰白色蜷曲密茸毛。头状花序较大，长 8～10mm，宽约 10mm，在茎枝顶端排成疏散的伞房花序，花序梗较粗壮，长或较短，少有具短花序梗而排成密集的伞房花序；总苞宽倒卵形，长 6～7mm，宽 9mm，

总苞片 3～4 层，覆瓦状，外层较短，卵圆形或披针形，内层长圆形，顶端全部渐尖或稍钝，通常紫红色，背面被灰白色蛛丝状短毛，具 1 条紫红色或褐色的中脉，具白色宽膜质边缘。外围有 7～10 个舌状花，舌片开展，淡紫色，长约 10mm；中央的两性花 11～12 个，花冠管状，黄色，长约 5mm，檐部钟状，有 5 个披针形的裂片；花药基部钝，顶端具披针形的附片；花柱分枝顶端有短三角状卵形的附器。瘦果长圆形，长 3.5mm，稍扁，基部缩小，具小环，被白色长伏毛；冠毛白色，糙毛状，与花冠等长。

分布： 青海省民和县，海东市乐都区，海东市平安区，循化县，化隆县，贵德县，共和县，都兰县，大柴旦行政区，德令哈市，格尔木市，同仁市，尖扎县。

生态环境： 生于海拔 1 880～3 600m 的干旱阳坡草地、河谷阶地、沙砾河滩草地、山前洪积扇、河岸石隙、荒漠水边草地、滩地草原。

蟹甲草属 *Cacalia* Linn.

➤ 蛛毛蟹甲草 *Cacalia roborowskii*（Maxim.）Ling

特征： 多年生草本植物，根状茎粗壮，横走，有多数纤维状须根。茎单生，高 60～100cm，直立，不分枝，具纵条纹，通常被白色蛛丝状毛或后脱毛。叶具长柄，下部叶在花期枯萎，仅有残存的膜质鳞片状叶基；叶片薄膜纸质，卵状三角形，长三角形，长 8～3cm，宽 8～10cm，顶端急尖或渐尖，基部截形或微心形，边缘有不规则的锯齿，齿端具小尖，上面绿色，被疏贴生短毛或近无毛，下面被白色或灰白色蛛丝状毛，基出 5 脉，侧脉向上叉状分枝，两面明显突起；叶柄无翅，长 6～10cm，被疏蛛丝状毛，上部叶渐小，与中部叶同形，或长卵形或长三角形，但叶柄短。头状花序多数，通常在茎端或上部叶腋排列成塔状疏圆锥状花序偏向一侧着生，开展或下垂；花序梗长约 3mm，与花序轴一样均被蛛状毛和短柔毛，具 2～3 个小苞片；小苞片线形或线状披针形，长 2mm。总苞圆柱形，长 8～13mm，宽 1～1.5mm；总苞片 3（4），稀 2，黄绿色，线状长圆形，顶端钝，有微毛，边缘窄膜质，外面无毛，具数条细脉。小花通常 3～4，稀 1～2，花冠白色，长 8～10mm，管部细，长约 3mm，檐部宽管状，裂片披针形；花药伸出花冠，基部具长尾；花柱分枝，细，外弯，顶端截形，被较长的乳头状微毛。瘦果圆柱形，长 3～4mm，无毛，具肋；冠毛白色，长 7～8mm。花期 7—8 月，果期 9—10 月。

分布： 青海省互助县，民和县，海东市乐都区，循化县，湟中县，湟源县，大通县，门源县。

生态环境：生于海拔2 230～2 800m的林区沟谷田边、河溪渠岸水边、山坡草地、河谷山坡灌丛、山沟林下草甸。

飞廉属 *Carduus* Linn.

➤ 飞廉 *Carduus crispus* Linn.

特征：二年生或多年生草本植物，高30～100cm。茎单生或少数茎成簇生，通常多分枝，分枝细长，极少不分枝，全部茎枝有条棱，被稀疏的蛛丝毛和多细胞长节毛，上部或接头状花序下部常呈灰白色，被密厚的蛛丝状绵毛。中下部茎叶长卵圆形或披针形，长（5）10～40cm，宽（1.5）3～10cm，羽状半裂或深裂，侧裂片5～7对，斜三角形或三角状卵形，顶端有淡黄白或褐色的针刺，针刺长达4～6mm，边缘针刺较短；向上茎叶渐小，羽状浅裂或不裂，顶端及边缘具等样针刺，但通常比中下部茎叶裂片边缘及顶端的针刺为短。全部茎叶两面同色，两面沿脉被多细胞长节毛，但上面的毛稀疏，或两面兼被稀疏蛛丝毛，基部无柄，两侧沿茎下延成茎翼，但基部茎叶基部渐狭成短柄。茎翼连续，边缘有大小不等的三角形刺齿裂，齿顶和齿缘有黄白色或褐色的针刺，接头状花序下部的茎翼常呈针刺状。头状花序通常下垂或下倾，单生茎顶或长分枝的顶端，但不形成明显的伞房花序排列，植株通常生4～6个头状花序，极少多于4～6个头状花序，更少植株含1个头状花序的。总苞钟状或宽钟状；总苞直径4～7cm。总苞片多层，不等长，覆瓦状排列，向内层渐长；最外层长三角形，长1.4～1.5cm，宽4～4.5mm；中层及内层三角状披针形，长椭圆形或椭圆状披针形，长1.5～2cm，宽约5mm；最内层苞片宽线形或线状披针形，长2～2.2cm，宽2～3mm。全部苞片无毛或被稀疏蛛丝状毛，除最内层苞片以外，其余各层苞片中部或上部曲膝状弯曲，中脉高起，在顶端成长或短针刺状伸出。小花紫色，长2.5cm，檐部长1.2cm，5深裂，裂片狭线形，长达6.5mm，细管部长1.3cm。瘦果灰黄色，楔形，稍压扁，长3.5mm，有多数浅褐色的细纵线纹及细横皱纹，下部收窄，基底着生面稍偏斜，顶端斜截形，有果缘，果缘全缘，无锯齿。冠毛白色，多层，不等长，向内层渐长，长达2cm；冠毛刚毛锯齿状，向顶端渐细，基部连合成环，整体脱落。花果期6—10月。

分布：青海省民和县，互助县，海东市乐都区，循化县，化隆县，海东市平安区，湟中县，贵德县，共和县，河南县，泽库县，同仁市，治多县，杂多县，囊谦县。

生态环境：生于海拔2 230～4 000m的宅旁荒地、河滩疏林边、村舍路边、山坡草甸、田边渠岸。

金挖耳属 *Carpesium* Linn.

➤ 高原天名精 *Carpesium lipskyi* C. Winkl.

特征： 多年生草本植物。茎直立，高 35～70cm，与叶柄及叶片中肋均常带紫色，具纵条纹，初被较密的长柔毛，后渐稀疏，基部直径 2.5～4mm，上部分枝。基叶于开花前凋萎或有时宿存，茎下部叶较大，具长 1.5～6cm 的柄。叶片椭圆形或匙状椭圆形，长 7～15cm，宽 3～7cm，先端钝或锐尖，基部长渐狭，下延至叶柄，边缘近全缘仅有腺体状突出的胼胝或具小齿，上面绿色，被基部膨大的倒伏柔毛，常脱落稀疏而留下膨大的基部，下面淡绿色，被白色疏长柔毛，沿中肋及叶柄较密，略呈绒毛状，两面均有腺点，上部叶椭圆形至椭圆状披针形，先端渐尖，基部阔楔形，无柄，上部及枝上叶小，披针形。头状花序单生茎、枝端或腋生而具较长的花序梗，开花时下垂；苞叶 5～7 枚，披针形，大小近相等，长 8～16mm，宽 2～3mm，反折，被疏长柔毛，沿中脉较密，侧脉不明显。总苞盘状，直径 1～1.5cm；苞片 4 层，外层与苞叶相似，披针形，长约 7mm，上半部草质，下部干膜质，背面被柔毛，常反折，中层干膜质，披针形，先端渐尖，最内层条状披针形，顶端有不规整的小齿。两性花长 3～3.5mm，筒部细窄，被白色柔毛，冠檐扩大开张，呈漏斗状，5 齿裂，裂深约 1.5mm，雌花狭漏斗状，长约 2.5mm，冠檐 5 齿裂。瘦果长 3.5～4mm。

分布： 青海省民和县，互助县，海东市乐都区，循化县，湟中县，大通县，门源县，班玛县，玉树市。

生态环境： 生于海拔 2 500～3 700m 的沟谷林缘灌丛、山麓灌丛草甸、田边渠岸、河滩疏林下。

毛鳞菊属 *Chaetoseris* Shih

➤ 川甘毛鳞菊 *Chaetoseris roborowskii*（Maxim.）Shih

特征： 多年生草本植物，高 20～90cm。根状茎短缩，生等粗的支根。茎单生，直立，细，基部直径 3mm，上部圆锥花序状分枝，花序分枝被稀疏的白色长或短刺毛。基生叶大头羽状或羽状深裂或几全裂，全长 4.5～10cm，宽 1.5～3cm，顶裂片或宽大，或卵形、三角形或卵状箭头形，或狭窄，线形或披针形，顶端急尖，有小尖头，边缘全缘、微波状或有小尖头，侧裂片 2～7 对，长椭圆形、椭圆形、长三角形或线形，顶端急尖或钝，边缘全缘或 1 侧有 1 个锯齿，最下方的侧裂片常锯齿状，全部侧裂片基部与叶轴宽融合；中下部茎叶与基生叶同形并等样分裂，有翼柄，基部耳状扩大，顶裂片长椭圆状披针形、披针形至线状披针形，侧裂片 1～6 对，线形、宽线形或披针形，边缘全缘或几全裂；最上部茎叶小，披针形或线状披针形，不裂，无柄，基部箭头状或小耳状；全部叶两面无毛。头状花序多数，在茎枝顶端排成圆锥状花序。总苞圆柱状，长 1cm，宽 0.4mm；总苞 3（4）层，外层三角形或长卵形，长 2～3.5mm，宽 2mm，中内层长椭圆形或线状长椭圆形，长 9～10mm，宽 1～1.8mm，全部总苞片顶端急尖或钝，紫红色。舌状小花 10～12 枚，紫红色。瘦果长椭圆形，红黑色，压扁，长 3.2mm，宽 1.5mm，边缘宽厚，每面有 3～5 条高起的细肋，两面被稠密短直毛，上部及上部沿边缘的毛较长，顶端渐尖成长 1.5mm 的喙。外层冠毛极短，糙毛状，内层冠毛毛状，白色，长 6mm，稀锯齿状。花果期 7—9 月。

分布： 青海省民和县，互助县，海东市乐都区，门源县，同德县，贵德县，河南县，泽库县，同仁市，玛沁县，囊谦县，玉树市，杂多县。

生态环境： 生于海拔 2 300～3 700m 的河谷山坡林下、沟谷林缘草地、河滩草甸、山坡灌丛草地、山坡草丛、河溪渠岸田边。

蓟属 *Cirsium* Mill.

➤ 藏蓟 *Cirsium lanatum*（Roxb. ex Willd.）Spreng.

特征：茎直立，自部分枝，有时不分枝，全部茎枝灰白色，被稠密的蛛丝状绒毛或变稀毛。下部茎叶长椭圆形、倒披针形或倒披针状长椭圆形，长7～12cm，宽2.5～3cm，羽状浅裂或半裂，基部渐狭，无柄或成短柄；侧裂片3～5对，中部侧裂片稍大，向上或向下的侧裂片渐小，全部侧裂片半圆形、宽卵形或半椭圆形，边缘（2）3～5个长硬针刺或刺齿，齿顶有长硬针刺，齿缘有缘毛状针刺，长硬针刺长3.5～10mm，齿缘缘毛状针刺长不足2mm，顶裂片宽卵形、宽披针形或半圆形，顶端有长硬针刺，边缘有缘毛状针刺，长硬针刺及缘毛状针刺与侧裂片的相等长；或下部茎叶羽裂不明显，但叶缘针刺常3～5个成束或成组；向上的叶渐小，与下部茎叶同形并具等样的针刺和缘毛状针刺。全部叶质地较厚，两面异色，上面绿色，无毛，下面灰白色，被密厚的茸毛，或两面灰白色，被茸毛，但下面的更为稠密或密厚。头状花序多数在茎枝顶端排成伞房花序或少数作总状花序式排列。总苞卵形或卵状长圆形，直径1.5～2cm，无毛。总苞片约7层，覆瓦状排列，向内层渐长，外层三角形，宽达2mm，包括顶端针刺长6mm，顶端急尖成2.5mm的针刺；中层椭圆形，包括顶端针刺长7～9mm，顶端急尖成3～4mm的针刺；内层及最内层披针形至线形，长1.2～1.9cm，宽1～3mm，顶端膜质渐尖。小花紫红色，雌花花冠长1.8cm，檐部长4mm，细管部为细丝状，长1.4cm；两性小花花冠长1.5cm，细管部为细丝状，长9mm，檐部长6mm。全部小花檐部5裂几达基部。瘦果楔状，长4mm，宽1mm，顶端截形。冠毛污白色至浅褐色，多层，基部连合成环，整体脱落；冠毛刚毛长羽毛状，长2.5cm，向顶端渐细。花果期6—9月。

分布：青海省民和县，海东市乐都区，循化县，刚察县，共和县，兴海县，乌兰县，都兰县，格尔木市，德令哈市，泽库县，同仁市。

生态环境：生于海拔1 800～3 290m的村舍宅旁、田埂渠岸、水沟路边、农田荒地、河滩疏林草甸。

➤ 刺儿菜 *Cirsium setosum*（Willd.）M. B.

特征： 多年生草本植物，具匍匐根茎。茎有棱，幼茎被白色蛛丝状毛。基生叶和中部茎叶椭圆形、长椭圆形或椭圆状倒披针形，顶端钝或圆形，基部楔形，有时有极短的叶柄，通常无叶柄，长7～15cm，宽1.5～10cm，上部茎叶渐小，椭圆形或披针形或线状披针形，或全部茎叶不分裂，叶缘有细密的针刺，针刺紧贴叶缘。或叶缘有刺齿，齿顶针刺大小不等，针刺长达3.5mm，或大部茎叶羽状浅裂或半裂或边缘粗大圆锯齿，裂片或锯齿斜三角形，顶端钝，齿顶及裂片顶端有较长的针刺，齿缘及裂片边缘的针刺较短且贴伏。全部茎叶两面同色，绿色或下面色淡，两面无毛，极少两面异色，上面绿色，无毛，下面被稀疏或稠密的绒毛而呈现灰色的，亦极少两面同色，灰绿色，两面被薄绒毛。头状花序单生茎端，或植株含少数或多数头状花序在茎枝顶端排成伞房花序。总苞卵形、长卵形或卵圆形，直径1.5～2cm。总苞片约6层，覆瓦状排列，向内层渐长，外层与中层宽1.5～2mm，包括顶端针刺长5～8mm；内层及最内层长椭圆形至线形，长1.1～2cm，宽1～1.8mm；中外层苞片顶端有长不足0.5mm的短针刺，内层及最内层渐尖，膜质，短针刺。小花紫红色或白色，雌花花冠长2.4cm，檐部长6mm，细管部细丝状，长18mm，两性花花冠长1.8cm，檐部长6mm，细管部细丝状，长1.2mm。瘦果淡黄色，椭圆形或偏斜椭圆形，压扁，长3mm，宽1.5mm，顶端斜截形。冠毛污白色，多层，整体脱落；冠毛刚毛长羽毛状，长3.5cm，顶端渐细。花果期5—9月。

分布： 青海省互助县，民和县，海东市乐都区，大通县，贵德县，泽库县，同仁市，尖扎县。

生态环境： 生于海拔1 800～2 700m的宅旁荒地、田埂路边、农田中、河岸水沟边、河滩疏林下。

➤ 葵花大蓟 *Cirsium souliei*（Franch.）Mattf

特征： 多年生铺散草本植物。主根粗壮，直伸，生多数须根。茎基粗厚，无主茎，顶生多数或少数头状花序，外围以多数密集排列的莲座状叶丛。全部叶基生，莲座状，长椭圆形、椭圆状披针形或倒披针形，羽状浅裂、半裂、深裂至几全裂，长8～21cm，宽2～6cm，有长1.5～4cm的叶柄，两面同色，绿色，下面色淡，沿脉有多细胞长节毛；侧裂片7～11对，中部侧裂片较大，向上向下的侧裂片渐小，有时基部侧裂片为针刺状，除基部侧裂片为针刺状的以外，全部侧片卵状披针形、偏斜卵状披针形、半椭圆形或宽三角形，边缘有针刺或大小不等的三角形刺齿而齿顶有针刺，全部针刺长 2～5mm。花序梗上的叶小，苞叶状，边缘针刺或浅刺齿裂。头状花序多数或少数集生于茎基顶端的莲座状叶丛中，花序梗极短（长 5～8mm）或几无花序梗。总苞宽钟状，无毛。总苞片 3～5 层，镊合状排列，或至少不呈明显的覆瓦状排列，近等长，中外层长三角状披针形或钻状披针形，包括顶端针刺长 1.8～2.3cm，不包括边缘针刺宽 1～2mm；内层及最内层披针形，长达 2.5cm，顶端渐尖成长达 5mm 的针刺或膜质渐尖而无针刺，全部苞片边缘有针刺，针刺斜升或贴伏，长 2～3mm，或最内层边缘有刺痕而不形成明显的针刺。小花紫红色，花冠长 2.1cm，檐部长 8mm，不等 5

浅裂，细管部长 1.3cm。瘦果浅黑色，长椭圆状倒圆锥形，稍压扁，长 5mm，宽 2mm，顶端截形。冠毛白色或污白色或稍带浅褐色；冠毛刚毛多层，基部连合成环，整体脱落，向顶端渐细，长羽毛状，长达 2cm。花果期 7—9 月。

分布：在青海省互助县，海东市乐都区，大通县，门源县，兴海县，河南县，泽库县，同仁市，久治县，玛沁县，曲麻莱县，玉树市，杂多县，囊谦县，治多县。

生态环境：生于海拔 2 500～4 400m 的高寒草甸裸地、河谷阶地、高山草地、河滩荒地、山坡砾地、湖滨沙滩、干山坡岩隙、退化草滩。

垂头菊属 *Cremanthodium* Benth.

➤ 褐毛垂头菊 *Cremanthodium brunneopilosum* S. W. Liu

特征：多年生草本植物，全株灰绿色或蓝绿色。根肉质，粗壮，多数。茎单生，直立，高达 1m，最上部被白色或上半部白色，下半部褐色有节长柔毛（在果期均变成褐色），下部光滑，基部直径达 1.5cm，被厚密的枯叶柄包围。丛生叶多达 7 枚，与茎下部叶均具宽柄，柄长 6～15cm，宽 1.5～2.5cm，光滑，基部具宽鞘，叶片长椭圆形至披针形，长 6～40cm，宽 2～8cm，先端急尖，全缘或有骨质小齿，基部楔形，下延成柄，上面光滑，下面至少在脉上有点状柔毛，叶脉羽状平行或平行；茎中上部叶 4～5，向上渐小，狭椭圆形，基部具鞘；最上部茎生叶苞叶状，披针形，先端渐尖。头状花序辐射状，下垂，1～13，通常排列成总状花序，偶有单生，花序梗长 1～9cm，被褐色有节长柔毛；总苞半球形，长 1.2～1.6cm，宽 1.5～2.5cm，被密的褐色有节长柔毛，基部具披针形至线形、草质的小苞片，总苞片10～16，2层，披针形或长圆形，宽3～5mm，先端长渐尖，内层具褐色膜质边缘。舌状花黄色，舌片线状披针形，长2.5～6cm，宽2～5mm，先端长渐尖或尾状，膜质近透明，管部长5～7mm；管状花多数，褐黄色，长8～10mm，管部长约2mm，檐部狭筒形，冠毛白色，与花冠等长。瘦果圆柱形，长约6mm，光滑。花果期6—9月。

分布： 青海省同德县，兴海县，泽库县，同仁市，河南县，久治县，达日县，玛沁县，玛多县，玉树市，治多县，曲麻莱县，杂多县。

生态环境： 生于海拔3 300～6 400m的高山沼泽草甸、湖滨湿沙地、沙砾质河谷滩地、高山草甸。

➤ 盘花垂头菊 *Cremanthodium discoideum* **Maxim.**

特征： 多年生草本植物。根肉质，多数。茎单生，直立，高15～30cm，上部被白色和紫褐色有节长柔毛，下部光滑。丛生叶和茎基部叶具柄，柄长1～6cm，光滑，基部鞘状，叶片卵状长圆形或卵状披针形，长1.5～4cm，宽0.7～1.5cm，先端钝，全缘，稀有小齿，基部圆形，两面光滑，上面深绿色，下面灰绿色，叶脉羽状，在两面均不明显；茎生叶少，下部叶无柄，披针形，半抱茎，上部叶线形。头状花序单生，下垂，盘状，总苞半球形，长8～10mm，宽1.5～2.5cm，被密的黑褐色有节长柔毛，总苞片8～10，2层，线状披针形，宽1～3mm，先端渐尖或急尖。小花多数，紫黑色，全部管状，长7～8mm，管部长2～3mm，冠毛白色，与花冠等长或略长。瘦果圆柱形，光滑，长2～4mm。花果期6—8月。

分布：青海省互助县，海东市乐都区，循化县，大通县，门源县，祁连县，海晏县，贵德县，同德县，兴海县，天峻县，乌兰县，都兰县，尖扎县，同仁市，泽库县，河南县，玛沁县，甘德县，久治县，班玛县，达日县，玛多县，称多县，玉树市，囊谦县，曲麻莱县，杂多县，治多县（可可西里），唐古拉镇。

生态环境：生于海拔3 000～4 800m的高山草甸、砾石山坡草甸、河滩湿沙地、高山草地、高山流石滩、沟谷山坡灌丛中。

➤ 车前状垂头菊 *Cremanthodium ellisii*（Hook. f.）Kitam.

特征：多年生草本植物。根肉质，多数。茎直立，单生，高8～60cm，不分枝或上部花序有分枝，上部被密的铁灰色长柔毛，下部光滑，紫红色，条棱明显，基部直径达1cm，被厚密的枯叶柄纤维。丛生叶具宽柄，柄长1～13cm，宽达1.5cm，常紫红色，基部有筒状鞘，叶片卵形、宽椭圆形至长圆形，长1.5～19cm，宽1～8cm，先端急尖，全缘或边缘有小齿至缺刻状齿，或达浅裂，基部楔形或宽楔形，下延，近肉质，两面光滑或幼时被少许白色柔毛，叶脉羽状，在下面明显突起；茎生叶卵形、卵状长圆形至线形，向上渐小，全缘或边缘有小齿，具鞘或无鞘，半抱茎。头状花序.1～5，通常单生，或排列成伞房状总状花序，下垂，辐射状，花序梗长2～10cm，被铁灰色柔毛；总苞半球形，长0.8～1.7cm，宽1～2.5cm，被密的铁灰色柔毛，总苞片8～14，2层，宽2～9mm，先端急尖，被白色睫毛，外层窄，披针形，内层宽，卵状披针形。舌状花黄色，舌片长圆形，长1～1.7cm，宽2～7mm，先端钝圆或急尖，管部长3～5mm；管状花深黄色，长6～7mm，管部长2～3mm，冠毛白色，与花冠等长。瘦果长圆形，长4～5mm，光滑。花果期7—10月。

分布：青海省互助县，海东市乐都区，循化县，化隆县，湟中县，湟源县，大通县，门源县，祁连县，海晏县，刚察县，贵德县，贵南县，同德县，兴海县，都兰县，尖扎县，同仁市，泽库县，河南县，玛沁县，甘德县，久治县，班玛县，达日县，玛多县，称多县，玉树市，囊谦县，曲麻莱县，杂多县，治多县，唐古拉镇。

生态环境：生于海拔3 500～4 900m的高山沼泽草甸、河谷阶地草甸、山前冲积扇、退化的高寒草原、湖滨滩地、高山草甸、高山流石滩稀疏植被。

➤ 矮垂头菊 *Cremanthodium humile* Maxim.

特征：多年生草本植物。根肉质，生于地下茎的节上，每节2～3。地上部分的茎直立，单生，高5～20cm，上部被黑色和白色有节长柔毛，下部光滑，基部直径2～3mm，无枯叶柄；地下部分的茎横生或斜生，根茎状，有节，节上被鳞片状叶及不定根，其长度随砾石层的深浅和生长的年龄成正相关。无丛生叶丛。茎下部叶具柄，叶柄长 2～14cm，光滑，基部略呈鞘状，叶片卵形或卵状长圆形，有时近圆形，长 0.7～6cm，宽 1～4cm，先端钝或圆形，全缘或具浅齿，上面光滑，下面被密的白色柔毛，有明显的羽状叶脉；茎中上部叶无柄或有短柄，叶片卵形至线形，向上渐小，全缘或有齿，下面被密的白色柔毛。头状花序单生，下垂，辐射状，总苞半球形，长 0.7～1.3cm，宽 1～3cm，被密的黑色和白色有节柔毛，总苞片 8～12，1 层，基部合生成浅杯状，分离部分线状披针形，宽 2～3mm，先端急尖或渐尖。舌状花黄色，舌状椭圆形，伸出总苞之外，长 1～2cm，宽 3～4mm，先端急尖，管部长约 3mm；管状花黄色，多数，长 7～9mm，管部长约 3mm，檐部狭楔形，冠毛白色，与花冠等长。瘦果长圆形，长 3～4mm，光滑。花果期 7—11 月。

分布：青海省互助县，海东市乐都区，循化县，化隆县，湟中县，湟源县，大通县，门源县，祁连县，海晏县，刚察县，贵德县，贵南县，同德县，兴海县，乌兰县，都兰县，尖扎县，同仁市，泽库县，河南县，玛沁县，甘德县，久治县，班玛县，达日县，玛多县，称多县，玉树市，囊谦县，曲麻莱县，杂多县，治多县（可可西里），唐古拉镇。

生态环境：生于海拔 3 500～4 900m 的高山草甸裸地、高山沼泽草甸、河谷阶地、湖滨河滩湿沙地、山麓砾地、高山冰缘湿地、高山流石滩。

> **条叶垂头菊 *Cremanthodium lineare* Maxim.**

特征：多年生草本植物，高 15～30cm。茎基部有多数纤维状的残存叶柄，上部有短柔毛。叶片纸质，条形，长 9～15cm，宽 5～10cm，基部近膜质，鞘状，边缘全缘；茎生叶条形或条状钻形，基部稍抱茎，无毛。头状花序单生于茎的顶端，下垂；总苞半球形，直径 1.5～2cm；总苞片暗绿色，披针形，长约 10mm，无毛或被疏短柔毛；花异型，舌状花黄色，舌片条形或条状披针形，全缘或有 2 小齿；筒状花淡褐黄色，长 5～6mm。瘦果长圆形，长约 3mm；冠毛白色。

分布：青海省门源县，同德县，共和县，兴海县，河南县，泽库县，久治县，达日县，玛沁县，玛多县，称多县，曲麻莱县，治多县。

生态环境：生于海拔 3 100～4 500m 的河谷阶地草甸、河滩湿沙地、高山沼泽草甸、湖岸滩地、高山流石坡、河溪水沟边草甸。

飞蓬属 *Erigeron* Linn.

➤ 飞蓬 *Erigeron acer* Linn.

特征：二年生草本植物。茎单生，稀数个，高 5～60cm，基部径 1～4mm，直立，上部或少有下部有分枝，绿色或有时紫色，具明显的条纹，被较密而开展的硬长毛，杂有疏贴短毛，在头状花序下部常被具柄腺毛，或有时近无毛，节间长 0.5～2.5cm。基部叶较密集，在花期常留存，倒披针形，长 1.5～10cm，宽 0.3～1.2cm，顶端钝或尖，基部渐狭成长柄，全缘或极少具 1 至数个小尖齿，具不明显的 3 脉；中部和上部叶披针形，无柄，长 0.5～8cm，宽 0.1～0.8cm，顶端急尖；最上部和枝上的叶极小，线形，具 1 脉；全部叶两面被较密或疏开展的硬长毛。头状花序多数，在茎枝端排列成密而窄或少有疏而宽的圆锥花序，或有时头状花序较少数，伞房状排列，长 6～10mm，宽 11～21mm；总苞半球形，总苞片 3 层，线状披针形，绿色或稀紫色，顶端尖，背面被密或较密的开展的长硬毛，杂有具柄的腺毛，内层常短于花盘，长 5～7mm，宽 0.5～0.8mm，边缘膜质，外层几短于内层的 1/2；雌花外层的舌状，长 5～7mm，管部长 2.5～3.5mm，舌片淡红紫色，少有白色，宽约 0.25mm，较内层的细管状，无色，长 3～3.5mm，花柱与舌片同色，伸出管部 1～1.5mm；中央的两性花管状，黄色，长 4～5mm，管部长 1.5～2mm，上部被疏贴微毛，檐部圆柱形，裂片无毛。瘦果长圆披针形，长约 1.8mm，宽 0.4mm，扁压，被疏贴短毛；冠毛 2 层，白色，刚毛状，外层极短，内层长 5～6mm。

分布：青海省门源县，同德县，共和县，兴海县，河南县，泽库县，久治县，达日县，玛沁县，玛多县，称多县，曲麻莱县，治多县。

生态环境：生于海拔 3 100～4 500m 的河谷阶地草甸、河滩湿沙地、高山沼泽草甸、湖岸滩地、高山流石坡、河溪水沟边草甸。

狗娃花属 *Heteropappus* Less.

➤ 阿尔泰狗娃花 *Heteropappus altaicus*（Willd.）Novopokr.

特征：阿尔泰狗娃花属于温带中旱生多年生
草本植物。有横走或垂直的根。茎直立，高20～
60cm，稀达100cm，被上曲或有时开展的毛，上部
常有腺，上部或全部有分枝。基部叶在花期枯萎；
下部叶条形或矩圆状披针形，倒披针形，或近匙
形，长2.5～6cm，稀达10cm，宽0.7～1.5cm，全
缘或有疏浅齿；上部叶渐狭小，条形；全部叶两面
或下面被粗毛或细毛，常有腺点，中脉在下面稍凸
起。头状花序直径2～3.5cm，稀4cm，单生枝端或

排成伞房状。总苞半球形，径0.8～1.8cm；总苞片2～3层，近等长或外层稍短，矩圆状披针形或
条形，长4～8mm，宽0.6～1.8mm，顶端渐尖，背面或外层全部草质，被毛，常有腺，边缘膜质。
舌状花约20个，管部长1.5～2.8mm，有微毛；舌片浅蓝紫色，矩圆状条形，长10～15mm，宽
1.5～2.5mm。管状花长5～6mm，管部长1.5～2.2mm，裂片不等大，长0.6～1mm或1～1.4mm，
有疏毛。瘦果扁，倒卵状矩圆形，长2～2.8mm，宽0.7～1.4mm，灰绿色或浅褐色，被绢毛，上部
有腺。冠毛污白色或红褐色，长4～6mm，有不等长的微糙毛。花果期5—9月。

分布：青海省民和县，互助县，海东市乐都区，循化县，化隆县，海东市平安区，湟中县，湟
源县，大通县，门源县，祁连县，海晏县，刚察县，贵德县，贵南县，同德县，共和县，兴海县，
天峻县，都兰县，乌兰县，格尔木市，德令哈市，尖扎县，同仁市，河南县，玛沁县，甘德县，久
治县，班玛县，达日县，玛多县，称多县，玉树市，曲麻莱县，治多县。

生态环境：生于海拔1 800～4 350m的沙砾河滩、高寒草原、山坡草地、宅旁荒地、河谷阶地、
断崖石隙、河岸沟沿。

旋覆花属 *Inula* Linn.

➤ 旋覆花 *Inula japonica* Thunb.

特征： 多年生草本植物。根状茎短，横走或斜升，有多少粗壮的须根。茎单生，有时2～3个簇生，直立，高30～70cm，有时基部具不定根，基部径3～10mm，有细沟，被长伏毛，或下部有时脱毛，上部有上升或开展的分枝，全部有叶；节间长2～4cm。基部叶常较小，在花期枯萎；中部叶长圆形，长圆状披针形或披针形，长4～13cm，宽1.5～3.5cm，稀4cm，基部多少狭窄，常有圆形半抱茎的小耳，无柄，顶端稍尖或渐尖，边缘有小尖头状疏齿或全缘，上面有疏毛或近无毛，下面有疏伏毛和腺点；中脉和侧脉有较密的长毛；上部叶渐狭小，线状披针形。头状花序径3～4cm，多数或少数排列成疏散的伞房花序；花序梗细长。总苞半球形，径13～17mm，长7～8mm；总苞片约6层，线状披针形，近等长，但最外层常叶质而较长；外层基部革质，上部叶质，背面有伏毛或近无毛，有缘毛；内层除绿色中脉外干膜质，渐尖，有腺点和缘毛。舌状花黄色，较总苞长2～2.5倍；舌片线形，长10～13mm；管状花花冠长约5mm，有三角披针形裂片；冠毛1层，白色有20余个微糙毛，与管状花近等长。瘦果长1～1.2mm，圆柱形，有10条沟，顶端截形，被疏短毛。花期6—10月，果期9—11月。

分布： 青海省民和县，海东市乐都区，循化县，化隆县，西宁市，贵德县，尖扎县，同仁市。

生态环境： 生于海拔1 900～3 000m的河沟水边、渠岸林缘、农田路边。

➤ 蓼子朴 *Inula salsoloides*（Turcz.）Ostenf.

特征： 亚灌木，地下茎分枝长，横走，木质，有疏生膜质尖披针形，长达20mm，宽达4mm的鳞片状叶；节间长达4cm。茎平卧，或斜升，或直立，圆柱形，下部木质，高达45cm，基部径达5mm，基部有密集的长分枝，中部以上有较短的分枝，分枝细，常弯曲，被白色基部常疣状的长粗毛，后上部常脱毛，有时茎和叶都被毛，全部有密生的叶；节间长5～20mm，或在小枝上更短。叶披针状或长圆状线形，长5～10mm，宽1～3mm，全缘，基部常心形或有小耳，半抱茎，边缘平或稍反卷，顶端钝或稍尖，稍肉质，上面无毛，下面有腺及短毛。头状花序径1～1.5cm，单生于枝端。总苞倒卵形，长8～9mm；总苞片4～5层，线状卵圆状至长圆状披针形，渐尖，干膜质，基部常稍革质，黄绿色，背面无毛，上部或全部有缘毛，外层渐小。舌状花较总苞长半倍，舌浅黄色，椭圆状线形，长约 6mm，顶端有 3 个细齿；花柱分枝细长，顶端圆形；管状花花冠长约 6mm，上部狭漏斗状，顶端有尖裂片；花药顶端稍尖；花柱分枝顶端钝。冠毛白色，与管状花药等长，有约 70 个细毛。瘦果长 1.5mm，有多数细沟，被腺和疏粗毛，上端有较长的毛。花期 5—8 月，果期 7—9 月。

分布： 青海省民和县，海东市乐都区，循化县，化隆县，西宁市，贵德县，乌兰县，格尔木市，尖扎县。

生态环境： 生于海拔 1 880～3 000m 的山麓沙丘、沟谷河滩砾地、溪流湖边沙地、沟谷山坡疏林下、水边草地。

小苦荬属 *Ixeridium*（A. Gray）Tzvel.

➤ 窄叶小苦荬 *Ixeridium gramineum*（Fisch.）Tzvel.

特征： 多年生草本植物，高 6～30cm。根垂直或弯曲，不分枝或有分枝，生多数或少数须根。茎低矮，主茎不明显，自基部多分枝，全部茎枝无毛。基生叶匙状长椭圆形、长椭圆形、长椭圆状倒披针形、披针形、倒披针形或线形，包括叶柄长 3.5～7.5cm，宽 0.2～6cm，不分裂或至少含有不分裂的基生叶，边缘全缘或有尖齿或羽状浅裂或深裂或至少基生叶中含有羽状分裂的叶，基部渐狭成长或短柄，侧裂片 1～7 对，集中在叶的中下部，中裂片较大，长椭圆形、镰刀形或狭线形，向两侧的侧裂片渐小，最上部或最下部的侧裂片常尖齿状；茎生叶少数，1～2 枚，通常不裂，较小，与基生叶同形，基部无柄，稍见抱茎；全部叶两面无毛。头状花序多数，在茎枝顶端排成伞房花序或伞房圆锥花序，含 15～27 枚舌状小花。总苞圆柱状，长 7～8mm；总苞片 2～3 层，外层及最外层小，宽卵形，长 0.8mm，宽 0.5～0.6mm，顶端急尖，内层长，线状长椭圆形，长 7～8mm，宽 1～2mm，顶端钝。舌状小花黄色，极少白色或红色。瘦果红褐色，稍压扁，长椭圆形，长 2.5mm，宽 0.7mm，有 10 条高起的钝肋，沿肋有上指的小刺毛，向上渐狭成细喙，咏细丝状，长 2.5mm。冠毛白色，微粗糙，长近 4mm。花果期 3—9 月。

分布： 青海省民和县，互助县，海东市乐都区，循化县，化隆县，海东市平安区，湟中县，湟源县，大通县，门源县，贵德县，贵南县，同德县，共和县，兴海县，尖扎县，同仁市，泽库县，河南县，玛沁县，囊谦县，称多县，玉树市。

生态环境：生于海拔 1 850～3 900m 的河边渠岸、田边荒地、河滩草甸、疏林下、山坡草地。

火绒草属 *Leontopodium* R. Br. ex Cass.

➢ 火绒草 *Leontopodium leontopodioides*（Willd.）Beauv.

特征：多年生草本植物。地下茎粗壮，分枝短，为枯萎的短叶鞘所包裹，有多数簇生的花茎和根出条，无莲座状叶丛。花茎直立，高 5～45cm，较细，挺直或有时稍弯曲，被灰白色长柔毛或白色近绢状毛，不分枝或有时上部有伞房状或近总状花序枝，下部有较密、上部有较疏的叶，节间长 5～20mm，上部有时达 10cm。下部叶在花期枯萎宿存。叶直立，在花后有时开展，线形或线状披针形，长 2～4.5cm，宽 0.2～0.5cm，顶端尖或稍尖，有长尖头，基部稍宽，无鞘，无柄，边缘平或有时反卷或波状，上面灰绿色，被柔毛，下面被白色或灰白色密绵毛或有时被绢毛。苞叶少数，较上部叶稍短，常较宽，长圆形或线形，顶端稍尖，基部渐狭两面或下面被白色或灰白色厚茸毛，与花序等长或较长 1.5～2 倍，在雄株多少开展成苞叶群，在雌株多少直立，不排列成明显的苞叶群。头状花序大，在雌株径 7～10mm，3～7 个密集，稀 1 个或较多，在雌株常有较长的花序梗而排列成伞房状。总苞半球形，长 4～6mm，被白色棉毛；总苞片约 4 层，无色或褐色，常狭尖，稍露出毛茸之上。小花雌雄异株，稀同株；雄花花冠长 3.5mm，狭漏斗状，有小裂片；雌花花冠丝状，花后生长，长 4.5～5mm。冠毛白色；雄花冠毛不或稀稍粗厚，有锯齿或毛状齿；雌花冠毛细丝状，有微齿。不育的子房无毛或有乳头状突起；瘦果有乳头状突起或密粗毛。花期 7—10 月，果期 7—10 月。

分布：青海省民和县，互助县，海东市乐都区，海东市平安区，循化县，化隆县，大通县，门源县，祁连县，海晏县，共和县，兴海县，乌兰县，都兰县，德令哈市，泽库县，同仁市。

生态环境：生于海拔1 700～3 600m的田边荒地、干山坡草地、河渠水边、河滩疏林下、林缘草甸。

➢ 矮火绒草 Leontopodium nanum（Hook. f. et Thoms.）Hand.–Mazz.

特征：多年生草本植物，垫状丛生，或根状茎分枝细或稍粗壮木质，被密集或疏散的褐色鳞片状枯叶鞘，有顶生的莲座状叶丛，疏散丛生或散生。无花茎或花茎短至长达18cm，直立，细弱或稍粗壮，草质，不分枝，被白色棉状厚茸毛，全部有密集或疏生的叶，节间短至上部长达3cm。基部叶在花期生存并为枯叶残片和鞘所围裹；茎部叶较莲座状叶稍长大，直立或稍开展，匙形或线状匙形，长7～25mm，宽2～6mm，顶端圆形或钝，有隐没于毛茸中的短尖头，下部渐狭成短窄的鞘部，边缘平，质稍厚，两面被白色或上面被灰白色长柔毛状密茸毛。苞叶少数，与茎上部叶同形，但较短小，与花序同长，稀较短或较长1.5倍，直立，不开展成星状苞叶群。头状花序径6～13mm，单生或3个密集，稀多至7个。总苞长4～5.5mm，被灰白色棉毛；总苞片4～5层，披针形，顶端无毛，尖或渐尖，或稍钝，深褐色或褐色，超出毛茸之上。小花异形，但通常雌雄异株。花冠长4～6mm；雄花花冠狭漏斗状，有小裂片；雌花花冠细丝状，花后增长。冠毛亮白色；雄花冠毛细，有短毛或长锯齿，或上部粗厚；雌花冠毛细，或上部稍厚，光滑或有微齿，花后增长，远较花冠为长，至长达10mm。不育的子房和瘦果无毛或多少有短粗毛。

分布：青海省互助县，循化县，门源县，祁连县，刚察县，贵南县，贵德县，同德县，共和县，兴海县，天峻县，都兰县，乌兰县，尖扎县，同仁市，泽库县，河南县，久治县，玛沁县，甘德县，达日县，玛多县，曲麻莱县，治多县，杂多县，称多县，囊谦县，玉树市，唐古拉镇。

生态环境：生于海拔3 100～5 000m的河滩滨湖沙地、高寒草原裸地、河谷阶地、山前洪积扇、山坡岩缝、山谷滩地、高山草甸、山坡草地。

➢ 黄白火绒草 Leontopodium ochroleucum Beauv.

特征：多年生草本植物。根状茎细，短或长达10cm，有平卧至多少直立的分枝，被有密集的枯叶鞘，有多数莲座状叶丛和花茎密集成高达15cm的植丛，或有时花茎单生或与莲座状叶丛簇生。茎直立或斜升，极短或高5～15cm，稀达20cm或更高，有时无茎，不分枝，纤细，稀稍粗，稍屈曲、草质，被白色或上部被带黄色长柔毛或茸毛，下部常稍脱毛，常有疏生近等距的叶；节间长1～

2cm，有时上部达 3～5cm；较高的茎有时达 15 个叶，低矮的茎只有 1～2 个叶。莲座状与茎部叶同形，常较长，下部渐狭，长达 6cm，常脱毛，有宽长的鞘部；茎基部叶在花期生存；中部叶多少直立或稍开展，舌形、长圆形，或匙形，顶端钝，或线状披针形，顶端稍尖，通常长 1～5cm，宽 0.2～0.4cm，边缘平，向基部稍狭，无柄，下部叶有长鞘，草质，有时褶合，两面被密或疏生的灰白色稀稍绿色的长柔毛，有时毛呈絮状而部分脱毛，有时上部叶被较密的黄或白柔毛。苞叶较少数，较茎上部叶短，常较宽，椭圆形或长圆披针形，顶端圆形或稍尖，两面被稍黄色密柔毛或茸毛，稀被灰白色疏毛或近无毛，与花序同长或较长 2 倍，开展成径 15～25mm 的整齐密集的苞叶群。头状花序径 5～7mm，通常少数至 15 个密集，稀 1 个。总苞长 4～5mm，被疏或密的长柔毛；总苞片约 3 层，披针形，顶端尖，无毛，褐色或深褐色，露出毛茸之上。小花异型，有时在外的头状花序雌性，或雌雄异株。花冠长 3～4mm；雄花花冠管状，上部 2/3 狭漏斗状，有卵圆形尖裂片；雌花花冠细管状。冠毛白色，基部黄色或稍褐色，常较花冠稍长；雄花冠毛稍粗，有锯齿或短毛，上端多少粗厚；雌花冠毛细，有微齿。不育的子房无毛；瘦果无毛或有乳头状突起或短毛。

分布：青海省海晏县，祁连县，同德县，兴海县，都兰县，乌兰县，杂多县。

生态环境：生于海拔 3 300～4 500m 的山坡路边、湖盆宽谷、沼泽草甸、河滩砾地、山顶石缝、草甸裸地、山顶草甸化草原。

橐吾属 *Ligularia* Cass.

➤ 缘毛橐吾 *Ligularia liatroides*（C. Winkl.）Hand.–Mazz.

特征：多年生草本植物。根肉质，多数。茎直立，高达 100cm，上部及花序被白色蛛丝状柔毛，下部光滑，基部直径 5～8mm，被枯叶柄纤维包围。丛生叶与茎下部叶具柄，柄长达 5cm，具全缘的翅，基部鞘状，光滑，叶片姝圆形或卵状披针形，有时为椭圆形，长 8～22cm，宽 4.5～8cm，先端急尖或钝圆，全缘，稀有小齿，基部楔形，下延成翅状柄，两面光滑，灰绿色，或幼时脉上有白色短毛，叶脉羽状，网脉在下面明显；茎中上部叶无柄，卵状披针形至线形，向上渐小，先端渐尖，全缘或有小齿，半抱茎。总状花序密集，长达 40cm；苞片线状披针形至线形，下部者长达 4.5cm，向上渐短；花序梗长 3～7mm；头状花序多数，辐射状；小苞片钻形；总苞陀螺形，长 7～10mm，宽约 5mm，总苞片 7～8，长圆形或披针形，宽约 3mm，先端渐尖，边缘膜质，被密的白色睫毛，背部被白色柔毛或近光滑。舌状花 5～6，黄色，舌片线形，长 6～8mm，宽 1～1.5mm，先端钝，管部长约 4mm；管状花长约 7mm，管部长约 3mm，冠毛白色与花冠等长。瘦果圆柱形，光滑，长 4～5mm，具突起的肋。花果期 7—8 月。

分布：青海省久治县，称多县，杂多县，囊谦县，玉树市。

生态环境：生于海拔 3 700～4 450m 的高原河谷阴坡潮湿处、河谷阶地、山麓湿沙地、高山草甸、高山沼泽草甸、河谷灌丛草甸、河岸水边草地、山坡砾石地。

➤ 掌叶橐吾 *Ligularia przewalskii*（Maxim.）Diels

特征： 多年生草本植物。根肉质，细而多。茎直立，高30～130cm，细瘦，光滑，基部直径3～4mm，被长的枯叶柄纤维包围。丛生叶与茎下部叶具柄，柄细瘦，长达50cm，光滑，基部具鞘，叶片轮廓卵形，掌状4～7裂，长4.5～10cm，宽8～18cm，裂片3～7深裂，中裂片二回3裂，小裂片边缘具条裂齿，两面光滑，稀被短毛，叶脉掌状；茎中上部叶少而小，掌状分裂，常有膨大的鞘。总状花序长达48cm；苞片线状钻形；花序梗纤细，长3～4mm，光滑；头状花序多数，辐射状；小苞片常缺；总苞狭筒形，长7～11mm，宽2～3mm，总苞片（3）4～6（7），2层，线状长圆形，宽约2mm，先端钝圆，具褐色睫毛，背部光滑，边膜狭膜质。舌状花2～3，黄色，舌片线状长圆形，长达17mm，宽2～3mm，先端钝，透明，管部长6～7mm；管状花常3个，远出于总苞之上，长10～12mm，管部与檐部等长，花柱细长，冠毛紫褐色，长约4mm，短于管部。瘦果长圆形，长约5mm，先端狭缩，具短喙。多年生草本。根肉质，细而多。茎直立，高30～130cm，细瘦，光滑，基部直径3～4mm，被长的枯叶柄纤维包围。丛生叶与茎下部叶具柄，柄细瘦，长达50cm，光滑，基部具鞘，叶片轮廓卵形，掌状4～7裂，长4.5～10cm，宽8～18cm，裂片3～7深裂，中裂片二回3裂，小裂片边缘具条裂齿，两面光滑，稀被短毛，叶脉掌状；茎中上部叶少而小，掌状分裂，常有膨大的鞘。总状花序长达48cm；苞片线状钻形；花序梗纤细，长3～4mm，光滑；头状花序多数，辐射状；小苞片常缺；总苞狭筒形，长7～11mm，宽2～3mm，总苞片（3）4～6（7），2层，线状长圆形，宽约2mm，先端钝圆，具褐色睫毛，背部光滑，边膜狭膜质。舌状花2～3，黄色，舌片线状长圆形，长达17mm，宽2～3mm，先端钝，透明，管部长6～7mm；管状花常3个，远出于总苞之上，长10～12mm，管部与檐部等长，花柱细长，冠毛紫褐色，长约4mm，短于管部。瘦果长圆形，长约5mm，先端狭缩，具短喙。花果期6—10月。

分布： 青海省民和县，互助县，海东市乐都区，循化县，化隆县，海东市平安区，湟中县，湟源县，大通县，门源县，祁连县，海晏县，贵德县，贵南县，同德县，共和县，兴海县，尖扎县，同仁市，泽库县，河南县，玛沁县，称多县，玉树市，囊谦县，曲麻莱县，杂多县，治多县。

生态环境： 生于海拔2 000～4 200m的沟谷河滩沼泽草甸、河谷草地、山坡灌丛草地、沟谷林下、山地林缘草甸、高山草甸。

➤ 褐毛橐吾 *Ligularia purdomii*（Turrill）Chittenden Royal

特征：多年生高大草本植物。根肉质，条形，多数，簇生。茎直立，高达150cm，被褐色有节短柔毛，具多数细条棱，基部直径1～2cm，被密的枯叶柄包围，其直径可达5cm。丛生叶及茎基部叶具柄，柄长达50cm，紫红色，粗壮，直径达1cm，被褐色有节短毛，基部具长而窄的鞘，叶片肾形或圆肾形，直径14～50cm，或宽大于长，盾状着生，先端圆形或凹缺，边缘具整齐的浅齿，齿小，先端具软骨质小尖头，基部弯缺窄，长为叶片的1/3，两侧裂片圆形，近于覆盖，叶质厚，上面绿色，光滑，下面被密的褐色短柔毛，叶脉掌状，主脉5～9，网脉细而明显；茎中部叶与下部者同形，较小，宽达18cm，先端深凹，叶柄短，具极度膨大的叶鞘，鞘长7～10cm，直径达10cm，被密的褐色有节短柔毛；最上部叶仅有膨大的鞘。大型复伞房状聚伞花序长达50cm，具多数分枝，分枝密被褐色有节短柔毛，具3～7个头状花序；苞片及小苞片线形，被密的褐色有节短毛；花序梗长达3cm，被与分枝上一样的毛；头状花序多数，盘状，下垂，总苞钟状陀螺形，长8～13mm，宽6～16mm，总苞片6～12，排列紧密，长圆形或披针形，先端急尖，黑褐色，背部被密的黄褐色有节短柔毛，稀近光滑，内层具褐色膜质边缘。小花多数，黄色，全部管状，长7～9mm，管部长约3mm，檐部宽约2mm，冠毛长3～4mm，幼时黄白色，老时褐色。瘦果圆柱形，长达7mm，有细肋，光滑。花果期7—9月。

分布：青海省班玛县，久治县。

生态环境：生于海拔3 600～3 900m的高山沼泽草甸、溪流河边草甸、河谷沼泽浅水处。

➤ 箭叶橐吾 Liulario sagitta (Maxim.) Mattf.

特征： 多年生草本植物。根肉质，细而多。茎直立，高 25～70cm，光滑或上部及花序被白色蛛丝状毛，后脱毛，基部直径达 1cm，被枯叶柄纤维包围。丛生叶与茎下部叶具柄，柄长 4～18cm，具狭翅，翅全缘或有齿，被白色蛛丝状毛，基部鞘状，叶片箭形、戟形或长圆状箭形，长 2～20cm，基部宽 1.5～20cm，先端钝或急尖，边缘具小齿，基部弯缺宽，长为叶片的 1/4～1/3，两侧裂片开展或否，外缘常有大齿，上面光滑，下面有白色蛛丝状毛或脱毛，叶脉羽状；茎中部叶具短柄，鞘状抱茎，叶片箭形或卵形，较小；最上部叶披针形至狭披针形，苞叶状。总状花序长 6.5～40cm；苞片狭披针形或卵状披针形，长 6～15mm，宽至 7mm，稀较长而宽，长达 6.5cm，先端尾状渐尖；花序梗长 5～70mm；头状花序多数，辐射状；小苞片线形；总苞钟形或狭钟形，长 7～10mm，宽 4～8mm，总苞片 7～10，2 层，长圆形或披针形，先端急尖或渐尖，背部光滑，内层边缘膜质。舌状花 5～9，黄色，舌片长圆形，长 7～12mm，宽约 3mm，先端钝，管部长约 5mm；管状花多数，长 7～8mm，檐部伸出总苞之外，管部长 3～4mm，冠毛白色与花冠等长。瘦果长圆形，长 2.5～5mm，光滑。花果期 7—9 月。

分布： 青海省互助县，海东市乐都区，循化县，海东市平安区，湟中县，大通县，门源县，祁连县，海晏县，贵德县，同德县，共和县，兴海县，乌兰县，德令哈市，玛沁县，囊谦县。

生态环境： 生于海拔 1 950～3 800m 的高山草甸、沙砾山坡、沟谷林缘、河岸灌丛草甸、河滩疏林下、渠岸溪边、田边荒地。

➤ 黄帚橐吾 Ligularia virgaurea (Maxim.) Mattf.

特征： 多年生灰绿色草本植物。根肉质，多数，簇生。茎直立，高 15～80cm，光滑，基部直径 2～9mm，被厚密的褐色枯叶柄纤维包围。丛生叶和茎基部叶具柄，柄长达 21.5cm，全部或上半部具翅，翅全缘或有齿，宽窄不等，光滑，基部具鞘，紫红色，叶片卵形、椭圆形或长圆状披针形，长 3～15cm，宽 1.3～11cm，先端钝或急尖，全缘至有齿，边缘有时略反卷，基部楔形，有时近平截，突然狭缩，下延成翅柄，两面光滑，叶脉羽状或有时近平行；茎生叶小，无柄，卵形、卵状披针形至线形，长于节间，稀上部者较短，先端急尖至渐尖，常筒状抱茎。总状花序长 4.5～22cm，密集或上部密集，下部疏离；苞片线状披针形至线形，长达 6cm，向上渐短；花序梗长 3～10（20）mm，被白色蛛丝状柔毛。头状花序辐射状，常多数，稀单生；小苞片丝状；总苞陀螺形或杯状，长 7～

10mm，一般宽6～9mm，稀在单生头状花序较宽，总苞片10～14，2层，长圆形或狭披针形，宽1.5～5mm，先端钝至渐尖而呈尾状，背部光滑或幼时有毛，具宽或窄的膜质边缘。舌状花5～14，黄色，舌片线形，长8～22mm，宽1.5～2.5mm，先端急尖，管部长约4mm；管状花多数，长7～8mm，管部长约3mm，檐部楔形，窄狭，冠毛白色与花冠等长。瘦果长圆形，长约5mm，光滑。花果期7—9月。

分布： 青海省门源县，祁连县，海晏县，刚察县，贵德县，贵南县，同德县，兴海县，同仁市，泽库县，尖扎县，河南县，玛沁县，甘德县，久治县，班玛县，达日县，玛多县，称多县，玉树市，囊谦县，曲麻莱县，杂多县，治多县（可可西里）。

生态环境： 生于海拔2 700～4 600m的高寒草甸裸地、沼泽边缘、山麓沙砾草地、退化的高寒草原、湖滨沙砾滩、沟谷溪边、河谷阶地、山坡泉水边。

风毛菊属 *Saussurea* DC.

草地风毛菊 *Saussurea amara*（Linn.）DC.

特征： 菊科风毛菊属的多年生草本植物。茎直立，高15～60cm，基部直径7mm，无翼，被白色稀疏的短柔毛或通常无毛，上部或仅在顶端有短伞房花序状分枝或自中下部有长伞房花序状分枝。基生叶与下部茎叶有长或短柄，柄长2～4cm，叶片披针状长椭圆形、椭圆形、长圆状椭圆形或长披针形，长4～18cm，宽0.7～6cm，顶端钝或急尖，基部楔形渐狭，边缘通常全缘或有极少的钝而大的锯齿或波状浅齿而锯齿不等大；中上部茎叶渐小，有短柄或无柄，椭圆形或披针形，基部有时有小耳；全部叶两面绿色，下面色淡，两面被稀疏的短柔毛及稠密的金黄色小腺点。头状花序在茎枝顶端排成伞房状或伞房圆锥花序。总苞钟状或圆柱形，直径8～12mm；总苞片4层，外层披针形或卵状披针形，长3～5mm，宽1mm，顶端急尖，有时黑绿色，有细齿或3裂，外层被稀疏的短柔毛，中层与内层线状长椭圆形或线形，长9mm，宽1.5mm，外面有白色稀疏短柔毛，顶端有淡紫红色而边缘有小锯齿的扩大的圆形附片，全部苞片外面绿色或淡绿色，有少数金黄色小腺点或无腺点。小花淡紫色，长1.5cm，细管部长9mm，檐部长6mm。瘦果长圆形，长3mm，有4肋。冠毛白色，2层，外层短，糙毛状，长1mm，内层长，羽毛状，长1.7cm。花果期7—10月。

分布： 青海省共和县，湟中县。

生态环境： 生于海拔2 230～2 500m的河溪水边草地、田边荒地、山谷疏林下。

➤ 抱茎风毛菊 Saussurea chingiana Hand.–Mazz.

特征： 多年生草本植物，高 15～60cm。主根圆柱形，部被褐色枯叶柄，有分枝。茎直立，有茎翅，被白色绒毛，上部有分枝。基生叶和茎下部叶披针形，长达 20cm，宽至 4m，倒向羽状分裂，先端渐尖，基部渐狭成柄，羽裂片下弯，两面有状短毛；叶柄紫红色，被绒毛，长达 10cm，基部膨大，鞘状；茎上部叶羽状分裂至全缘，披针形至线形，较小，无柄，基部沿茎下延成基翅。头状花序多数，在茎枝顶端排列成伞房状；花序梗短，被绒毛；总苞钟形或狭钟形，长约 10mm，宽 5～7mm；总苞片 5～6 层，不等长，无毛，先端钝，具紫红色、膜质、半圆形附片，外层卵形，长约 3mm，内层披针形；小花紫红色，管状，长约 10mm。瘦果无毛；冠毛 2 层，淡黄色，内层羽毛状，比花冠短。花果期 8 月。

分布： 青海省同仁市，泽库县，贵南县，大通县，湟中县，海东市乐都区，互助县，祁连县，门源县。

生态环境： 生于海拔 2 600～3 450m 的沟谷林下、山坡林间草地、河滩草甸、山坡草地、山地宅旁路边、田边荒地、河边沟沿草甸。

➤ 红柄雪莲 Saussurea erubescens Lipsch.

特征： 红柄雪莲是一种多年生草本植物，高 15～30cm。根粗大，圆柱状。茎直立，单生，基部被褐色纤维状撕裂的叶柄残迹，密被黄白色长柔毛。基生叶及下部茎叶有叶柄，叶柄长达 6cm；叶片宽披针形或长椭圆形，长 1.5～5.5cm，宽 1～3.5cm，顶端急尖或渐尖，基部渐狭成叶柄，边缘有小锯齿，极少无锯齿，两面密被短腺毛；最上部茎叶膜质，舟状，紫红色，半包围头状花序，密被白色长绒毛。头状花序1～12个，在茎顶排成直径3～5cm的伞房花序，极少单生茎顶，有小花梗，花梗密被白色长柔毛。总苞倒圆锥状，直径1.5cm；总苞片5～6层，全部或边缘黑褐色，外面被白色长柔毛，外层卵状披针形，长6mm，宽2.5mm，顶端渐尖，中层线形，长1.4cm，宽1.1mm，顶端渐尖，内层线形，长1.6cm，宽1mm，顶端渐尖。小花黑紫色，长1.5cm，管部与檐部等长。瘦果长圆形，长3mm。冠毛2层，淡褐色，外层短，糙毛状，长6mm，内层长，羽毛状，长1cm。花果期7—9月。

分布：青海省共和县（模式标本产地），兴海县，泽库县，玛沁县，甘德县，达日县，玛多县，治多县，曲麻莱县，杂多县，称多县，玉树市。

生态环境：生于海拔3 150～4 800m的高寒草甸、高山沼泽草甸、沟谷河滩草甸、山谷湿沙地。

➤ 鼠麴雪兔子 *Saussurea gnaphalodes*（Royle）Sch.–Bip.

特征：多年生多次结实丛生草本植物，高1～6cm。根状茎细长，通常有数个莲座状叶丛。茎直立，基部有褐色叶柄残迹。叶密集，长圆形或匙形，长0.6～3cm，宽3～8mm，基部楔形渐狭成柄，顶端钝或圆形，边缘全缘或上部边缘有稀疏的浅钝齿；最上部叶苞叶状，宽卵形；全部叶质地稍厚，两面同色，灰白色，被稠密的灰白色或黄褐色茸毛。头状花序无小花梗，多数在茎端密集成直径为2～3cm的半球形的总花序。总苞长圆状，直径8mm；总苞片3～4层，外层长圆状卵形，长7mm，宽3.5mm，顶端渐尖，外面被白色或褐色长绵毛，中内层椭圆形或披针形，长9mm，宽3mm，上部或上部边缘紫红色，上部在外面被白色长柔毛，顶端渐尖或急尖。小花紫红色，长9mm，细管部长5mm，檐部长4mm。

分布：青海省祁连县，兴海县，天峻县，乌兰县，德令哈市，玛沁县，达日县，玛多县，玉树市，曲麻莱县，治多县，称多县。

生态环境：生于海拔 4 000～5 300m 的高山流石滩、河谷阶地、河沟沙砾地、泉边砾地、冰缘湿地。

➤ 黑毛雪兔子 *Saussurea hypsipeta* Diels.

特征：多年生多次结实草本植物，高 5～13cm。根状茎细长，被稠密的黑色的叶柄残迹，有数个莲座状叶丛。茎直立，被淡褐色的茸毛。莲座状叶丛的叶及下部茎叶狭倒披针形或狭匙形，长 3～6cm，宽达 1cm，顶端急尖，羽状浅裂，基部渐狭成柄，叶柄与叶片近等长，最上部茎叶线状披针形，先端渐尖，边缘全缘或有齿，全部叶两面被稠密或稀疏白色或淡黄褐色的茸毛或最上部茎叶两面被黑色茸毛。头状花序无小花序梗，多数，密集于稍膨大的茎端成半球形的总花序，总花序直径 4cm。总苞圆柱状，直径 6mm；总苞片 3 层，外层线形，长 7mm，宽 1mm，顶端急尖，外面近顶端被白色长绵毛，中层长披针形，长 8mm，宽 1.5mm，顶端急尖，外面被长绵毛，内层椭圆形或长椭圆形，长 7～8mm，宽 1～2mm，顶端急尖，外面近顶端被白色长绵毛，边缘白色膜质；全部总苞片外面紫色。小花紫红色，长 9mm，细管部长 4mm，檐部长 5mm。瘦果褐色，长 3mm。冠毛黑色，2 层，外层糙毛状，长 1.5mm，向下反折并覆盖于瘦果上，内层长，羽毛状，长 8mm。

分布：青海省门源县，祁连县，共和县，乌兰县，泽库县，同仁市，久治县，玛沁县，达日县，玛多县，曲麻莱县，杂多县，称多县，玉树市。

生态环境：生于海拔 3 700～5 000m 的高山流石滩、泉水出露处沙砾地、冰缘草甸砾地。

➤ 重齿风毛菊 *Saussurea katochaete* Maxim.

特征：多年生无茎莲座状草本植物。根垂直直伸。根状茎短，被稠密的纤维状撕裂的叶柄残迹。叶莲座状，有宽叶柄，柄长 1.5～6cm，被稀疏的蛛丝毛或无毛，叶片椭圆形、椭圆状长圆形、匙形、卵状三角形或卵圆形，长 3～9cm，宽 2～4cm，基部楔形、圆形或截形，顶端渐尖、急尖、钝或圆形，边缘有细密的尖锯齿或重锯齿，两面异色，上面绿色，无毛，下面白色，被稠密的白色茸毛，侧脉多对，在下面高起，明显。头状花序 1 个，无花序梗或有短花序梗，单生于莲座状叶丛中，极少植株有 2～3 个头状花序。总苞宽钟状，直径达 4cm；总苞片 4 层，外层三角形或卵状披针形，长 9mm，宽 6mm，顶端渐尖，边缘紫黑色狭膜质，中层卵形或卵状披针形，长 1.2～1.4cm，宽 5.5～6mm，顶端渐尖或急尖，上半部边缘黑色狭膜质，内层长椭圆形或宽线形，长 1.7cm，宽 3.5mm，近顶端边缘紫色狭膜质，顶端急尖，全部总苞片外面无毛。小花紫色，长 1.9cm，细管部长 1.2cm，檐部长 7mm。瘦果褐色，长 4mm，3 棱状。冠毛 2 层，浅褐色，外层短，糙毛状，反折并包围瘦果，内层长，羽毛状，长 1.5cm。花果期 7—10 月。

分布： 青海省互助县，海东市乐都区，循化县，海东市平安区，湟中县，大通县，门源县，祁连县，贵德县，同德县，兴海县，泽库县，河南县，玛沁县，久治县，达日县，玛多县，曲麻莱县，治多县，杂多县，称多县，囊谦县，玉树市。

生态环境： 生于海拔 2 800～4 650m 的河滩草甸、山地阴坡灌丛、高山草甸、河谷溪水边、高山流石滩。

➤ 水母雪兔子 *Saussurea medusa* Maxim.

特征： 多年生多次结实草本植物。根状茎细长，有黑褐色残存的叶柄，有分枝，上部发出数个莲座状叶丛。茎直立，密被白色绵毛。叶密集，下部叶倒卵形、扇形、圆形或长圆形至菱形，连叶柄长达 10cm，宽 0.5～3cm，顶端钝或圆形，基部楔形渐狭成长达 2.5cm 而基部为紫色的叶柄，上半部边缘有 8～12 个粗齿；上部叶渐小，向下反折，卵形或卵状披针形，顶端急尖或渐尖；最上部叶线形或线状披针形，向下反折，边缘有细齿；全部

叶两面同色或几同色，灰绿色，被稠密或稀疏的白色长绵毛。头状花序多数，在茎端密集成半球形的总花序，无小花梗，苞叶线状披针形，两面被白色长绵毛。总苞狭圆柱状，直径 5～7mm；总苞片 3 层，外层长椭圆形，紫色，长 11mm，宽 2mm，顶端长渐尖，外面被白色或褐色绵毛，中层倒披针形，长 10mm，宽 4mm，顶端钝，内层披针形，长 11mm，宽 2mm，顶端钝。小花蓝紫色，长 10mm，细管部与檐部等长。瘦果纺锤形，浅褐色，长 8～9mm。冠毛白色，2 层，外层短，糙毛状，长 4mm，内层长，羽毛状，长 12mm。花果期 7—9 月。

分布： 青海省互助县，湟中县，湟源县，大通县，门源县，祁连县，同德县，兴海县，天峻县，都兰县，大柴旦行政区，格尔木市，河南县，泽库县，同仁市，玛沁县，甘德县，达日县，玛多县，曲麻莱县，治多县，杂多县，称多县，囊谦县，玉树市。

生态环境： 生于海拔 3 700～5 200m 的高山流石滩、高山冰缘湿沙地。

➤ 褐花雪莲 *Saussurea phaeantha* Maxim.

特征：多年生草本植物，高 15～30（40）cm。根状茎斜升。茎直立，密被或疏被长柔毛，基部被褐色的叶柄残迹。基生叶披针形，长 5～10cm，宽 0.8～1.5cm，顶端渐尖，基部渐狭成长 1cm 的短叶柄或无叶柄，边缘有细齿，上面被白色柔毛，下面被绵毛或蛛丝毛；茎生叶渐小，披针形或线状披针形，无柄，基部半抱茎；最上部叶苞叶状，包围头状花序，椭圆形或披针形，膜质，紫色，边缘全缘。头状花序小，5～15 个在茎顶密集成伞房状总花序，无小花梗或有极短的小花梗。总苞卵状钟形，直径 1～1.5cm；总苞片 4 层，外面被白色长柔毛，顶端急尖或钝，外层卵状披针形，长 1.2cm，宽 6mm，中层披针形或椭圆状披针形，长 1.4cm，宽 3.5mm，内层长披针形或线状披针形，长 1cm，宽 1.1mm，全部苞片紫褐色。小花褐紫色，长 1.2cm，管部与檐部等长。瘦果长圆形，紫褐色，长 3～4mm。冠毛污白色，外层短，糙毛状，长 2mm，内层长，羽毛状，长 9mm。花果期 6—9 月。

分布：青海省互助县，海东市乐都区，循化县，化隆县，湟中县，门源县，祁连县，共和县，兴海县，乌兰县，德令哈市，河南县，泽库县，久治县，玛沁县，达日县，玛多县，曲麻莱县，治多县，称多县。

生态环境：生于海拔 3 300～4 900m 的高寒沼泽草地、山地阴坡高寒灌丛草甸、高山草甸、高山流石滩稀疏植被。

柳叶风毛菊 Saussurea salicifolia（Linn.）DC.

特征：多年生草本植物，高 15～40cm。根粗壮，纤维状撕裂。茎直立，有棱，被蛛丝毛或短柔毛，上部伞房花序状分枝或分枝自基部。叶线形或线状披针形，长 2～10cm，宽 3～5mm，顶端渐尖，基部楔形渐狭，有短柄或无柄，边缘全缘，稀基部边缘有锯齿，常反卷，两面异色，上面绿色无毛或有稀疏短柔毛，下面白色，被白色稠密的茸毛。头状花序多数或少数，在茎枝顶端排成狭窄的帚状伞房花序，或伞房花序，有花序梗。总苞圆柱状，直径 4～7mm；总苞片 4～5 层，紫红色，外面被稀疏蛛丝毛，外层卵形，长 1.5mm，宽 1mm，顶端钝或急尖，中层卵形，长 2mm，宽 1mm，顶端急尖，内层线状披针形或宽线形，长 6～8mm，宽 1～2mm，顶端急尖。瘦果褐色，长 3.5mm，无毛。小花粉红色，长 1.5cm，细管部长 8mm，檐部长 7mm。冠毛 2 层，白色，外层短，糙毛状，长 2mm，内层长，羽毛状，长 10mm。花果期 8—9 月。

分布：青海省同仁市，泽库县。

生态环境：生于海拔 3 400m 左右的沟谷溪边渠岸、河滩砾石中。

盐地风毛菊 Saussurea salsa（Pall.）Spreng.

特征：多年生草本植物，高 20～50cm。根粗壮，棕褐色；根颈密被残存的死叶柄及其分解的纤维。茎通常单一，直立，在上部或中部分枝，有棱槽，具长短和宽窄不一的翅，翅全缘或具齿。叶质地厚，粗糙被短硬毛或光滑无毛，下面有腺点，基生叶和茎下部叶较大，长 5～20cm，宽 2～6cm，叶片长圆形、长圆状线形、长圆状披针形，大头羽状全裂或深裂，顶裂片大，常为箭头状，沿缘具波状齿或缺刻状裂片，稀全缘；侧裂片较小，多数，三角形、卵形、菱形、披针形，通常全缘，向下俞小，叶柄短于叶片，柄基部鞘状扩大；茎生叶向上渐小，长圆形、披针形或线形，沿缘有齿或全缘，无柄，通常沿茎下延成翅。头状花序小，多数，生于茎枝顶端，排列成伞房状、复伞房状或伞房圆锥状；总苞圆柱状，总苞片 5～7 层，淡紫红色，无毛或有稀疏蛛丝状柔毛，外层总苞片卵形，顶端钝，内层总苞片长圆形。小花粉红色或玫瑰红色。瘦果圆柱形，长约 3mm，淡褐色，无毛，冠毛 2 层，白色，外层刚毛不等长，糙毛状，内层刚毛羽状。花果期 7—9 月。

分布：青海省德令哈市。

生态环境：生于海拔 2 800m 左右的高原戈壁湖边草地。

➤ 星状雪兔子 *Saussurea stella* Maxim.

特征：根倒圆锥状，深褐色。叶莲座状，星状排列，线状披针形，长3～19cm，宽3～10mm，无柄，中部以上长渐尖，向基部常卵状扩大，边缘全缘，两面同色，紫红色或近基部紫红色，或绿色，无毛。头状花序无小花梗，多数，在莲座状叶丛中密集成半球形的直径为4～6cm的总花序。总苞圆柱形，直径8～10mm；总苞片5层，覆瓦状排列，外层长圆形，长9mm，宽3mm，顶端圆形，中层狭长圆形，长10mm，宽5mm，顶端圆形，内层线形，长1.2cm，宽3mm，顶端钝；全部总苞片外面无毛，但中层与外层苞片边缘有睫毛。小花紫色，长1.7cm，细管部长1.2cm，檐部长5mm。瘦果圆柱状，长5mm，顶端具膜质的冠状边缘。冠毛白色，2层，外层短，糙毛状，长3mm，内层长，羽毛状，长1.3cm。花果期7—9月。

分布：青海省互助县（模式标本产地），海东市乐都区，门源县，祁连县，刚察县，同德县，共和县，兴海县，河南县，泽库县，玛沁县，甘德县，久治县，达日县，玛多县，曲麻莱县，治多县，杂多县，称多县，囊谦县，玉树市。

生态环境：生于海拔2 450～4 500m的河滩草甸、河沟水边草地、高山阴湿山坡、高寒沼泽草甸。

➤ 美丽风毛菊 *Saussurea superba* Anth.

特征：多年生草本植物；高达27cm；茎枝灰绿或灰白色，被薄绵毛；基生叶密，茎生叶疏，叶均无柄，线形，长1～2.5cm，全缘，反卷，上面无毛，下面灰白色，密被绵毛；头状花序有梗，单生茎端或少数在茎枝顶端成伞房状花序；总苞楔形，径1cm，总苞片5层，疏被白色绵毛，背面紫色，先端有软骨质小尖头，外层披针形，长 6mm，中层椭圆形或椭圆状披针形，长 0.6～1cm，内层线状长椭圆形或宽线形，长 1.5～1.9cm；小花紫色；瘦果青绿色，长 5.5mm，有瘤状小突起及横皱纹；冠毛 2 层，白色。

分布：青海省民和县，互助县，海东市乐都区，湟中县、湟源县、大通县，门源县，大通县，祁连县，海晏县，刚察县，同德县，共和县，兴海县，天峻县，德令哈市，河南县，泽库县，久治县，班玛县，玛沁县，甘德县，达日县，玛多县，曲麻莱县，治多县，杂多县，称多县，囊谦县，玉树市。

生态环境：生于海拔 2 850～4 600m 的高山冰缘湿地、高寒山坡草地、溪流湖滨滩地、沟谷河沿草甸、河滩草甸、高山草甸、河谷高寒灌丛。

➤ 肉叶雪兔子 *Saussurea thomsonii* C. B. Clarke

特征：肉叶雪兔子是无茎莲座状草本植物，全株无毛。根细，垂直直伸。根状茎短，有褐色的叶柄残迹。叶莲座状，椭圆形、卵形或匙形，长 1.5～2.3cm，宽 0.7～1.5cm，边缘有微锯齿或几全缘无锯齿，顶端钝或圆形，少急尖，基部楔形渐狭，两面绿色，几肉质，常紫红色，无毛，干时革质，坚硬；最上部叶苞叶状，近圆形。头状花序少数（2～6 个），在莲座状叶丛中密集排列成半球状的总花序。总苞椭圆状，直径 7mm；总苞片 3～4 层，外层椭圆形，长 8mm，宽 2mm，顶端渐尖，中层倒卵形，长 7mm，宽 3mm，顶端钝或圆形，内层长倒卵形或长椭圆形，长 7～8mm，宽 1.5～2mm，顶端圆形或钝，全部苞片常紫红色，外面无毛。小花蓝紫色，长 7mm，细管部长 3mm，檐部长 4mm。瘦果褐色，圆柱状，长 4mm，有横褶。冠毛褐色，2 层，外层短，糙毛状，长 3mm，内层长，羽毛状，长 6mm。花果期 6—8 月。

分布：青海省祁连县，格尔木市，玛沁县，达日县，玛多县，称多县，曲麻莱县，治多县。

生态环境：生于海拔 4 200～4 700m 的高山流石坡、泉水边沙地、河滩沙地、湖岸沙滩、沟谷沙砾湿地

➤ 草甸雪兔子 *Saussurea thoroldii* Hemsl.

特征：多年生草本植物，全株无毛。根倒圆锥状，深褐色；根状茎粗，密被纤维状撕裂的叶柄残迹。叶多数，莲座状，狭披针形或线形，长 2～4cm，宽 3～5mm，有短而宽的叶柄，两面绿色，无毛，羽状深裂，侧裂片 5 对，下弯或水平伸展，椭圆形或长椭圆形或宽线形，边缘全缘或少锯

齿。头状花序有小花梗，花梗长 4mm，无毛，多数，在莲座状叶丛中排成直径 3～4cm 的半球形总花序。总苞圆柱形，直径 5mm；总苞片 4 层，外层椭圆形，长 4mm，宽 1.5mm，顶端钝，中内层近等长，长圆形，长 6mm，宽 3mm；全部苞片外面无毛，但上部边缘具睫毛。小花蓝紫色，长 7mm，管部长 5mm，檐部长 2mm。瘦果圆柱状，褐色，长 2～3mm。冠毛 2 层，褐色，外层短，糙毛状，长 2mm，内层长，羽毛状，长 6mm。花果期 7—9 月。

分布：青海省刚察县，祁连县，共和县，兴海县，德令哈市，玛沁县，玛多县，达日县，治多县。

生态环境：生于海拔 3 150～4 750m 的河滩湿沙地、沟谷草甸、沙丘河谷、湖滨沼泽草甸、高山草甸。

➤ 羌塘雪兔子 *Saussurea wellbyi* Hemsl.

特征：多年生一次结实莲座状无茎草本植物。根圆锥形，褐色，肉质。根状茎被褐色残存的叶。叶莲座状，无叶柄，叶片线状披针形，长 2～5cm，宽 2～8mm，顶端长渐尖，基部扩大，卵形，宽 8mm，上面中部以上无毛，中部以下被白色绵毛，下面密被白色绵毛，边缘全缘。头状花序无小花梗或有长近 2mm 的小花梗，多数在莲座状叶丛中密集成半球形的直径为 4cm 的总花序。总苞圆柱状，直径 6mm；总苞片 5 层，外层长椭圆形或长圆形，长 7mm，宽 4mm，顶端急尖，紫红色，外面密被白色长柔毛，中层长圆形，长 1.2cm，宽 2.5mm，顶端圆形，内层长披针形，长 9mm，宽 2mm，顶端渐尖，外面无毛。小花紫红色，长 1cm，细管部与檐部各长 5mm。瘦果圆柱状，黑褐色，长 3mm。冠毛淡褐色，2 层，外层短，糙毛状，长 2mm，内层长，羽毛状，长 9mm。花果期 8—9 月。

分布： 青海省兴海县，玛沁县，达日县，玛多县，曲麻莱县，治多县，称多县，囊谦县，玉树市。

生态环境： 生于海拔4 300～5 300m的河谷湿沙地、湖滨河滩草甸、沟谷泉水出露处、高山流石滩、山顶湿草地。

千里光属 *Senecio* Linn.

➤ 额河千里光 *Senecio argunensis* Turcz.

特征： 多年生根状茎草本植物，根状茎斜升，直径7mm，具多数纤维状根。茎单生，直立，30～60（80）cm，被蛛丝状柔毛，有时多少脱毛，上部有花序枝。基生叶和下部茎叶在花期枯萎，通常凋落；中部茎叶较密集，无柄，全形卵状长圆形至长圆形，长6～10cm，宽3～6cm，羽状全裂至羽状深裂，顶生裂片小而不明显，侧裂片约6对，狭披针形或线形，长1～2.5cm，宽0.1～0.5cm，钝至尖，边缘具1～2齿或狭细裂，或全缘，稍斜升，纸质，上面无毛，下面有疏蛛丝状毛，或多少脱毛，基部具狭耳或撕裂状耳；上部叶渐小，顶端较尖，羽状分裂。头状花序有舌状花，多数，排列成顶生复伞房花序；花序梗细，长1～2.5cm，有疏至密蛛丝状毛，有苞片和数个线状钻形小苞片；总苞近钟状，长5～6mm，宽3～5mm，具外层苞片；苞片约10，线形，长3～5mm，总苞片约13，长圆状披针形，宽1～1.5mm，尖，上端具短髯毛，草质，边缘宽干膜质，绿色或有时变紫色，背面被疏蛛丝毛。舌状花10～13，管部长4mm；舌片黄色，长圆状线形，长8～9mm，宽2～3mm，顶端钝，有3细齿，具4脉；管状花多数；花冠黄色，长6mm，管部长2～2.5mm，檐部漏斗状；裂片卵状长圆形，长0.7mm，尖。花药线形，长2mm，基部有明显稍尖的耳，附片卵状披针形；花药气颈部较粗，向基部膨大。花柱分枝长0.7mm，顶端截形，有乳头状毛。瘦果圆柱形，长2.5mm，无毛；冠毛长5.5mm，淡白色。本种外形与上种极为相似，但主要以头状花序较小，总苞长5～6mm，宽3～5mm；总苞片尖且常有蛛丝状毛，无明显的脉；全部小花的瘦果无毛相区别。叶的裂也较狭。花期8—10月。

分布： 青海省互助县，海东市乐都区，循化县，湟中县、湟源县，同仁市。

生态环境： 生于海拔2 230～2 600m的河溪渠岸沟沿、河沟水边草地、沟谷山麓疏林下、路边湿草地、宅周田边、河滩草甸。

➤ 北千里光 *Senecio dubitabilis* C. Jeffr. et Y. L. Chen

特征： 一年生草本植物。茎单生，直立，高5～30cm，自基部或中部分枝；分枝直立或开展，无毛或有疏白色柔毛。叶无柄，匙形，长圆状披针形，长圆形至线形，长3～7cm，宽0.3～2cm，顶端钝至尖，羽状短细裂至具疏齿或全缘；下部叶基部狭成柄状；中部叶基通常稍扩大而成具不规则齿半抱茎的耳；上部叶较小，披针形至线形，有细齿或全缘，全部叶两面无毛。头状花序无舌状花，少数至多数，排列成顶生疏散伞房花序；花序梗细，长1.5～4cm，无毛，或有疏柔毛，有1～2线状披针形小苞片。总苞几狭钟状，长6～7mm，宽2.5～5mm，具外层苞片；苞片4～5，线状钻形，短而尖，有时具黑色短尖头；总苞片约15，线形，宽0.5～1mm，尖，上端具细髯毛，有时变黑色，草质，边缘狭膜质，背面无毛。管状花多数，花冠黄色，长6～6.5mm；管部长4～4.5mm，檐部圆筒状，短于筒部。花药线形，长1mm，基部有极短的钝耳；附片卵状披针形；花药颈部柱状，向基部膨大；花柱分枝长0.6mm，顶端截形，有乳头状毛。瘦果圆柱形，长3～3.5mm，密被柔毛。冠毛白色，长7～7.5mm。花期5—9月。

分布： 青海省互助县，大通县，祁连县，乌兰县，格尔木市，德令哈市，尖扎县，同仁市。

生态环境： 生于海拔2 450～2 900m的溪流河边草地、山地田边渠岸、沟谷山坡草地、河谷撂荒地。

➤ 天山千里光 *Senecio thianschanicus* Regel et Schmalh.

特征： 矮小根状茎草本植物。茎单生或数个簇生，上升或直立，高5～20cm，不分枝或有时自基部分枝，幼时被疏蛛丝状毛，后或多或少脱毛。基生叶和下部茎叶在花期生存，具梗；叶片倒卵形或匙形，长4～8cm，宽0.8～1.5cm，顶端钝至稍尖，基部狭成柄，边缘近全缘，具浅齿或浅裂，上面绿色，近无毛或无毛，下面多少被蛛丝状柔毛，或多少脱毛；中部茎叶无柄，长圆形或长圆状线形，长2.5～4cm，宽0.5～1cm，顶端钝，边缘具浅齿至羽状浅裂，或稀羽状深裂，基部半抱茎，羽状脉，侧脉不明显；上部叶较小，线形或线状披针形，全缘，两面无毛。头状花序具舌状花，2～10排列成顶生疏伞房花序，稀单生；花序梗长0.5～2.5cm，被蛛丝状毛，或多少无毛。小苞片线形或线状钻形，长3～5mm，尖。总苞钟状，长6～8mm，宽3～6mm；具外层苞片；苞片4～8，线形，长3～5mm，渐尖，常紫色；总苞片约13，线状长圆形，长6～7mm，宽1～1.5mm，渐尖，上端黑色，常流苏状，具缘毛或长柔毛，草质，具干膜质边缘，外面被疏蛛丝状毛至变无毛。舌状花约10，管部长3mm；舌片黄色，长圆状线形，长5～6mm，宽1.5～2mm，顶端钝，具3细齿，具4脉；管状花26～27；花冠黄色，长6～7mm，管部长3～3.5mm，檐部漏斗状；裂片长圆状披针形，长1.2mm，尖，上端具乳头状毛；花药线形，长2mm，基部具钝耳；附片卵状披针形，花药颈部柱状，向基部膨大。花柱分枝长 1mm，顶端截形，具乳头状毛。瘦果圆柱形，长 3～3.5mm，无毛。冠毛白色或污白色，长 8mm。花期 7—9 月。

分布： 青海省民和县，互助县，海东市乐都区，循化县，化隆县，海东市平安区，湟中县，湟源县，大通县，门源县，祁连县，贵德县，同德县，兴海县，共和县，都兰县，乌兰县，格尔木市，德令哈市，同仁市，泽库县，河南县，玛沁县，甘德县，达日县，玛多县，曲麻莱县，杂多县，称多县，玉树市。

生态环境： 生于海拔 2 700～4 500m 的沙砾河滩、河谷阶地草甸、山谷湿地、沟渠水边、阴坡灌丛、公路积水处、沟谷林缘、阳坡湿崖下、山顶石隙、河谷山麓。

麻花头属 *Serratula* Linn.

➤ 缢苞麻花头 *Klasea centauroides* subsp. *strangulata* (Iljin) L. Martins.

特征： 多年生草本植物，高 40～80cm。根状茎细长。茎直立，不分枝或分枝，被疏的有节柔毛，基部被枯叶柄纤维。基生叶与茎下部叶椭圆形或倒披针形，长 6.5～20cm，宽 1.2～6cm，羽状浅裂至深裂，或具羽状大齿，裂片长圆形。披针形或三角形，长达 2.5cm，宽 0.4～1cm，全缘或边缘有齿；中部叶渐小，羽状浅裂或全缘；最上部常无叶；全部叶两面粗糙，疏被有节短柔毛。头状花序单生茎和枝端；总苞半球形，长 2～2.5cm，宽 2～3.5cm；总苞片多层，革质，紧密的瓦状排列，外层和中层形，长 5～15mm，宽至 6mm，先端急尖被绒毛，有小刺尖，内层线状披针形，长至 2.5cm，先端渐尖；小花管状，紫红色，长 2～2.5cm。瘦果扁压，有肋；冠毛褐色，多层，不等长长约 7mm。花果期 7—8 月。

分布： 青海省互助县，民和县，海东市乐都区，循化县，湟中县、大通县，贵德县，同仁市。

生态环境： 生于海拔 2 230～3 200m 的沟谷山地田林路边、宅旁荒地、河滩疏林缘、溪流水渠沟边草地。

华蟹甲草属 *Sinacalia* H. Robins. et Bretell

➤ 华蟹甲草 *Sinacalia tangutica*（Maxim.）B. Nord.

特征：根状茎块状，径1～1.5cm，具多数纤维状根。茎粗壮，中空，高50～100cm，基部径5～6mm，不分枝，幼时被疏蛛丝状毛，或基部无毛，上部被褐色腺状短柔毛。叶具柄，下部茎叶花期常脱落，中部叶片厚纸质，卵形或卵状心形长10～16cm，宽10～15cm，顶端具小尖，羽状深裂，每边各有侧裂片3～4，侧裂片近对生，狭至宽长圆形，顶端具小尖，边缘常具数个小尖齿，基部截形或浅心形，上面深绿色，被疏贴生短硬毛，下面浅绿色，至少沿脉被短柔毛及疏蛛丝状毛，具明显羽状脉；叶柄较粗壮，长3～6cm，基部扩大且半抱茎，被疏短柔毛或近无毛；上部茎叶渐小，具短柄。头状花序小，多数常排成多分枝宽塔状复圆锥状，花序轴及花序梗被黄褐色腺状短柔毛；花序梗细，长2～3mm，具2～3个线形渐尖的小苞片。总苞圆柱状，长8～10mm，宽1～1.5mm，总苞片5，线状长圆形，长约8mm，宽1～1.5mm，顶端钝，被微毛，边缘狭干膜质。舌状花2～3个，黄色，管部长4.5mm，舌片长圆状披针形，长13～14mm，宽2mm，顶端具2小齿，具4条脉；管状花4，稀7，花冠黄色，长8～9mm，管部长2～2.5mm，檐部漏斗状，裂片长圆状卵形，长1.5mm，顶端渐尖。花药长圆形，长3.5～3.7mm，基部具短尾，附片长圆状渐尖；花柱分枝弯曲，长1.5mm，顶端钝，被乳头状微毛。瘦果圆柱形，长约3mm，无毛，具肋；冠毛糙毛状，白色，长7～8mm。花期7—9月。

分布：青海省互助县，民和县，海东市乐都区，循化县，大通县，同仁市，门源县。

生态环境：生于海拔2 300～2 800m的溪流河沟水边、河滩草甸、沟谷山地林缘边、河谷山坡林下草地、河谷山地灌丛草甸。

苦苣菜属 *Sonchus* Linn.

➤ 苣荬菜 *Sonchus arvensis* Linn.

特征：多年生草本植物。根垂直直伸，多少有根状茎。茎直立，高30～150cm，有细条纹，上部或顶部有伞房状花序分枝，花序分枝与花序梗被稠密的头状具柄的腺毛。基生叶多数，与中下部茎叶全形倒披针形或长椭圆形，羽状或倒向羽状深裂、半裂或浅裂，全长6～24cm，高1.5～

6cm，侧裂片 2～5 对，偏斜半椭圆形、椭圆形、卵形、偏斜卵形、偏斜三角形、半圆形或耳状，顶裂片稍大，长卵形、椭圆形或长卵状椭圆形；全部叶裂片边缘有小锯齿或无锯齿而有小尖头；上部茎叶及接花序分枝下部的叶披针形或线钻形，小或极小；全部叶基部渐窄成长或短翼柄，但中部以上茎叶无柄，基部圆耳状扩大半抱茎，顶端急尖、短渐尖或钝，两面光滑无毛。头状花序在茎枝顶端排成伞房状花序。总苞钟状，长 1～5cm，宽 0.8～1cm，基部有稀疏或稍稠密的长或短绒毛。总苞片 3 层，外层披针形，长 4～6mm，宽 1～1.5mm，中内层披针形，长达 1.5cm，宽 3mm；全部总苞片顶端长渐尖，外面沿中脉有 1 行头状具柄的腺毛。舌状小花多数，黄色。瘦果稍压扁，长椭圆形，长 3.7～4mm，宽 0.8～1mm，每面有 5 条细肋，肋间有横皱纹。冠毛白色，长 1.5cm，柔软，彼此纠缠，基部连合成环。花果期 1—9 月。

分布： 青海省民和县，互助县，海东市乐都区，循化县，化隆县，海东市平安区，湟中县，湟源县，大通县，门源县，祁连县，海晏县，刚察县，贵德县，贵南县，同德县，共和县，兴海县，天峻县，乌兰县，都兰县，格尔木市，德令哈市，尖扎县，同仁市，泽库县，河南县，玛沁县，甘德县，久治县，班玛县，玉树市，治多县，囊谦县，杂多县。

生态环境： 生于海拔 2 000～4 000m 的沟谷田林路边、溪流河渠水沟旁、宅旁荒地、山坡湿地、田边荒地。

➢ 苦苣菜 *Sonchus oleraceus* Linn.

特征： 一年生或二年生草本植物。根圆锥状，垂直直伸，有多数纤维状的须根。茎直立，单生，高 40～150cm，有纵条棱或条纹，不分枝或上部有短的伞房花序状或总状花序式分枝，全部茎枝光滑无毛，或上部花序分枝及花序梗被头状具柄的腺毛。基生叶羽状深裂，全形长椭圆形或倒披针形，或大头羽状深裂，全形倒披针形，或基生叶不裂，椭圆形、椭圆状戟形、三角形或三角状戟形或圆形，全部基生叶基部渐狭成长或短翼柄；中下部茎叶羽状深裂或大头状羽状深裂，全形椭圆形或倒披针形，长 3～12cm，宽 2～7cm，基部急狭成翼柄，翼狭窄或宽大，向柄基且逐渐加宽，柄基圆耳状抱茎，顶裂片与侧裂片等大或较大或大，宽三角形、戟状宽三角形、卵状心形，侧生裂片 1～5 对，椭圆形，常下弯，全部裂片顶端急尖或渐尖，下部茎叶或接花序分枝下方的叶与中下部茎叶同型并等样分裂或不分裂而披针形或线状披针形，且顶端长渐尖，下部宽大，基部半抱茎；全部叶或裂片边缘及抱茎小耳边缘有大小不等的急尖锯齿或大锯齿或上部及接花序分枝处的叶，边缘大部全缘或上半部边缘全缘，顶端急尖或渐尖，两面光滑毛，质地薄。头状花序少数在茎枝顶端排紧密的伞房花序或总状花序或单生茎枝顶端。总苞宽钟状，长 1.5cm，宽 1cm；总苞片 3～4 层，覆瓦状排列，向内层渐长；外层长披针形或长三角形，长 3～7mm，宽 1～3mm，中内层长披针形至线状披针形，长 8～11mm，宽 1～2mm；全部总苞片顶端长急尖，外面无毛或外层或中内层上部沿中脉有少数头状具柄的腺毛。舌状小花多数，黄色。瘦果褐色，长椭圆形或长椭圆状倒披针形，长 3mm，宽不足 1mm，压扁，每面各有 3 条细脉，肋间有横皱纹，顶端狭，无喙，冠毛白色，长 7mm，单毛状，彼此纠缠。花果期 5—12 月。

分布： 青海省民和县，互助县，海东市乐都区，循化县，化隆县，海东市平安区，大通县，门源县，都兰县，贵德县，贵南县，共和县，兴海县，尖扎县，同仁市，久治县，玛沁县，玉树市。

生态环境： 生于海拔2 230～3 700m的宅旁荒地、渠岸水沟边、庭院周围草丛、山地田间路边。

绢毛菊属 *Soroseris* Stebb.

➤ 绢毛苣 *Soroseris gillii*（S. Moore）Stebb

特征： 根直伸，有不分枝或不分枝地下根状茎直立，为流石覆埋，被退化的鳞片状叶，鳞片状叶稀疏或稠密，卵形、长卵形或长披针形，长 0.7～1.5cm，宽 3～5mm，顶端急尖；地上茎极短，被稠密的莲座状叶，莲座状叶匙形、宽椭圆形或倒卵形，顶端圆形，基部楔形渐狭成长或短的翼柄或柄，包括叶柄长 2～3.5（7）cm，宽 0.4～1cm，边缘全缘或有极稀疏的微尖齿或微钝齿，地下茎上常有露出流石面上的叶，这样的叶与莲座状叶丛的叶同形，但叶柄通常长 3～6cm；莲座状叶丛的叶或自地下茎发出的地上叶及其叶柄被白色长柔毛或无毛。头状花序多数，在莲座伏叶丛中集成直径为 3～5cm 的团伞花序，花序梗长 3～8mm，被稀疏或稠密的长柔毛或无毛。总苞狭圆柱状，直径 2mm；总苞片 2 层，外层 2 枚，紧贴内层总苞片，线状长披针或线形，长 0.9～1.3cm，被稀疏或稠密的长柔毛，内层 4～5 枚，长椭圆形，长 0.7～1.1cm，宽 2～3mm，顶端钝、急尖或圆形，外面被稀疏或稠密的白色长柔毛，极少无毛。舌状小花 4～6 枚，黄色，极少白色或粉红色。

分布： 青海省曲麻莱县（秋智乡）。

生态环境： 生于海拔 4 600m 左右的高寒沼泽草甸。

蒲公英属 *Taraxacum* Wigg.

➤ 蒲公英 *Taraxacum mongolicum* Hand.–Mazz.

特征：多年生草本植物。根略呈圆锥状，弯曲，长4～10cm，表面棕褐色，皱缩，根头部有棕色或黄白色的毛茸。叶成倒卵状披针形、倒披针形或长圆状披针形，长4～20cm，宽1～5cm，先端钝或急尖，边缘有时具波状齿或羽状深裂，有时倒向羽状深裂或大头羽状深裂，顶端裂片较大，三角形或三角状戟形，全缘或具齿，每侧裂片3～5片，裂片三角形或三角状披针形，通常具齿，平展或倒向，裂片间常夹生小齿，基部渐狭成叶柄，叶柄及主脉常带红紫色，疏被蛛丝状白色柔毛或几无毛。花葶1至数个，与叶等长或稍长，高10～25cm，上部紫红色，密被蛛丝状白色长柔毛；头状花序直径30～40mm；总苞钟状，长12～14mm，淡绿色；总苞片2～3层，外层总苞片卵状披针形或披针形，长8～10mm，宽1～2mm，边缘宽膜质，基部淡绿色，上部紫红色，先端增厚或具小到中等的角状突起；内层总苞片线状披针形，长10～16mm，宽2～3mm，先端紫红色，具小角状突起；舌状花黄色，舌片长约8mm，宽约1.5mm，边缘花舌片背面具紫红色条纹，花药和柱头暗绿色。瘦果倒卵状披针形，暗褐色，长4～5mm，宽1～1.5mm，上部具小刺，下部具成行排列的小瘤，顶端逐渐收缩为长约1mm的圆锥至圆柱形喙基，喙长6～10mm，纤细；冠毛白色，长约6mm。花期4—9月，果期5—10月。

分布：青海省民和县，互助县，海东市乐都区，循化县，化隆县，海东市平安区，湟中县，湟源县，大通县，门源县，祁连县，海晏县，刚察县，贵德县，贵南县，同德县，共和县，兴海县，天峻县，都兰县，乌兰县，格尔木市，德令哈市，尖扎县，同仁市，泽库县，河南县，玛沁县，甘德县，久治县，班玛县，玉树县，囊谦县，杂多县。

生态环境：生于海拔2000～4000m的宅旁荒地、村舍周围、沟渠岸边、河溪水边草甸、沟谷田林路边、山坡林缘草甸、沟谷山坡石隙、沙砾河滩。

苍耳属 *Xanthium* Linn.

➤ 苍耳 *Xanthium sibiricum* Patrin ex Widder

特征： 一年生草本植物，高 20～120cm。根纺锤状，分枝或不分枝。茎直立不枝或少有分枝，下部圆柱形，直径 4～10mm，上部有纵沟，被灰白色糙伏毛。叶三角状卵形或心形，长 4～9cm，宽 5～10cm，近全缘，或有 3～5 片不明显浅裂，顶端尖或钝，基部稍心形或截形，与叶柄连接处成相等的楔形，边缘有不规则的粗锯齿，有三基出脉，侧脉弧形，直达叶缘，脉上密被糙伏毛，上面绿色，下面苍白色，被糙伏毛；叶柄长 3～11cm。雄性的头状花序球形，直径 4～6mm，有或无花序梗，总苞片长圆状披针形，长 1～1.5mm，被短柔毛，花托柱状，托片倒披针形，长约 2mm，顶端尖，有微毛，有多数的雄花，花冠钟形，管部上端有 5 宽裂片；花药长圆状线形；雌性的头状花序椭圆形，外层总苞片小，披针形，长约 3mm，被短柔毛，内层总苞片结合成囊状，宽卵形或椭圆形，绿色，淡黄绿色或有时带红褐色。在瘦果成熟时变坚硬，连同喙部长 12～15mm，宽 4～7mm，外面有疏生的具钩状的刺，刺极细而直，基部微增粗或几不增粗，长 1～1.5mm，基部被柔毛，常有腺点，或全部无毛；喙坚硬，锥形，上端略呈镰刀状，长 2.5mm，常不等长，少有结合而成 1 个喙。瘦果 2，倒卵形。花期 7—8 月，果期 9—10 月。

分布： 青海省民和县，互助县，海东市乐都区，循化县，化隆县，海东市平安区，湟中县，湟源县，大通县，门源县，祁连县，海晏县，刚察县，贵德县，同德县，贵南县，共和县，天峻县，都兰县，乌兰县，格尔木市，德令哈市，尖扎县，同仁市。

生态环境： 生于海拔 1 800～3 700m 的河谷溪流水边、宅旁荒地、山地农田、沟渠沿岸、山地路边。

黄缨菊属 *Xanthopappus* C. Winkl.

➤ 黄缨菊 *Xanthopappus subacaulis* C. Winkl.

特征： 多年生无茎草本植物。根粗壮，直径可达 2.5cm，棕褐色。茎基极短，粗厚，被纤维状撕裂的褐色的叶柄残鞘。叶莲座状，坚硬，革质，长椭圆形或线状长椭圆形，长 20～30cm，宽 5～8cm，羽状深裂，叶柄长达 10cm，基部扩大成鞘，中脉在下面突起，粗厚；侧裂片 8～11 对或奇数，中部侧裂片半长椭圆形或卵状三角形，长 2～3cm，宽 1～1.5cm，侧脉及细脉及中脉在两面明显并在边缘及顶端伸延成长或短针刺，自中部向上或向下的侧裂片渐小，与中部侧裂片同形，边缘及顶端具等针刺。两面异色，上面绿色，无毛，下面灰白色，被密厚的蛛丝状茸毛，叶柄上的茸毛稠密或变稀疏。头状花序多数，达 20 个，密集成团球状，花序梗粗壮，长 5～6cm，有 1～2 个线形或线状披针形的苞叶。总苞宽钟状，宽达 6cm。总苞片 8～9 层，最外层披针形，长 2～2.5cm，坚硬，革质，顶端渐尖成芒刺；中内层披针形或长披针形，坚硬，革质，长 3～3.5cm；最内层线形或宽线形，硬膜质。全部苞片外面有微糙毛，最内层苞片糙毛较稠密。小花黄色，花冠长 3.5cm，檐部不明显，顶端 5 浅裂，裂片线形。瘦果偏斜倒长卵形，长约 7mm，宽约 4mm，压扁，有不明显的脉纹，基底着生面平或稍见偏斜，顶端果缘平展，边缘全缘。冠毛多层，淡黄色或棕黄色，等长，冠毛刚毛糙毛状，向顶端渐细，基部连合成环，整体脱落。花果期 7—9 月。

分布： 青海省互助县，海东市乐都区，海东市平安区，西宁市，刚察县，祁连县，兴海县，天峻县，河南县，达日县，玛多县，玉树市，治多县，曲麻莱县，杂多县，囊谦县。

生态环境： 分布于海拔 2 230～4 350m 的山地阳坡、山麓沙地、河谷阶地、溪流渠岸、山坡荒地、山坡岩缝。

黄鹌菜属 *Youngia* Cass.

➤ 无茎黄鹌菜 *Youngia simulatrix*（Babc.）Babc. et Stebb.

特征： 多年生矮小丛生草本植物。根垂直直伸，根颈被褐色残存的叶柄。茎极短缩，长约 1cm，顶端有极短的花序分枝，全部茎枝光滑无毛。叶莲座状，倒披针形，包括基部渐狭的叶柄，长 1.5～5.5cm，宽 0.5～1.5cm，顶端圆形、急尖或短渐尖，边缘全缘、波状浅钝齿或稀疏的凹尖齿，两面被不明显的多细胞节毛或脱毛。头状花序含 13～18 枚舌状小花，4～7 个密集簇生于莲座状叶丛中或莲座状叶丛的顶端；花序梗无毛。总苞圆柱  状钟形，长 12～16mm，干后黑绿色或淡黄绿色；总苞片 4 层，中外层极短，卵形，长 2～3mm，宽 1.5mm，顶端钝或短渐尖，内层及最内层长，披针形，长 12～16mm，宽 1.8～2mm，顶端急尖，基部外面沿中脉有时海绵质加厚；全部总苞片外面及内面无毛。舌状小花黄色，花冠管外面无毛。

瘦果黑褐色，纺锤状，长 4mm，向两收窄，向顶有收缢，顶端无喙，有 14 条粗细不等的纵肋，肋上有小刺毛。冠毛 2 层，白色，长 10～11mm，微糙。花果期 7—10 月。

分布： 青海省海东市乐都区，门源县，祁连县，刚察县，贵南县，兴海县，共和县，都兰县，天峻县，同仁市，河南县，泽库县，玛沁县，达日县，玛多县，称多县，曲麻莱县，杂多县，囊谦县，玉树市，治多县。

生态环境： 生于海拔 3 100～4 400m 的高山草甸裸地、河滩草甸、湖滨湿沙地、沟谷山坡草地、河滩高寒沼泽地、山坡田边荒地。

香蒲科 Typhaceae

香蒲属 *Typha* Linn.

➤ 狭叶香蒲 *Typha angustifolia* Linn.

特征： 多年生水生或沼生草本植物。根状茎乳黄色、灰黄色，先端白色。地上茎直立，粗壮，高约 1.5～2.5（3）m。叶片长 54～120cm，宽 0.4～0.9cm，上部扁平，中部以下腹面微凹，背面向下逐渐隆起呈凸形，下部横切面呈半圆形，细胞间隙大，呈海绵状；叶鞘抱茎。雌雄花序相距 2.5～6.9cm；雄花序轴具褐色扁柔毛，单出，或分叉；叶状苞片 1～3 枚，花后脱落；雌花序长 15～30cm，基部具 1 枚叶状苞片，通常比叶片宽，花后脱落；雄花由 3 枚雄蕊合生，有时 2 枚或 4 枚组成，花药长约 2mm，长距圆形，花粉粉单体，近球形、卵形或三角形，纹饰网状，花丝短，细弱，下部合生成柄，长（1.5）2～3mm，向下渐宽；雌花具小苞片；孕性雌花柱头窄条形或披针形，长 1.3～1.8mm，花柱长 1～1.5mm，子房纺锤形，长约 1mm，具褐色斑点，子房柄纤细，长约 5mm；不孕雌花子房倒圆锥形，长 1～1.2mm，具褐色斑点，先端黄褐色，不育柱头短尖；白色丝状毛着生于子房柄基部，并向上延伸，与小苞片近等长，均短于柱头。小坚果长椭圆形，长约 1.5mm，具褐色斑点，纵裂。种子深褐色，长 1～1.2mm。花果期 6—9 月。

分布： 青海省民和县，互助县，海东市乐都区，循化县，化隆县，湟中县，湟源县，乌兰县，都兰县，格尔木市，德令哈市。

生态环境： 生于海拔 2 200～2 800m 的湖泊浅水中、淡水池塘岸边、沼泽湿地、积水洼地。

眼子菜科 Potamogetonaceae

眼子菜属 *Potamogeton* Linn.

➤ 菹草 *Potamogeton crispus* Linn.

特征： 多年生沉水草本植物，具近圆柱形的根茎。茎稍扁，多分枝，近基部常匍匐地面，于节处生出疏或稍密的须根。叶条形，无柄，长 3～8cm，宽 3～10mm，先端钝圆，基部约 1mm 与托叶合生，但不形成叶鞘，叶缘多少呈浅波状，具疏或稍密的细锯齿；叶脉 3～5 条，平行，顶端连接，中脉近基部两侧伴有通气组织形成的细纹，次级叶脉疏而明显可见；托叶薄膜质，长 5～10mm，早落；休眠芽腋生，略似松果，长 1～3cm，革质叶左右二列密生，基部扩张，肥厚，坚硬，边缘具有细锯齿。穗状花序顶生，具花 2～4 轮，初时每轮 2 朵对生，穗轴伸长后常稍不对称；花序梗棒状，较茎细；花小，被片 4，淡绿色，雌蕊 4 枚，基部合生。果实卵形，长约 3.5mm，果喙长可达 2mm，向后稍弯曲，背脊约 1/2 以下具齿牙。

分布： 青海省湟中县，大通县。

生态环境： 生于海拔 2 300m 左右的淡水沼泽中。

➤ 柔花眼子菜 *Potamogeton leptanthus* Y. D. Chen

特征： 沉水草本植物，具根茎。茎长 10～15cm，分枝极多，上部节间长 0.5～1cm。叶丝状，长 5～8cm，宽约 0.5mm，先端渐尖，基部与托叶贴生成鞘，叶鞘边缘干膜质，顶端具小舌片，长约 5mm，叶脉 1 条。穗状花序短，具花 3～4 轮，间断排列；苞片膜质，长 0.5～1mm，先端细尖，花被片近肾形，长约 2.2mm，宽约 1.2mm；花药近圆形，长约 1m，花丝基部分离，长 0.5～1mm。果实稍扁，斜倒卵形，长约 2mm，宽约 1.5mm。花果期 8—9 月。

分布：青海省青海湖。

生态环境：生于海拔 3 300m 左右的咸水湖泊浅水处。

水麦冬科 Juncaginaceae

水麦冬属 *Triglochin* Linn.

➤ 海韭菜 *Triglochin maritime* Linn.

特征：多年生草本植物，植株稍粗壮。根茎短，着生多数须根，常有棕色叶鞘残留物。叶全部基生，条形，长 7～30cm，宽 1～2mm，基部具鞘，鞘缘膜质，顶端与叶舌相连。

花葶直立，较粗壮，圆柱形，光滑，中上部着生多数排列较紧密的花，呈顶生总状花序，无苞片，花梗长约 1mm，开花后长可达 2～4mm。花两性；花被片 6 枚，绿色，2 轮排列，外轮呈宽卵形，内轮较狭；雄蕊 6 枚，分离，无花丝；雌蕊淡绿色，由 6 枚合生心皮组成，柱头毛笔状。蒴果 6 棱状椭圆形或卵形，长 3～5mm，径约 2mm，成熟后呈 6 瓣开裂。

分布：青海省民和县，互助县，海东市乐都区，循化县，化隆县，海东市平安区，湟中县，湟源县，大通县，门源县，祁连县，海晏县，刚察县，贵德县，同德县，共和县，兴海县，天峻县，茫崖市，都兰县，乌兰县，格尔木市，德令哈市，尖扎县，同仁市，泽库县，河南县，玛沁县，甘德县，久治县，班玛县，达日县，玛多县，称多县，玉树市，囊谦县，曲麻莱县，杂多县，治多县。

生态环境：生于海拔 1 800～4 600m 的湖滨碱滩、高寒沼泽草甸湿地、河滩湿地、沼泽积水地、池沼浅水中、沟谷河滩高山草甸、宽谷湖边草甸。

➤ 水麦冬 *Triglochin palustre* Linn.

特征： 水麦冬科水麦冬属多年生湿生草本植物。植株弱小；叶基生，条形，长10～20cm，宽1～2mm；根茎短，常有纤维质叶鞘残迹；花葶细长，纤细，直立，高20～60cm。总状花序顶生，具多数、疏生的花，6—7月开花，花无苞片；花小，花梗长约2mm，花被片6枚，绿紫色，椭圆形或舟形，长2～2.5mm，雄蕊近无花丝，花药卵形，雌蕊由3个合生心皮组成，柱头毛笔状；蒴果棒状条形，长约6mm，直径约1.5mm。花果期6—10月。

分布： 青海省民和县，互助县，海东市乐都区，循化县，化隆县，海东市平安区，湟中县，湟源县，大通县，门源县，祁连县，海晏县，刚察县，贵德县，同德县，共和县，兴海县，天峻县，都兰县，乌兰县，格尔木市，德令哈市，大柴旦行政区，冷湖县，尖扎县，同仁市，泽库县，河南县，玛沁县，甘德县，久治县，班玛县，达日县，玛多县，称多县，玉树市，囊谦县，曲麻莱县，杂多县，治多县。

生态环境： 生于海拔1 800～4 600m的河滩草甸、盐碱性沼泽、高寒沼泽草甸、湖滨湿润草地、水边湿地、盐湖滩头、河溪沟边浅水中。

泽泻科 Alismataceae

泽泻属 *Alisma* Linn.

➤ 东方泽泻 *Alisma orientale*（Gsam.）Juz.

特征： 泽泻科泽泻属多年生水生或沼生草本植物。块茎直径1～2cm，或较大。叶多数；挺水叶宽披针形、椭圆形，长3.5～11.5cm，宽1.3～6.8cm，先端渐尖，基部近圆形或浅心形，叶脉5～7条，叶柄长3.2～34cm，较粗壮，基部渐宽，边缘窄膜质。花葶高35～90cm，或更高。花序长20～70cm，具3～9轮分枝，每轮分枝3～9枚；花两性，直径约6mm；花梗不等长，（0.5）1～2.5cm；外轮花被片卵形，长2～2.5mm，宽约1.5mm，边缘窄膜质，具5～7脉，内轮花被片近圆形，比外轮大，白色、淡红色，稀黄绿色，边缘波状；心皮排列不整齐，花柱长约 0.5mm，直立，柱头长约为花柱 1/5；花丝长 1～1.2mm，基部宽约 0.3mm，向上渐窄，花药黄绿色或黄色，长 0.5～0.6mm，宽 0.3～0.4mm；花托在果期呈凹凸，高约 0.4mm。瘦果椭圆形，长 1.5～2mm，宽 1～1.2mm，背部具 1～2 条浅沟，腹部自果喙处凸起，呈膜质翅，两侧果皮纸质，半透明，或否，果喙长约 0.5mm，自腹侧中上部伸出。种子紫红色，长约 1.1mm，宽约 0.8mm。花果期 5—9 月。

分布： 青海省民和县，互助县，海东市乐都区，循化县，化隆县，尖扎县，玛沁县。

生态环境： 生于海拔 2 000～4 000m 的静水池塘、河沟浅水中、沼泽积水处。

禾本科 Gramineae

看麦娘属 *Alopecurus* Linn.

➤ 苇状看麦娘 *Alopecurus arundinaceus* Poir.

特征： 多年生。具根茎。秆直立，单生或少数丛生，高 20～80cm，具 3～5 节。叶鞘松弛大都短于节间；叶舌膜质，长约 5mm；叶片斜向上升，长 5～20cm，宽 3～7mm，上面粗糙，下面平滑。圆锥花序长圆状圆柱形，长 2.5～7cm，宽 6～10mm，灰绿色或成熟后黑色；小穗长 4～5mm，卵形；颖基部约 1/4 互相连合，顶端尖，稍向外张开，脊上具纤毛，两侧无毛或疏生短毛；外稃较颖短，先端钝，具微毛，芒近于光滑，约自稃体中部

伸出，长 1～5mm，隐藏或稍露出颖外；雄蕊 3，花药黄色，长 2.5～3mm。花果期 7—9 月。

分布： 青海省西宁市，门源县。

生态环境： 生于海拔 2 250～2 800m 的山坡草地、沟谷溪水边。

雀麦属 *Bromus* Linn.

➤ 多节雀麦 *Bromus plurinodis* Keng ex Keng f.

特征：多年生。秆直立，高达 1m 余，直径约 5mm，具 7～9 节，平滑无毛。叶鞘长于其节间，微粗糙，枯萎后残留；叶舌长 2～4mm，褐色膜质；叶片长 20～30cm，宽 6～8mm，上面生柔毛，边缘粗糙。圆锥花序长 20～30cm，每节具 2～4 枚分枝；分枝斜向上升，长达 15cm，粗糙；小穗含 5～7 花，长 15～20mm，宽约 2mm；小穗轴节间长 2～2.5mm，被短毛，侧面可见；颖边缘膜质，先端渐尖，第一颖长约 5mm，具 1 脉，第二颖长 6～9mm，具 3 脉，长渐尖；外稃狭窄，长约 10mm，每侧宽 1mm，具 3 脉，脊微粗糙，下部边缘与脉生微毛，遍体被柔毛；顶端伸出长 10～14mm 细直的芒；内稃长 6～7mm，脊生细纤毛；花药长 2mm。花果期 6—8 月。

分布：青海省互助县，海东市乐都区，大通县，泽库县，班玛县，玉树市，囊谦县，杂多县。

生态环境：生于海拔 2 000～3 600m 的中山带林缘灌丛、杂类草草甸和石质山坡沟边草地。

拂子茅属 *Calamagrostis* Adans.

➤ 假苇拂子茅 *Calamagrostis pseudophragmites*（Hall. f.）Koel.

特征：多年生粗壮草本植物。秆直立，高 40～100cm，径 1.5～4mm。叶鞘平滑无毛，或稍粗糙，短于节间，有时在下部者长于节间；叶舌膜质，长 4～9mm，长圆形，顶端钝而易破碎；叶片长 10～30cm，宽 1.5～5（7）mm，扁平或内卷，上面及边缘粗糙，下面平滑。圆锥花序长圆状披针形，疏松开展，长 10～20（35）cm，宽（2）3～5cm，分枝簇生，直立，细弱，稍糙涩；小穗长 5～7mm，草黄色或紫色；颖线状披针形，成熟后张开，顶端长渐尖，不等长，第二颖较第一颖短 1/4～1/3，具 1 脉或第二颖具 3 脉，主脉粗糙；外稃透明膜质，长 3～4mm，具 3 脉，顶端全缘，稀微齿裂，芒自顶端或稍下伸出，细直，细弱，长 1～3mm，基盘的柔毛等长或稍短于小穗；内稃长为外稃的 1/3～2/3；雄蕊 3，花药长 1～2mm。花果期 7—9 月。

分布：青海省民和县，互助县，海东市乐都区，湟源县，大通县，门源县，祁连县，贵德县，同德县，兴海县，乌兰县，都兰县，格尔木市，德令哈市，尖扎县，泽库县，河南县，玉树市，囊谦县。

生态环境：生于海拔1 650～3 900m的沟谷山坡草地、河岸阶地潮湿处、盐碱化河滩沙地。

沿沟草属 *Catabrosa* Beauv.

➤ 沿沟草 *Catabrosa aquatica*（Linn.）Beauv.

特征：多年生，须根细弱。秆直立，质地柔软，高20～70cm，基部有横卧或斜升的长匍匐茎，于节处生根。叶鞘闭合达中部，松弛，光滑，上部者短于节间；叶舌透明膜质，顶端钝圆，长2～5mm；叶片柔软，扁平，长5～20cm，宽4～8mm，两面光滑无毛，顶端呈舟形。圆锥花序开展，长10～30cm，宽4～12cm；分枝细长，斜升或稀与主轴垂直，在基部各节多成半轮生，主枝长2～6cm，基部裸露，或具排列稀疏的小穗；小穗柄长于0.5mm；小穗绿色、褐绿色或褐紫色，含（1）2（3）小花，长2～4（5.8）mm；颖半透明膜质，近圆形至卵形，顶端钝圆或近截平，有时锐尖，第一颖长0.5～1.2mm，第二颖长1～2mm，脉不清晰；外稃边缘及脉间质薄，长2～3mm，顶端截平，具隆起3脉，光滑无毛；内稃与外稃近等长，具2脊，无毛；花药黄色，长约1mm。颖果纺锤形，长约1.5mm。花果期4—8月。

分布：青海省大通县，门源县，祁连县，共和县，乌兰县，久治县，玛多县，称多县，玉树市。

生态环境：生于海拔2 230～4 000m的沟谷水溪边、河岸草甸、沼泽草甸边湿地。

稗属 *Echinochloa* Beauv.

➤ 稗 *Echinochloa crusgalli*（Linn.）Beauv.

特征：一年生。秆高 50～150cm，光滑无毛，基部倾斜或膝曲。稗叶鞘疏松裹秆，平滑无毛，下部者长于而上部者短于节间；叶舌缺；叶片扁平，线形，长 10～40cm，宽 5～20mm，无毛，边缘粗糙。稗为圆锥花序直立，近尖塔形，长 6～20cm；主轴具棱，粗糙或具疣基长刺毛；分枝斜上举或贴向主轴，有时再分小枝；稗穗轴粗糙或生疣基长刺毛；小穗卵形，长 3～4mm，脉上密被疣基刺毛，具短柄或近无柄，密集在穗轴的一侧；第一颖三角形，长为小穗的 1/3～1/2，具 3～5 脉，脉上具疣基毛，基部包卷小穗，先端尖；第二颖与小穗等长，先端渐尖或具小尖头，具 5 脉，脉上具疣基毛。第一小花通常中性，其外稃草质，上部具 7 脉，脉上具疣基刺毛，顶端延伸成一粗壮的芒，芒长 0.5～1.5（3）cm，内稃薄膜质，狭窄，具 2 脊；第二外稃椭圆形，平滑，光亮，成熟后变硬，顶端具小尖头，尖头上有一圈细毛，边缘内卷，包着同质的内稃，但内稃顶端露出。花果期夏秋季。

分布：青海省西宁市，共和县。

生态环境：生于海拔 2 225～2 520m 的沟谷路边、山坡草地、河溪水沟边、山地农田中。

披碱草属 *Elymus* Linn.

➤ 短芒披碱草 *Elymus breviaristatus*（Keng）Keng f.

特征：秆疏丛生，具短而下伸的根茎，直立或基部膝曲，高约 70cm，基部常被有少量白粉。叶鞘光滑；叶片扁平，粗糙或下面平滑，长 4～12cm，宽 3～5mm。穗状花序疏松，柔弱而下垂，长 10～15cm，通常每节具 2 枚小穗，有时接近先端各节仅具 1 枚小穗，穗轴边缘粗糙或具小纤毛；小穗灰绿色稍带紫色，长 13～15mm，含 4～6 小花；颖长圆状披针形或卵状披针形，具 1～3 脉，脉上粗糙，长 3～4mm，先端渐尖或具长仅 1mm 的短尖头；外稃披针形，上部具显明的 5 脉，全部被短小微毛或

有时背部平滑无毛，或边缘两侧被短刺毛，第一外稃长 8～9mm，顶端具粗糙的短芒，芒长（1）2～5mm；内稃与外稃等长，先端钝圆或微凹陷，脊上具纤毛，至下部毛渐不显，脊间被微毛。

分布： 青海省西宁市，门源县，刚察县，共和县，兴海县，乌兰县，玛沁县，玛多县，囊谦县，杂多县。

生态环境： 生于海拔 2 700～4 300m 的山坡草甸、河溪沟谷草地、湖岸草甸、河边草甸。

➤ 垂穗披碱草 *Elymus nutans* Griseb.

特征： 垂穗披碱草是禾本科披碱草属的植物。秆直立，基部稍呈膝曲状，高 50～70cm。基部和根出的叶鞘具柔毛；叶片扁平，上面有时疏生柔毛，下面粗糙或平滑，长 6～8cm，宽 3～5mm。穗状花序较紧密，通常曲折而先端下垂，长 5～12cm，穗轴边缘粗糙或具小纤毛，基部的 1、2 节均不具发育小穗；小穗绿色，成熟后带有紫色，通常在每节生有 2 枚而接近顶端及下部节上仅生有 1 枚，多少偏生于穗轴 1 侧，近于无柄或具极短的柄，长 12～15mm，含 3～4 小花；颖长圆形，长 4～5mm，2 颖几相等，先端渐尖或具长 1～4mm 的短芒，具 3～4 脉，脉明显而粗糙；外稃长披针形，具 5 脉，脉在基部不明显，全部被微小短毛，第一外稃长约 10mm，顶端延伸成芒，芒粗糙，向外反曲或稍展开，长 12～20mm；内稃与外稃等长，先端钝圆或截平，脊上具纤毛，其毛向基部渐次不显，脊间被稀少微小短毛。花果期 7—10 月。

分布： 青海省西宁市，民和县，互助县，海东市乐都区，循化县，化隆县，海东市平安区，门源县，祁连县，海晏县，刚察县，贵德县，贵南县，同德县，共和县，兴海县，天峻县，乌兰县，都兰县，格尔木市，德令哈市，茫崖市，尖扎县，同仁市，泽库县，河南县，玛沁县，甘德县，久治县，班玛县，达日县，玛多县，称多县，玉树市，囊谦县，曲麻莱县，杂多县，治多县。

生态环境：生于海拔 2 600～4 900m 的山坡草地、沟谷林缘山地灌丛下、河谷山坡田埂路旁、河滩草甸、湖岸草地。

羊茅属 *Festuca* Linn.

➤ 中华羊茅 *Festuca sinensis* Keng ex S. L. Lu

特征：多年生草本，具鞘外分枝，疏丛。秆直立或基部倾斜，高 50～80cm，径 1～2mm，具 4 节，节无毛而呈黑紫色；叶鞘松弛，具条纹，无毛，长于或稍短于其节间，顶生者长 16～22cm，甚长于其叶片；叶舌长 0.3～1.5mm，革质或膜质，具短纤毛；叶片质硬，直立，干时卷折，无毛或上面被微毛，长 6～16cm，宽 1.5～3.5mm，顶生者甚退化，长 3～6cm；叶横切面具维管束 7～13，厚壁组织成束，与维管束相对应，上表皮内均有，下表皮内仅主脉有，具泡状细胞。圆锥花序开展，长 10～18cm；分枝下部孪生，主枝细弱，长 6～11cm，中部以下裸露，上部 1～2 回地分出小枝，小枝具 2～4 小穗；小穗淡绿色或稍带紫色，长 8～9mm，含 3～4 小花；小穗轴节间长约 1mm，具微刺毛；颖片顶端渐尖，第一颖具 1（3）脉，长 5～6mm，第二颖具 3（4）脉，长 7～8mm；外稃上部具微毛，具 5 脉，顶端具长 0.8～2mm 的短芒，第一外稃长约 7mm；内稃长约 6mm，先端具 2 微齿，脊具小纤毛；花药长 1.2～1.8mm；子房顶端无毛或被少量的毛。颖果长约 5mm。花果期 7—9 月。

分布：青海省互助县，海东市乐都区，湟中县，大通县，门源县，祁连县，海晏县，贵德县，同德县，兴海县，泽库县，河南县，玛沁县，玛多县，称多县，玉树市，囊谦县，曲麻莱县，杂多县，治多县。

生态环境：生于海拔 2 150～4 800m 的湿草地、林缘、山坡、山谷及草甸。

异燕麦属 *Helictotrichon* Bess.

➤ 藏异燕麦 *Helictotrichon tibeticum*（Roshev.）Holub.

特征： 多年生草本植物。须根较细韧。秆直立，丛生，高 15～70cm，具 2～3 节，花序以下茎被微毛。叶鞘紧密裹茎，常短于节间，被稠密短毛或光滑无毛；叶舌短小，长约 0.5mm，顶端具纤毛；叶片质硬，常内卷如针状，粗糙或上面被短毛，长 1～5cm，宽 1～2mm，基部分蘖者长达 30cm。圆锥花序紧缩呈穗状，卵形或长圆形，黄褐色或深褐色，长 2～6cm，主轴和分枝与小穗柄均被微毛；小穗含 2～3 小花，通常第三小花退化，长约 1cm（芒除外）；小穗轴节间长约 2mm，两侧具长达 2mm 的白柔毛；颖披针形，无毛仅脊上粗糙，第一颖长 7～9mm，具 1 脉，第二颖较第一颖稍长，具 3 脉；外稃质较硬，顶端 2 齿裂，背部粗糙或具短纤毛，第一外稃长 7～9mm，常具 7 脉，基盘具长达 1.5mm 的柔毛，芒自稃体中部稍上处伸出，长 1～1.5cm，粗糙，膝曲，芒柱稍扭转；内稃略短于外稃，具 2 脊，脊上具微纤毛；花药长约 4mm；颖果长圆形，长约 4mm，顶端具茸毛。花果期 7—8 月。

分布： 青海省民和县，互助县，海东市乐都区，循化县，化隆县，海东市平安区，湟中县，湟源县，大通县，门源县，祁连县，海晏县，刚察县，贵德县，贵南县，同德县，共和县，兴海县，天峻县，乌兰县，都兰县，格尔木市，德令哈市，大柴旦行政区，茫崖市，尖扎县，同仁市，泽库县，河南县，玛沁县，甘德县，久治县，班玛县，达日县，玛多县，称多县，玉树市，囊谦县，曲麻莱县，杂多县，治多县。

生态环境： 生于海拔 2 860～4 520m 的高山草原、山坡高寒草甸、山地阴坡灌丛、沟谷林下、溪流河谷湿润草地。

茅香属 Hierochloe R. Br.

➤ 光稃香草 *Hierochloe glabra* Trin.

特征：多年生草本植物，具根状茎。秆直立，高 15～30cm，上部常裸露。叶鞘密生微毛；叶舌透明膜质，长 2～4mm；叶片扁平，披针形，长 10～15cm，宽 2～4mm。圆锥花序卵形，长 3～5cm；小穗黄褐色，有光泽，长约 3mm；颖几等长或第 1 颖稍短，具 1～3 脉；雄花的外稃等长或较长于颖片，背部渐向上被微毛或无毛，边缘具纤毛；两性花外稃长 2～2.5mm 上部被短毛，先端无芒。花果期 4—6 月。

分布：青海省西宁市，大通县，刚察县，共和县，兴海县，尖扎县，泽库县，玛沁县，玛多县，玉树市，囊谦县。

生态环境：生于海拔 2 200～4 100m 的沟谷山坡湿草地、溪流河漫滩、湖边草甸、山坡路边、山地林缘灌丛。

大麦属 *Hordeum* Linn.

➤ 紫大麦草 *Hordeum violaceum* Oiss. et Huet.

特征：多年生，具短根茎。秆直立，丛生，光滑无毛，高 30～70cm，质较软，具 3～4 节。叶鞘基部者长于而上部者短于节间；叶舌膜质，长约 0.5mm；叶片长 3～14cm，宽 3～4mm，常扁平。穗状花序长 4～7cm，宽 5～6mm，绿色或带紫色；穗轴节间长约 2mm，边具纤毛；三联小穗的两侧生者具长约 1mm 的柄，颖及外稃均为刺芒状；中间小穗无柄；颖刺芒状，长 6～8mm；外稃披针形，长 5～6mm，背部光滑，先端具长 3～5mm 的芒，内稃与外稃等长；花药长约 1.5mm。花、果期 6—8 月。紫大麦草为疏丛型中生禾草。一般 4 月中旬至 5 月中旬返青，7 月上旬抽穗，7 月中旬开花，7 月末、8月初种子成熟。生育期为 90～120 天。

分布：青海省门源县，祁连县，海晏县，刚察县，共和县，乌兰县，都兰县，格尔木市，德令哈市，茫崖市。

生态环境：生于海拔 2 800～3 600m 的沟谷河滩草地、沙砾河岸、溪流湖滨沙地、河谷阶地水沟边、路边渠岸。

以礼草属 *Kengyilia* Yen et J. L. Yang

➤ 糙毛以礼草 *Kengyilia hirsute*（Keng et S. L. Chen）J. L. Yang

特征：多年生草本植物，具根头，嫩枝基部常倾斜横卧。秆疏丛生，基部具鞘内分蘖，坚硬直立，高 40～70m，紧接花序下被短柔毛，具 2～3 节，第二节有时膝曲。叶鞘无毛；顶端两侧具线状长约 1mm 的叶耳，短于或基部者长于节间，顶生叶鞘长 10～14cm；叶舌截平，长 0.5～1mm；叶片质较厚，扁平或边缘内卷，长 6～9cm（蘖生者长可达 25cm），宽 3～5mm，两面无毛或上面疏生柔毛，下面有的密生微毛，边缘具短硬纤毛。穗状花序直立，长（3）6～8cm，宽 7～10mm，淡绿色或淡紫色；穗轴密集呈覆瓦状排列，含 3～7 小花，长 10～15mm（芒除外）；小穗轴节间长 0.5～1mm，被微毛，密接呈覆瓦状排列，或下部者较疏松，颖片卵状长圆形，淡绿色，先端渐尖渐尖或具短尖头，第一颖长 4.5～6mm，第二颖长 5～7mm（包括长约 1.5mm 的小尖头），具 3～4 脉，无毛或主脉上半部粗糙；外稃全部具长硬毛，黄棕色，具 5 脉，第一外稃长 3～10mm，先端芒糙涩，长 2～6mm，劲直或稍向后反曲；内稃与外稃等长或稍短，先端微凹，脊上具刺状纤毛；花药铅绿色。花、果期 7—9 月。

分布：青海省门源县，海晏县，刚察县，贵德县，同德县，共和县，兴海县，乌兰县，泽库县，河南县，玛沁县，玛多县，玉树市，囊谦县，曲麻莱县，杂多县。

生态环境：生于海拔 3 000～4 300m 的沟谷山坡草地、溪流河滩草甸、河湖渠岸。

洽草属 *Koeleria* Pers.

➤ 矮洽草 *Koeleria litvinowii* Dom. var. *tafelii*（Dom.）P. C. Kuo et Z. L. Wu

特征： 多年生。秆密丛，直立，在花序下密生绒毛，高 3～15cm，无节。秆基部残存有撕裂状的枯萎的叶鞘。叶鞘无毛或被短柔毛；叶舌膜质，截平或边缘呈齿蚀状，长 0.5～2mm；叶片线形，常内卷或扁平，被短柔毛或上面无毛，边缘粗糙，长 1.5～7cm，基部分蘖叶长 5～30cm。圆锥花序穗状较短，黄绿色或黄褐色，有光泽，下部有间断，长圆形至卵圆状长圆形，长 1.5～3cm；小穗较小，

常含 2 小花，长不到 5mm；小穗轴被微毛或近于无毛，长约 1mm；颖顶端尖，边缘宽膜质，脊上粗糙，第一颖具 1 脉，长 2.5～3.5mm，第二颖具 3 脉，长 3～4.5mm；外稃顶端尖或具长约 0.3mm 的小尖头，边缘膜质，具 3 脉，背部无芒，基盘钝圆，具微毛，第一外稃长约 4mm；内稃膜质，顶端二裂，脊上光滑或微粗糙；花药长 1.5～2mm。花果期 7—8 月。

分布： 青海省海东市乐都区，共和县，尖扎县，玛多县，玉树市，囊谦县，曲麻莱县，杂多县。

生态环境： 生于海拔 3 200～4 500m 的山地高山草甸、溪流沟谷河滩。

赖草属 *Leymus* Hochst.

➤ 宽穗赖草 *Leymus ovatus*（Trin.）Tzvel.

特征： 叶鞘光滑无毛；叶舌膜质，截平，长约 1mm，被细毛；叶片长 5～15cm，宽 5～8mm，扁平或内卷，上面密被白色长柔毛，下面密被短毛。穗状花序直立，密集成椭圆形或长椭圆形，长 5～9cm，宽 1.5～2.5cm；穗轴密被柔毛，节间长 2～6mm，基部者长达 10mm；小穗 4 枚生于 1 节，长 10～20mm，无柄或具长约 1mm 的短柄，含 5～7 小花；小穗轴节间长约 1mm，贴生短柔毛；颖线状披针形，先端狭窄如芒，下部具窄膜质边，常具不明显的 3 脉，脊部粗糙，两颖近等长，长 10～13mm，覆盖或不正覆盖第一外稃的基部；外稃披针形，先端渐尖或具长 1～3mm 的芒，背

面明显 5～7 脉，上部被稀疏而贴生的短刺毛，边缘具纤毛，基盘具长约 1mm 的硬毛，第一外稃长 8～10mm；内稃与外稃等长或稍短，脊的上半部具纤毛；花药长 3.5～4mm。花、果期 7—8 月。

分布： 青海省祁连县，刚察县，同德县，共和县，都兰县。

生态环境： 生于海拔 2 800～3 650m 的沟谷河滩草甸、河谷溪流沟沿、河边湖岸草地、山间草地、滩地草场。

扇穗茅属 *Littledalea* Hemsl.

➤ 扇穗茅 *Littledalea racemosa* Keng

特征： 多年生，具短根状茎。秆高 30～40cm，径约 2mm，常具 3 节，顶节距秆基 6～10cm。叶鞘平滑松弛；叶舌膜质，长 2～5mm，顶端撕裂；叶片长 4～7cm，宽 2～5mm，下面平滑，上面生微毛。圆锥花序几成总状；分枝单生或孪生，长 2～5cm，细弱而弯曲，顶端着生。一枚大形小穗，下部裸露；小穗扇形，长 2～3cm，含 6～8 小花；小穗轴节间平滑，长约 2.5mm；颖披针形，干膜质，顶端钝，第一颖长 5～9mm，具 1 脉，第二颖长 12～14mm，具 3 脉；外稃带紫色，具 7～9 脉，平滑或有点状粗糙，边缘与上部膜质，顶端具不规则缺刻，第一外稃长 20～25mm，宽 4～5mm；内稃窄小，长不及外稃的 1/2，背部具微毛，两脊生纤毛；花药长 6mm。花果期 7—8 月。

分布： 青海省湟源县，门源县，祁连县，贵德县，都兰县，格尔木市，玛沁县，玛多县，称多县，玉树市，曲麻莱县，杂多县。

生态环境： 生于海拔 2 700～4 900m 的沟谷山坡草地、山地灌丛、溪流河边、沙砾质滩地高寒草原、山坡草甸、河谷沙滩。

三毛草属 *Trisetum* Pers.

➤ 西伯利亚三毛草 *Trisetum sibiricum* Rupr.

特征：多年生。具短根茎。秆直立或基部稍膝曲，光滑，少数丛生，基部径 2～4mm，高 50～120cm，具 3～4 节。叶鞘基部多少闭合，上部松弛，光滑无毛或粗糙，基部者长于节间，上部者短于节间；叶舌膜质，长 1～2mm（稀达 5mm），先端不规则齿裂；叶片扁平，绿色，粗糙或上面具短柔毛，长 6～20cm，宽 4～9mm。圆锥花序狭窄且稍疏松，狭长圆形或长卵圆形，长 10～20cm，宽 3～5cm，分枝纤细，光滑或微粗糙，向上直立或稍伸展，长达 6cm，每节多枚丛生；小穗黄绿色或褐色，有光泽，长 5～10mm（芒除外），含 2～4 小花；小穗轴节间长 1.5～2mm，被长 0.5～1.5mm 的毛；两颖不等，先端渐尖，有时为褐色或紫褐色，光滑无毛，第一颖长 4～6mm，具 1 脉，第二颖长 5～8mm，具 3 脉；外稃硬纸质，褐色，顶端 2 微齿裂，背部粗糙，第一外稃长 5～7mm，基盘钝，具短毛或毫毛，自稃体顶端以下约 2mm 处伸出 1 芒，其芒长 7～9mm，有时为紫色（常生在海拔 3 500m 以上者），向外反曲，下部直立或微扭转；内稃略短于外稃，顶端微 2 裂，具 2 脊，脊上粗糙；鳞被 2，透明膜质，卵形或矩圆形，长 0.5～1mm，顶端不规则齿裂；雄蕊 3，花药黄色或顶端为紫色，长 2～3mm。

分布范围：青海省门源县，祁连县，乌兰县，大柴旦行政区，泽库县，玛沁县，玛多县，称多县，玉树市，曲麻莱县，杂多县。

生境：生于海拔 2 300～4 200m 的山坡草地、高山草原、高山草甸、林下、灌丛潮湿处。

莎草科 Cyperaceae.

薹草属 *Carex* Linn.

➤ 北疆薹草 *Carex arcatica* Meinsh.

特征：根状茎匍匐。秆高 20～50cm，纤细，三棱形，粗糙，基部具黑褐色的叶鞘。叶短于秆，宽 2～3mm，平张，边缘粗糙。苞片最下部的刚毛状，短于花序，无鞘，上部的鳞片状。小穗 2～4 个，远离，顶生 1 个雄性，圆柱形，长 2～3.5cm；柄长 1.5～2cm；侧生小穗雌性，圆柱形或长圆形，长（1）1.7～3cm，宽 4～6mm，花密生；基部小穗柄长 10～18mm，向上渐短。雄花鳞片长圆形，长约 3mm，棕色，中脉色淡，顶端钝；雌花鳞片窄长圆形，顶端钝或锐尖。长约 2.5mm，宽 0.7～0.9mm，紫棕色，具狭的白色膜质边缘，背面中脉绿色。果囊稍长于并宽于鳞片 2～3 倍，近圆形或倒卵圆形，平凸状，长约 2.5mm，宽约 1.8mm，黄棕色，密生瘤状小突起，脉不明显，基部具短柄，顶端具短喙，喙口微凹，口缘生小刺。小坚果倒卵圆形，长约 2mm，褐色；花柱基部不膨大，柱头 2 个。花果期 4—7 月。

分布：青海省互助县，共和县，茫崖市，格尔木市。

生态环境： 生于海拔2 500～3 250m的宽谷河滩沼泽草地、河岸阶地、水边湿沙地、河滩草甸。

➤ **黑褐薹草** *Carex atrofusca* **Schkuhr subsp.** *minor*（Boott）**T. Koyama**

特征： 多年生草本植物，高15～30cm，疏丛生。根状茎具短匍匐枝。秆直立，细形，上端稍弯垂，钝三棱形，平滑，基部生叶并为淡褐色旧叶鞘所包。叶远较秆短，宽2～4mm，长仅达秆的中部，先端渐尖，灰绿色，前缘略粗糙。顶端的苞片呈鳞片状，最下的具短叶片或呈刚毛状，较花序短，具长鞘。小穗3～5个，接近或最下的较疏远，具丝状总梗，弯垂；顶生的雄性，短线状长圆形，有时为雌雄顺序；侧生的雌性，卵形或倒卵形，长8～14mm，具密花。雌花鳞片卵形或披针形，长约4mm，先端渐尖，黑血红色，囊包宽椭圆形，较鳞片稍长及宽，扁三棱状，长约4.5mm，直立，基部苍白色，余则黑紫红色，无毛，不具脉，先端急狭成喙，喙短形，口部白色透明，几全缘或微显2齿。小坚果椭圆形，三棱状，长1～1.2mm，淡褐色，平滑，具长梗；花柱基稍粗，柱头3个。花期7月，果期8—9月。

分布： 青海省民和县，互助县，海东市乐都区，循化县，化隆县，海东市平安区，湟中县，湟源县，大通县，门源县，祁连县，海晏县，刚察县，贵德县，贵南县，同德县，共和县，兴海县，天峻县，都兰县，乌兰县，格尔木市，德令哈市，茫崖市，尖扎县，同仁市，泽库县，河南县，玛沁县，甘德县，久治县，班玛县，达日县，玛多县，称多县，玉树市，囊谦县，曲麻莱县，杂多县，治多县（可可西里）。

生态环境： 生于海拔2 600～5 000m的沟谷山坡草甸、高山流石滩、河谷阶地草甸、高山草甸、湖滨湿沙地、宽谷河漫滩、沟谷山坡灌丛草甸。

➤ **尖苞薹草** *Carex microglochin* **Wahlenb.**

特征： 根状茎细弱，可伸长。秆密丛或疏生，高5～20cm，近无棱，平滑。叶短于秆，内卷如针，质硬，平滑。小穗1个，顶生，雄雌顺序，椭圆形，长约1cm，雄花部分极短，具5～7朵花，雌花部分比雄花部分长，具4～12朵花。雌雄花鳞片深褐色至棕色，边缘白色透明膜质，雄花者长圆状椭圆形，先端钝，具3脉，长约2.5mm；雌花鳞片椭圆状长圆形，先端钝，长约3mm，具3脉，早落。果囊长于鳞片，最初近直立，后逐渐向外反折，最后以其极短的柄弯曲而向下，披针状钻形，横切面近圆形，长3.5～4.5mm，淡棕色，向上渐狭

成喙，喙口透明膜质而近平截，平滑，厚纸质，具多条不明显的细脉，基部具海绵质。小坚果长圆形，长约 2mm，具极短的柄而埋于果囊的海绵质基部，腹面具一坚硬的延伸小穗轴，顶端尖锐，伸出果囊达 2mm；柱头 3 个，伸出果囊。花果期 5—8 月。

  分布：青海省都兰县，玛沁县，玛多县，玉树市，称多县，曲麻莱县，治多县。

  生态环境：生于海拔 3 160～4 200m 的宽谷湖边草甸、河谷阶地沼泽草甸。

➤ 青藏薹草 *Carex moorcroftii* Falc. ex Boott

  特征：匍匐根状茎粗壮，外被撕裂成纤维状的残存叶鞘。茎秆高 7～20cm，三棱形，坚硬，基部具褐色分裂成纤维状的叶鞘。叶短于秆，宽 2～4mm，平张，革质，边缘粗糙。苞片刚毛状，无鞘，短于花序。小穗 4～5 个，密生，仅基部小穗多少离生；顶生 1 个雄性，长圆形至圆柱形，长 1～1.8cm；侧生小穗雌性，卵形或长圆形，长 0.7～1.8cm；基部小穗具短柄，其余的无柄。雌花鳞片卵状披针形，顶端渐尖。长 5～6mm，紫红色，具宽的白色膜质边缘。果囊等长或稍短于鳞片，椭圆状倒卵形，三棱形，革质，黄绿色，上部紫色，脉不明显，顶端急缩成短喙，喙口具 2 齿。小坚果倒卵形，三棱形，长 2～2.3mm；柱头 3 个。花果期 7—9 月。

  分布：青海省民和县，互助县，海东市乐都区，循化县，化隆县，海东市平安区，湟中县，湟源县，大通县，门源县，祁连县，海晏县，刚察县，贵德县，贵南县，同德县，共和县，兴海县，天峻县，都兰县，乌兰县，格尔木市，德令哈市，茫崖市，同仁市，泽库县，河南县，玛沁县，甘德县，久治县，班玛县，达日县，玛多县，称多县，玉树市，囊谦县，曲麻莱县，杂多县，治多县（可可西里）。

  生态环境：生于海拔 2 000～4 900m 的沟谷河漫滩草甸、高山草甸、山地高寒沼泽草甸、宽谷湖边湿沙地、高山灌丛草甸、山地阴坡潮湿处、溪流河谷阶地、河岸溪边湿沙草地。

➤ 红棕薹草 *Carex przewalskii* Egorova

特征：根状茎短，匍匐。秆丛生，高 15～45cm，直立，三棱形，基部具褐色分裂成纤维状的老叶鞘。叶短于或等长于秆，宽 2～3mm，平张，顶端长渐尖。苞片最下部的 1 枚短叶状，短于花序，具鞘，鞘长 4～10mm。小穗 3～7 个，接近，上部 1～5 个雄性，圆柱形，长 7～20mm；其余的雌性，其顶端有时具雄花，长圆形或卵状椭圆形，长 10～20mm，花密生；小穗具短柄。雌花鳞片长圆状卵形或长圆状披针形，长 3.5～5mm，红棕色，边缘具狭的白色膜质，顶端急尖。果囊长于鳞片，椭圆状卵形或卵状披针形，扁三棱形，长 4～6mm，膜质，上部红棕色，下部淡黄色，具树脂状小突起或小刺状粗糙，顶端渐狭成喙，喙口为白色膜质，微凹。小坚果疏松地包于果囊中，椭圆形或宽卵形，扁三棱形，长约 2mm，具柄，柄长约 1mm；花柱具疏毛，柱头 2（3）个。花果期 6—9 月。

分布：青海省门源县，祁连县，海晏县，刚察县，贵德县，贵南县，同德县，共和县，兴海县，天峻县，德令哈市，尖扎县，同仁市，泽库县，河南县，玛沁县，玛多县，达日县，玉树市，杂多县，曲麻莱县，治多县。

生态环境：生于海拔 2 500～4 500m 的高山草甸、沟谷河溪水边、河谷阶地草甸、山麓湿沙地、宽谷湖滨沼泽草甸、沟谷河漫滩草甸、高原溪流泉水沟边。

➤ 糙喙薹草 *Carex scabrirostris* Kuekenth.

特征：根状茎垂直向下延。秆高 25～70cm，平滑，基部具暗褐色分裂成纤维状的老叶鞘。叶短于秆，宽 1～3mm，平张，边缘稍粗糙。苞片叶状，短于花序，具长鞘，鞘长 1.2～3cm。小穗 3～5 个，上部 1～2（3）个雄性，接近，圆柱形，长 1～2cm，宽 4～6mm。雌花鳞片卵形或卵状披针形，长 3.5～4mm，顶端渐尖，具短尖，暗褐色，具白色膜质边缘，脉 1 条，有的背面脉上粗糙。果囊长于鳞片近 2 倍，披针形，稍扁三棱形，长 6～7mm，下部麦秆黄色，上部暗褐色，膜质，脉不明显，两侧边缘具短糙毛，上部急缩成长喙，喙口斜截形，白色膜质。小坚果倒卵状长圆形，扁三棱形，长 2～2.5mm，淡褐色；花柱细长，有疏毛，柱头 3 个。花果期 7—8 月。

分布：青海省玛多县，曲麻莱县，杂多县，治多县。

生态环境：生于海拔 2 600～4 500m 的高山草原、高寒草甸、河谷阶地、湖滨河滩湿沙地、峡谷灌丛、潮湿阴坡草甸、沼泽草甸、阴坡灌丛草甸、林下草甸。

➤ **细叶薹草** *Carex stenophylloides* V. Krecz.

特征： 多年生草本植物，根状茎细长、匍匐。秆高5～20cm，纤细，平滑，基部叶鞘灰褐色，细裂成纤维状。叶短于秆，宽1～1.5mm，内卷，边缘稍粗糙。苞片鳞片状。穗状花序卵形或球形，长0.5～1.5cm，宽0.5～1cm；小穗3～6个，卵形，密生，长4～6mm，雄雌顺序，具少数花。雌花鳞片宽卵形或椭圆形，长3～3.2mm，锈褐色，边缘及顶端为白色膜质，顶端锐尖，具短尖。果囊较大，长3.5～4.5mm，卵形或卵状椭圆形，顶端渐狭成较长的喙。平凸状，革质，锈色或黄褐色，成熟时稍有光泽，两面具多条脉，基部近圆形，有海绵状组织，具粗的短柄，顶端急缩成短喙，喙缘稍粗糙，喙口白色膜质，斜截形。小坚果稍疏松地包于果囊中，近圆形或宽椭圆形，长1.5～2mm，宽1.5～1.7mm；花柱基部膨大，柱头2个。

分布： 青海省茫崖市，格尔木市，称多县，玛多县，久治县。

生态环境： 生于海拔3 800～4 700m的山坡草地、山谷高寒草甸、河谷沙滩草甸、宽谷河漫滩、河湖岸边的草地、高寒草原、沼泽草甸、盐沼草甸、沙滩潮湿处。

嵩草属 *Kobresia* Willd.

➤ 线叶嵩草 *Kobresia capillifolia*（Decne.）C. B. Clarke

特征：多年生草本植物，根状茎短，秆密丛生，纤细，柔软，高10～45cm，粗约1mm，钝三棱形，基部具栗褐色宿存叶鞘。叶短于秆，柔软，丝状，腹面具沟。穗状花序线状圆柱形，长2～4.5cm，粗2～3mm；支小穗多数，除下部的数个有时疏远外，其余的密生，顶生的雄性，侧生的雄雌顺序，在基部雌花之上具2～4朵雄花。鳞片长圆形，椭圆形至披针形，长4～6mm，顶端渐尖或钝，纸质，褐色或栗褐色，边缘为宽的白色膜质，中间淡褐色，具3条脉。先出叶椭圆形，长圆形或狭长圆形，长3.5～6mm，膜质，褐色或栗褐色，上部白色，腹面边缘分离至3/4处，背面具1～2条脊，脊间具1～2条脉，顶端圆形或截形。小坚果椭圆形或倒卵状椭圆形，少有长圆形，三棱形或扁三棱形，成熟时深灰褐色，有光泽，基部几无柄，顶端具短喙或几无喙；花柱基部不增粗，柱头3个。

分布：青海省民和县，互助县，海东市乐都区，循化县，化隆县，海东市平安区，湟中县，湟源县，大通县，门源县，祁连县，海晏县，刚察县，贵德县，贵南县，同德县，共和县，兴海县，天峻县，都兰县，乌兰县，格尔木市，德令哈市，大柴旦行政区，冷湖县，茫崖市，尖扎县，同仁市，泽库县，河南县，玛沁县，甘德县，久治县，班玛县，达日县，玛多县，称多县，玉树市，囊谦县，曲麻莱县，杂多县，治多县（可可西里）。

生态环境：生于海拔2 400～4 700m的高山草甸、高山灌丛草甸、河谷山麓砾地、山坡草地、沟谷山地林间、山坡林缘灌丛、河滩草甸化草原、河谷阶地草甸、沟谷河溪边草甸、宽谷河滩草甸。

➤ 禾叶嵩草 *Kobresia graminifolia* C. B. Clarke

特征：根状茎短。秆密丛生，直立，坚挺，高30～45cm，三棱形，光滑，基部的宿存叶鞘淡褐色，有光泽，高及秆的1/4～1/3。叶短于秆或与秆近等长，对折，线形，宽1～2mm，边缘粗糙，柔软。穗状花序单性，雌雄异株；雄花序线状圆柱形，长4～5cm，在基部偶有1～2朵雌花；雌花序线形或线状圆柱形，长6～7.5cm，粗3～6mm，支小穗多数，上部的密生，下部的较疏远。雄花鳞片狭长圆形，长6～8mm，顶端钝，膜质，褐色，内有雄蕊3枚；雌花鳞片狭长圆形，长6～7mm，顶端钝、渐尖或圆形，纸质，两侧褐色，有狭的白色膜质边缘，中间淡黄色，具1～3条脉。先出叶狭椭圆形，长4～5.5mm，纸质，下部黄白色，上部褐色，在腹面，边缘分离几至基部，背面具微粗糙的2脊，脊间无脉或具细脉，顶端白色膜质，截形或浅二裂。小坚果狭椭圆形，三棱形，长3.5～5.5mm，成熟后淡褐色，基部具短柄，顶端渐狭成圆锥状的喙，不伸出或略伸出先出叶之外；花柱基部不增粗，柱头3个。退化小穗轴扁，长为小坚果的1/3。花果期6—9月。

分布：青海省海东市乐都区，河南县，兴海县（河卡山），达日县，玛沁县。

生态环境：生于海拔3 600～4 600m的山顶草甸、沟谷山坡林下、沼泽滩地、山地林缘灌丛、岩石缝隙、流石滩或砾石边的灌丛、沼泽草甸、鬼箭锦鸡儿灌丛、溪流河滩草甸。

➤ 矮生嵩草 *Kobresia humilis*（C. A. Mey. ex Trautv.）Serg.

特征：多年生草本植物，根状茎短。秆密丛生，矮小，高3～10cm，坚挺，钝三棱形，基部具褐色的宿存叶鞘。叶短于秆，稍坚挺，下部对折，上部平张，宽1～2mm，边缘稍粗糙。穗状花序椭圆形或长圆形，长8～17mm，粗4～6mm；支小穗通常4～10个，密生，生的雄性，侧生的雄雌顺序，在基部雌花之上具2～4朵雄花；鳞片长圆形或宽卵形，长4～5mm，顶端圆或钝，无短尖，纸质，两侧褐色，具狭的白色膜质边缘，中间绿色，有3条脉。先出叶长圆形或椭圆形，长3.5～5mm，膜质，淡褐色，在腹面的边缘分离几达基部，背面具微粗糙的2脊，有时基部具不明显的1～2条脉，顶端截形。小坚果椭圆形或倒卵形，三棱形，长2.5～3mm，成熟时暗灰褐色，有光泽，基部几无柄，顶端具短喙；花柱基部不增粗，柱头3个。花期7月，果期7月底至8月上旬。

分布： 青海省互助县，海东市乐都区，门源县，刚察县，贵南县，共和县，兴海县，天峻县，都兰县，德令哈市，泽库县，河南县，玛多县，玛沁县，甘德县，达日县，称多县，玉树市，囊谦县，曲麻莱县，杂多县，治多县（可可西里），格尔木市（唐古拉山）。

生态环境： 生于海拔 2 500～4 700m 的山地高寒草甸、高原湖盆谷地、宽谷河滩草甸、山地阴坡灌丛、溪流河谷阶地、高山泉水流经处、山坡林缘林下草甸、山地高寒沼泽草甸、山坡高寒草甸。

➤ 甘肃嵩草 *Kobresia kansuensis* Kuekenth.

特征： 根状茎短。秆密丛生，坚挺，高 30～90cm，粗 3～4mm，三棱形，无毛，基部的宿存叶鞘黑褐色、密集、有光泽、不分裂。叶短于秆，平张，宽 6～10mm，平滑，仅边缘稍粗糙。圆锥花序紧缩，圆锥形或长圆状圆柱形，长 3.5～6.5cm，粗 1～1.2cm；苞片鳞片状，顶端具芒；小穗多数，密集，下部的线状长圆形，长 1.5～2.5cm，向上部的渐短；支小穗多数，密生，顶生的雄性，侧生的雌性杂以雄雌顺序，如为后者则在基部 1 朵雌花之上具 1～3 朵雄花。鳞片长圆状披针形，长 4～6mm，顶端渐尖，有短尖或无，纸质，两侧黑褐色或暗褐色，稍有光泽，有狭的白色膜质边缘，中脉绿色。先出叶狭长圆形，长 5～6.5mm，纸质，下部黄白色，上部黑褐色或暗褐色，腹面边缘为宽的白色膜质，分离几达基部，背面具粗糙的 2 脊，脊间无明显的脉。小坚果狭长圆形，三棱形，长 3～5mm，成熟时灰褐色，基部具短柄，顶端收缩成 0.5～1mm 长之喙；花柱基部不增粗，柱头 3 个。退化小穗轴如存在则为刚毛状，长及果的 1/3。

分布： 青海省同德县，同仁市，泽库县，河南县，玛沁县，甘德县，久治县，班玛县，玛多县，称多县，玉树市，囊谦县，曲麻莱县，杂多县，治多县。

生态环境： 生于海拔 3 500～4 800m 的山顶草地、山地阴坡草甸、高山灌丛、沟谷山地高寒草甸、河谷阶地草甸、溪流河滩草甸、山谷盆地、宽谷湖滨河岸草甸、沙砾山坡草地、滩地高寒沼泽草甸。

➢ 喜马拉雅嵩草 *Kobresia royleana*（Nees）Boeck.

特征： 多年生草本植物；根状茎短或稍延长。秆密丛生或疏丛生，稍坚挺，高 6～35cm，粗 1.5～2mm，下部圆柱形，上部钝三棱形，光滑，基部的宿存叶鞘深褐色，稀疏，通常不形成密丛。叶短于秆，平张，宽 2～4mm，无毛，边缘稍粗糙。圆锥花序紧缩成穗状，卵形、卵状长圆形或椭圆形，偶见圆柱形，长 1～3.5cm，粗 6～12mm，如为圆柱形，则长 2～5.6cm，粗 4～5mm；苞片鳞片状，仅基部的 1 枚顶端具短芒；小穗 10 余个，密生，长圆形，长 5～10mm，粗 2～3mm。支小穗多数，顶生的数个雄性，侧生的雄雌顺序，在基部 1 朵雌花之上具 1～3 朵雄花；鳞片卵状长圆形或长圆状披针形，长 3～4mm，顶端渐尖或钝，纸质，两侧淡褐色、褐色或深褐色，具宽的白色膜质边缘，中间绿色，有 3 条脉；先出叶长圆形，与鳞片近等长，膜质，淡褐色至深褐色，腹面边缘分离几至基部，背面具稍粗糙的 2 脊，脊间具数条细脉或脉不明显。小坚果长圆形或倒卵状长圆形，三棱形，长 2.5～3.5mm，成熟时淡灰褐色，有光泽，基部几无柄，顶端收缩成 0.2～0.3mm 长之短喙；花柱基部不增粗，柱头 3 个，极少 2 个。

分布： 青海省互助县，海东市乐都区，循化县，湟中县，湟源县，大通县，门源县，祁连县，海晏县，刚察县，贵德县，贵南县，共和县，兴海县，天峻县，都兰县，乌兰县，格尔木市，德令哈市，同仁市，泽库县，河南县，玛沁县，甘德县，久治县，班玛县，达日县，玛多县，称多县，囊谦县，曲麻莱县，杂多县，治多县（可可西里）。

生态环境： 生于海拔 2 800～4 650m 的高山草甸、山地阴坡草地、山坡灌丛草甸、溪流河谷阶地、河边草甸、宽谷湖边沙地、沟谷山地林下、山坡林缘、滩地高寒沼泽草甸。

➢ 西藏嵩草 *Kobresia tibetica* Maxim.

特征： 多年生草本植物，根状茎短。秆密丛生，纤细，高 20～50cm，粗 1～1.5mm，稍坚挺，钝三棱形，基部具褐色至褐棕色的宿存叶鞘。叶短于秆，丝状，柔软，宽不及 1mm，腹面具沟。穗状花序椭圆形或长圆形，长 1.3～2cm，粗 3～5mm；支小穗多数，密生，顶生的雄性，侧生的雄雌顺序，在基部雌花之上具 3～4 朵雄花。鳞片长圆形或长圆状披针形，长 3.5～4.5mm，顶端圆形或钝，无短尖，膜质，背部淡褐色、褐色至栗褐色，两侧及上部均为白色透明的薄膜质，具 1 条中脉。先出叶长圆形或卵状长圆形，长 2.5～3.5mm，膜质，淡褐色，在腹面边缘分离几至基部，背面无脊无脉，顶端截形或微凹。小坚果椭圆形，长圆形或倒卵状长圆形，扁三棱形，长 2.3～3mm，成熟时暗灰色，有光泽，基部几无柄，顶端骤缩成短喙；花柱基部微增粗，柱头 3 个。花果期 5—8 月。

分布：青海省互助县，门源县，祁连县，刚察县，同德县，共和县，兴海县，天峻县，乌兰县，都兰县，格尔木市，泽库县，河南县，玛沁县，甘德县，达日县，久治县，玛多县，称多县，囊谦县，曲麻莱县，杂多县，治多县（可可西里）。

生态环境：生于海拔 2 550～4 950m 的高寒沼泽草甸、溪流河谷阶地草甸、宽谷湖滨水边草地、河滩高寒草甸、山地阴坡高寒灌丛、山顶石隙、沟谷山坡草甸。

藨草属 *Scirpus* Linn.

➤ 双柱头藨草 *Scirpus distigmaticus*（Kuekenth.）Tang et Wang

特征：植株矮小，具细长匍匐根状茎。秆纤细，高 10～25cm，近于圆柱状，平滑，无秆生叶，具基生叶。叶片刚毛状，最长达 18mm；叶鞘长于叶片，长可达 25mm，棕色，最下部 2～3 个仅有叶鞘而无叶片。花单性，雌雄异株；小穗单一，顶生，卵形，长约 5mm，宽 2.5～3mm，具少数花；鳞片卵形，顶端钝，薄膜质，长约 3.5mm，麦秆黄色，半透明，具光泽，或有时下部边缘呈白色，上部为棕色；无下位刚毛；具 3 个不发育的雄蕊；花柱长，柱头 2，外被乳头状小突起。小坚果宽倒卵形，平凸状，长约 2mm，成熟时呈黑色。花果期 7—8 月。

分布：青海省民和县，互助县，湟源县，大通县，兴海县（河卡），门源县，祁连县，海晏县，刚察县，共和县，尖扎县，同仁市，泽库县，玛沁县（大武，当项，德日尼沟，雪山），久治县（城区），称多县（清水河），玉树市，囊谦县，曲麻莱县，杂多县，治多县（冈卡）。

生态环境：生于海拔 2 550～4 600m 的山坡高寒草甸、山地高寒沼泽草甸、高山草原、平缓的山地阳坡草地、山地半阳坡潮湿处、溪流河谷阶地草甸、宽谷湖滨河岸、河岸水边草地。

➤ 细秆藨草 *Scirpus setaceus* Linn.

特征：矮小丛生草本植物，无匍匐根状茎。秆高 3～12cm，直径约 0.5mm，圆柱状，具槽。叶片线状，常短于秆，宽约 0.5mm，有时很短，呈三角形，或有时只有叶鞘。苞片 1～2 枚，卵披针形，顶端有长芒或仅具短尖，基部两侧为暗紫红色，长 3～10mm，少有达 12mm。小穗单生或 2～3 个簇生于秆的顶端，卵形，长 2.5～4mm，具多数花；鳞片卵形或近于椭圆形，顶端纯圆，长 1.5mm，背面具 1 条脉，绿色，两侧暗紫红色或紫红色；无下位刚毛；雄蕊 2，花丝初时短而粗，有棕色细点，花药长圆形，药隔稍突出；花柱短，柱头 2～3 个，细长。小坚果宽倒卵形或近于圆形，平凸状或近三棱形，长 0.75mm，淡棕色，具许多粗的纵肋和密而细的平行横纹。花期 7—8 月；果期 8—9 月。

分布：青海省民和县，循化县，西宁市，门源县，海晏县，刚察县，贵德县，共和县，称多县，玉树市。

生态环境：生于海拔 1 800～3 900m 的沟谷河滩草甸、河边水中、沟谷山涧浅水中、沼泽地岩石缝隙中、溪流河滩沼泽草地。

➤ 球穗藨草 *Scirpus strobilinus* Roxb.

特征：散生，根状茎粗短，无匍匐根状茎。秆粗壮或较粗壮，高 100～150cm，坚硬，钝三棱形，有 5～8 个节，节间长，具秆生叶和基生叶。叶短于秆，宽 5～15mm，质稍坚硬；叶鞘长 3～10cm，通常红棕色。叶状苞片 2～4 枚，通常短于花序，少有长于花序；多次复出长侧枝聚伞花序大型，具很多辐射枝；第一次辐射枝细长，长达 15cm，疏展，各次辐射枝及小穗柄均很粗糙；小穗

常单生，少2～4个成簇状着生于辐射枝顶端，椭圆形或近于球形，顶端钝圆，长3～6mm，具多数密生的花；鳞片三角状卵形、卵形或长圆状卵形，顶端急尖，膜质，长约1.5mm，锈色，背部有1条淡绿色的脉；下位刚毛6条，下部卷曲，较小坚果长得多，上端疏生顺刺；花药线状长圆形；花柱中等长，柱头3。小坚果倒卵形，扁三棱形，长约1mm，淡黄色，顶端具喙。

分布： 青海省乌兰县，格尔木市（克鲁克湖，拖拉海），德令哈市。

生态环境： 生于海拔2 600～2 900m的宽谷湖滨水边、山地路旁湿草地、湖滨沙丘间湿地、高寒湖盆沼泽草甸、流动淡水边。

➤ 水葱 *Scirpus tabernaemontani* Gmel.

特征： 多年生草本植物，匍匐根状茎粗壮，匍匐，具许多须根。秆高大，圆柱状，高1～2m，平滑，基部具3～4个叶鞘，鞘长可达38cm，管状，膜质，最上面一个叶鞘具叶片。叶片线形，长1.5～11cm。苞片1枚，为秆的延长，直立，钻状，常短于花序，极少数稍长于花序；长侧枝聚伞花序简单或复出，假侧生，具4～13或更多个辐射枝；辐射枝长可达5cm，一面凸，另一面凹，边缘有锯齿；小穗单生或2～3个簇生于辐射枝顶端，卵形或长圆形，顶端急尖或钝圆，长5～10mm，宽2～3.5mm，具多数花；鳞片椭圆形或宽卵形，顶端稍凹，具短尖，膜质，长约3mm，棕色或紫褐色，有时基部色淡，背面有铁锈色突起小点，脉1条，边缘具缘毛；下位刚毛6条，等长于小坚果，红棕色，有倒刺；雄蕊3，花药线形，药隔突出；花柱中等长，柱头2，罕3，长于花柱。小坚果倒卵形或椭圆形，双凸状，少有三棱形，长约2mm。花果期6—9月。

分布范围： 青海省贵德县，海晏县，刚察县，共和县，格尔木市。

生境： 生于海拔2 740～3 200m的河溪浅水边、溪流宽谷高寒沼泽草甸、河滩水边草地。

灯芯草科 Juncaceae

灯芯草属 *Juncus* Linn.

➤ 栗花灯芯草 *Juncus castaneus* Smith.

特征：多年生草本植物，高 15～40cm，具长根状茎及黄褐色须根。茎直立，单生或丛生，圆柱形，直径 2～3.5mm，具纵沟纹，绿色。叶基生和茎生；低出叶鞘状或鳞片状，褐色至红褐色；基生叶 2～4 枚，长 6～25cm，宽 3～6mm，顶端尖，边缘常内卷或折叠；叶鞘长 5～11cm，边缘膜质，松弛抱茎，无叶耳；茎生叶 1 枚或缺，较短；叶片扁平或边缘内卷。花序由 2～8 个头状花序排成顶生聚伞状，花序梗不等长，长 1～4cm；叶状总苞片 1～2 枚，线状披针形，顶端细长，常超出花序；头状花序含 4～10 朵花，直径 7～8mm（花期）；苞片 2～3 枚，披针形，常短于花；花具长约 2mm 的花梗；花被片披针形，长 4～5mm，顶端渐尖，外轮者背脊明显，稍长于内轮，暗褐色至淡褐色；雄蕊 6 枚，短于花被片；花药黄色，长约 1mm；花丝线形，长约 2mm；花柱长 1～1.5mm；柱头 3 分叉，线形，长 2～3mm。蒴果三棱状长圆形，长 6～7mm，顶端逐渐变细呈喙状，果实超出花被片，具 3 个隔膜，成熟时深褐色。种子长圆形，长约 1mm，黄色，锯屑状，两端各有长约 1mm 的白色附属物。花期 7—8 月，果期 8—9 月。

分布：青海省民和县，互助县，海东市乐都区，循化县，化隆县，海东市平安区，湟中县，湟源县，大通县，门源县，祁连县，海晏县，刚察县，贵南县，共和县，兴海县，天峻县，同仁市，泽库县，玛沁县，达日县，称多县。

生态环境：生于海拔 2 200～4 300m 的沟谷山地林缘、山坡高寒灌丛草甸、河滩高寒草甸、溪流湖滨河岸草地、河边沙滩地、山坡林下湿草地、宽谷河滩沼泽草甸。

➤ 展苞灯芯草 *Juncus thomsonii* Buchen.

特征：多年生草本植物，高 5～30cm；根状茎短，具褐色须根。茎直立，丛生，圆柱形，直径 0.6～1mm，淡绿色。叶全部基生，常 2 枚；叶片细线形，长 1～10cm，顶端有胼胝体；叶鞘红褐色，边缘膜质；叶耳明显，钝圆。头状花序单一顶生，有 4～8 朵花，直径 5～10mm；苞片 3～4 枚，开展，卵状披针形，长 3～8mm，宽 1～3mm，顶端钝，红褐色；花具短梗；花被片长圆状披针形，等长或内轮稍短，长约 5mm，宽约 1.6mm，顶端钝，黄色或淡黄白色，后期背部变成褐色；雄蕊 6 枚，长于花被片；花药线形，黄色，长 1.6～2mm；花丝长 4.3～6.0mm；雌蕊具长约 0.8mm 的短花柱；柱头 3 分叉，线形，长 1.1～2.2mm。蒴果三棱状椭圆形，长 5.5～6mm，顶端有短尖头，具 3 个隔膜，成熟时红褐色至黑褐色。种子长圆形，长约 1mm，两端具白色附属物，连同种子共长约 2.8mm，锯屑状。

分布：青海省民和县，互助县，海东市乐都区，循化县，化隆县，海东市平安区，湟中县，湟源县，大通县，门源县，祁连县，海晏县，刚察县，贵德县，同德县，共和县，兴海县，天峻县，都兰县，乌兰县，同仁市，泽库县，河南县，玛沁县，甘德县，久治县，班玛县，达日县，玛多县，称多县，玉树市，囊谦县，曲麻莱县，杂多县，治多县。

生态环境：生于海拔 2 200～4 800m 的山地高寒草甸、高寒沼泽草甸、山地阴坡高寒灌丛、山坡林下潮湿处、沟谷山坡林缘、溪流河岸灌丛草甸、沟谷河滩草甸、河溪水沟边草甸、宽谷湖滨湿草地。

百合科 Liliaceae

葱属 *Allium* Linn.

➤ 蓝苞葱 *Allium atrosanguineum* Schrenk

特征：石蒜科葱属多年生草本植物，鳞茎单生或数枚聚生，圆柱状，粗约 1cm；鳞茎外皮灰褐色，条裂，略呈纤维状。叶管状，中空，比花葶短，或近与花葶等长，粗 2～4mm。花葶圆柱状，中空，高度变化甚大，从 7cm 到最高达 60cm 以上，粗 2～4mm，下部被叶鞘；总苞蓝色，2 裂，与伞形花序近等长；伞形花序球状，具多而密集的花；小花梗不等长，外层的常比花被片短，而内层的则常比花被片长，基部无小苞片；花大，有光泽，黄色，后变红色或紫色；花被片矩圆状倒卵形、矩圆形或矩圆状披针形，长（7）8.5～16mm，宽 3～4mm，内轮的比外轮的短，稀等长；花丝比花被片短，长 5.5～8mm，1/3～3/4 合生成管状，合生部分的 1/2～2/3 与花被片贴生，内轮花丝分离部分的基部比外轮的宽，呈三角形或肩状扩大，外轮花丝的分离部分锥形；子房倒卵状，基部常收狭成短柄，腹缝线基部具小的凹陷蜜穴；花柱长 3.5～7mm；柱头 3 浅裂或几不裂。花果期 6—9 月。

分布：青海省互助县，门源县，祁连县，兴海县，河南县，玛沁县，久治县，达日县，玛多县，称多县，玉树市，囊谦县，杂多县，曲麻莱县，治多县（可可西里），唐古拉镇。

生态环境：生于海拔 3 400～4 900m 的高山流石滩、沙砾质河谷阶地、河岸山麓石隙、山坡灌丛、高山草甸、沟谷山崖岩缝、山地高寒草原、宽谷河滩高寒沼泽草甸。

鸢尾科 Iridaceae

鸢尾属 *Iris* Linn.

➤ 马蔺 *Iris lactea* Pall. var. *chinensis*（Fisch.）Koidz.

特征：多年生密丛草本植物。根状茎粗壮，木质，斜伸，外包有大量致密的红紫色折断的老叶残留叶鞘及毛发状的纤维；须根粗而长，黄白色，少分枝。叶基生，坚韧，灰绿色，条形或狭剑形，长约 50cm，宽 4～6mm，顶端渐尖，基部鞘状，带红紫色，无明显的中脉。花茎光滑，高 5～10cm；苞片 3～5 枚，草质，绿色，边缘白色，披针形，长 4.5～10cm，宽 0.8～1.6cm，顶端渐尖或长渐尖，内包含有 2～4 朵花；花乳白色、浅蓝色、蓝色或

蓝紫色，直径5～6cm；花梗长4～7cm；花被管甚短，长约3mm，外花被裂片倒披针形，长4.5～6.5cm，宽0.8～1.2cm，顶端钝或急尖，爪部楔形，内花被裂片狭倒披针形，长4.2～4.5cm，宽5～7mm，爪部狭楔形；雄蕊长2.5～3.2cm，花药黄色，花丝白色；子房纺锤形，长3～4.5cm。蒴果长椭圆状柱形，长4～6cm，直径1～1.4cm，有6条明显的肋，顶端有短喙；种子为不规则的多面体，棕褐色，略有光泽。花期5—6月，果期6—9月。

分布：青海省民和县，互助县，海东市乐都区，循化县，化隆县，海东市平安区，湟中县，湟源县，大通县，门源县，祁连县，海晏县，刚察县，贵德县，贵南县，同德县，共和县，兴海县，天峻县，茫崖市，都兰县，乌兰县，格尔木市，德令哈市，尖扎县，同仁市，泽库县，河南县，玛沁县，甘德县，久治县，班玛县，达日县，玛多县，玉树市，囊谦县，称多县，曲麻莱县，治多县，杂多县。

生态环境：生于海拔2 000～4 900m山坡林缘、沟谷灌丛、河谷阶地、河滩草甸、沙砾草滩、湖滨盐碱滩地、山地疏林草甸、沼泽化草甸、高山草地、河谷林缘灌丛、田林路边、沟沿渠岸、村舍周围、宅旁荒地。

兰科 Orchidaceae

火烧兰属 *Epipactis* Zinn.

➤ 小花火烧兰 *Epipactis helleborine*（Linn.）Crantz.

特征：地生草本植物，高20～70cm；根状茎粗短。茎上部被短柔毛，下部无毛，具2～3枚鳞片状鞘。叶4～7枚，互生；叶片叶卵圆形或楠圆状披针形，罕有披针形，长3～13cm，宽1～6cm，先端通常渐尖至长渐尖；向上叶逐渐变窄而成披针形或线状披针形。总状花序，苞片呈叶状，中萼片长圆形，侧萼片稍斜，花瓣椭圆形，唇瓣中间呈凹状，上唇三角状，下唇兜状；蒴果倒卵状椭圆形，具极疏短柔毛。总状花序长10～30cm，通常具3～40朵花；花苞片叶状，线状披针形，下部的长于花2～3倍或更多，向上逐渐变短；花梗和子房长1～1.5cm，具黄褐色茸毛；花绿色或淡紫色，下垂，较小；中萼片卵状披针形，较少椭圆形，舟状，长8～13mm，宽4～5mm，先端渐尖；侧萼片斜卵状披针形，长9～13mm，宽约4mm，先端渐尖。花瓣椭圆形，长6～8mm，宽3～

4mm，先端急尖或钝；唇瓣长 6～8mm，中部明显缢缩；下唇兜状，长 3～4mm；上唇近三角形或近扁圆形，长约 3mm，宽 3～4mm，先端锐尖，在近基部两侧各有一枚长约 1mm 的半圆形褶片，近先端有时脉稍呈龙骨状；蕊柱长 2～5mm（不包括花药）。蒴果倒卵状椭圆状，长约 1cm，具极疏的短柔毛。花期 7 月，果期 9 月。

分布：青海省互助县，循化县，湟中县，湟源县，大通县，门源县，尖扎县，玉树市。

生态环境：生于海拔 2 230～2 800m 的河谷山坡林下、山地林缘灌丛草地、溪流河滩疏林草甸、沟谷山地阴湿处。

斑叶兰属 *Goodyera* R. Br.

➤ 小斑叶兰 *Goodyera repens*（Linn.）R. Br.

特征：小斑叶兰植株高 10～25cm。根状茎伸长，茎状，匍匐，具节。茎直立，绿色，具 5～6 枚叶。叶片卵形或卵状椭圆形，长 1～2cm，宽 5～15mm，上面深绿色具白色斑纹，背面淡绿色，先端急尖，基部钝或宽楔形，具柄，叶柄长 5～10mm，基部扩大成抱茎的鞘。花茎直立或近直立，被白色腺状柔毛，具 3～5 枚鞘状苞片；总状花序具几朵至 10 余朵、密生、多少偏向一侧的花，长 4～15cm；花苞片披针形，长 5mm，先端渐尖；子房圆柱状纺锤形，连花梗长 4mm，被疏的腺状柔毛；花小，白色或带绿色或带粉红色，半张开；萼片背面被或多或少腺状柔毛，具 1 脉，中萼片卵形或卵状长圆形，长 3～4mm，宽 1.2～1.5mm，先端钝，与花瓣黏合呈兜状；侧萼片斜卵形、卵状椭圆形，长 3～4mm，宽 1.5～2.5mm，先端

钝。花瓣斜匙形，无毛，长 3～4mm，宽 1～1.5mm，先端钝，具 1 脉；唇瓣卵形，长 3～3.5mm，基部凹陷呈囊状，宽 2～2.5mm，内面无毛，前部短的舌状，略外弯；蕊柱短，长 1～1.5mm；蕊喙直立，长 1.5mm，叉状 2 裂；柱头 1 个，较大，位于蕊喙之下。花期 7—8 月。

分布：青海省互助县，海东市乐都区，大通县，同德县，同仁市。

生态环境：生于海拔 2 190～3 500m 的山坡及沟谷林下、山地林缘灌丛、溪流河沟阴湿处、山坡阴湿石壁。

玉凤花属 *Habenaria* **Willd.**

➤ 落地金钱 *Habenaria aitchisonii* Rchb. f. Trans. Linn.

特征：落地金钱植株高 12～33cm。块茎肉质，长圆形或椭圆形，长 1～2.5cm，直径 0.8～1.5cm。茎直立，圆柱形，被乳突状柔毛，基部具 2 枚近对生的叶，在叶之上无或具 1～5 枚鞘状苞片。叶片平展，卵圆形或卵形，长 2～5cm，宽 1.5～4cm，先端急尖，基部圆钝，收狭并抱茎，稍肥厚，绿色，上面 5 条脉有时稍带黄白色。总状花序具几朵至多数密生或较密生的花，花序轴被乳突状毛，长 5～15cm；花苞片卵状披针形，先端渐尖，与子房等长或较短；子房圆柱形，扭转，被乳突状毛，连花梗长 7～10mm；花较小，黄绿色或绿色；中萼片直立，卵形，凹陷呈舟状，长 3～5mm，宽 2.5～3.5mm，先端钝或急尖，具 3 脉，与花瓣靠合呈兜状；侧萼片反折，斜卵状长圆形，长 3.5～5.5mm，宽 2～3mm，先端钝或急尖，具 3 脉；花瓣直立，2 裂，上裂片斜镰状披针形，长 3～5mm，宽 1.5～2mm，先端稍钝，具 1 脉，基部前侧具 1 枚齿状、小的下裂片；唇瓣较萼片长，基部之上 3 深裂；中裂片线形，反折，直的，长 5～9mm，宽 1～1.2mm，先端钝；侧裂片近钻形，镰状向上弯曲，角状，长 6～12mm，先端稍钩曲；距圆筒状棒形，下垂，下部稍膨大且向前弯，长 6～9mm，较子房短；蕊柱短；药隔较窄，顶部凹陷，药室伸长的沟短且向上弯；柱头的突起向前伸，近棒状，粗短。花期 7—9 月。

分布：青海省班玛县，玉树市，囊谦县。

生态环境：生于海拔 3 000～3 650m 的河谷山坡林下草地、沟谷林缘草甸、山地灌丛阴湿处、河岸岩隙。

角盘兰属 *Herminium* Linn.

➤ 裂瓣角盘兰 *Herminium alaschanicum* Maxim.

特征： 植株高 15～60cm。块茎圆球形，直径约 1cm，肉质。茎直立，无毛，基部具 2～3 枚筒状鞘，其上具 2～4 枚较密生的叶，在叶之上有 3～5 枚苞片状小叶。叶片狭椭圆状披针形，长 4～15cm，宽 5～18mm，直立伸展，先端急尖或渐尖，基部渐狭并抱茎。总状花序具多数花，圆柱状，长 4～27cm；花苞片披针形，直立伸展，先端尾状，下部的长于子房；子房圆柱状纺锤形，扭转，无毛，连花梗长 5～6mm；花小，绿色，垂头钩曲，中萼片卵形，长 4mm，宽 3mm，先端钝，具 3 脉；侧萼片卵状披针形至披针形，长 4mm，基部宽 1.5～2mm，先端近急尖，具 1 脉；花瓣直立，长 5～5.5mm，中部以下宽 1.5mm，中部骤狭呈尾状且肉质增厚，或多或少呈 3 裂，中裂片近线形，先端钝，具 3 脉；唇瓣近长圆形，基部凹陷具距，前部 3 裂至近中部，侧裂片线形，先端微急尖，中裂片线状三角形，先端急尖，稍较侧裂片短而宽，距长圆状，长 1.5mm，向前弯曲，末端钝；蕊柱粗短，长约 1mm；药室近并行；花粉团倒卵形，具极短的花粉团柄和黏盘，黏盘卷曲呈角状；蕊喙小；柱头 2 个，隆起，椭圆形，位于唇瓣基部两侧；退化雄蕊 2 个，小，椭圆形。花期 6—9 月。

分布： 青海省互助县，海东市乐都区，湟中县，湟源县，大通县，门源县，祁连县，海晏县，刚察县，贵德县，贵南县，同德县，共和县，兴海县，同仁市，泽库县，河南县，玛沁县，班玛县，玉树市，称多县，囊谦县，杂多县。

生态环境： 生于海拔 2 300～4 300m 的河谷山坡林缘、沟谷山坡灌丛、溪流河谷草甸、河谷滩地、山麓砾石地、沙丘、河溪水边湿草滩。

➤ 角盘兰 *Herminium monorchis*（Linn.）R. Br.

特征： 多年生草本植物。角盘兰植株高 5.5～35cm。块茎球形，直径 6～10mm，肉质。茎直立，无毛，基部具 2 枚筒状鞘，下部具 2～3 枚叶，在叶之上具 1～2 枚苞片状小叶。叶片狭椭圆状披针形或狭椭圆形，直立伸展，长 2.8～10cm，宽 8～25mm，先端急尖，基部渐狭并略抱茎。总状花序具多数花，圆柱状，长达 15cm；花苞片线状披针形，长 2.5mm，宽约 1mm，先端长渐尖，尾状，直立伸展；子房圆柱状纺锤形，扭转，顶部明显钩曲，无毛，连花梗长 4～5mm；花小，黄绿色，垂头，萼片近等长，具 1 脉；中萼片椭圆形或长圆状披针形，长 2.2mm，宽 1.2mm，先端钝；侧萼片长圆状披针形，宽约 1mm，较中萼片稍狭，先端稍尖。花瓣近菱形，上部肉质增厚，较萼片稍长，向先端渐狭，或在中部多少 3 裂，中裂片线形，先端钝，具 1 脉；唇瓣与花瓣等长，肉质增厚，基部凹陷呈浅囊状，近中部 3 裂，中裂片线形，长 1.5mm，侧裂片三角形，较中裂片短很多；蕊柱粗短，长不及 1mm；药室并行；花粉团近圆球形，具极短的花粉团柄和黏盘，黏盘较大，卷成角状；蕊喙矮而阔；柱头 2 个，隆起，叉开，位于蕊喙之下；退化雄蕊 2 个，近三角形，先端钝，显著。花期 6—8 月。

分布： 青海省民和县，互助县，海东市乐都区，化隆县，湟中县，湟源县，大通县，门源县，祁连县，贵德县，同德县，兴海县，同仁市，泽库县，河南县，玛沁县，久治县，玉树市，称多县，囊谦县，杂多县。

生态环境： 生于海拔 2 300～4 500m 的山坡林下、沟谷林缘、灌丛草甸、河岸草地、河滩疏林下、河沟水边草甸、沼泽地带。

羊耳蒜属 *Liparis* L. C. Rich.

➤ 羊耳蒜 *Liparis japonica*（Miq.）Maxim.

特征： 假鳞茎卵形，长 5～12mm，直径 3～8mm，外被白色的薄膜质鞘。叶 2 枚，卵形、卵状长圆形或近椭圆形，膜质或草质，长 5～10（16）cm，宽 2～4（7）cm，先端急尖或钝，边缘皱波状或近全缘，基部收狭成鞘状柄，无关节；鞘状柄长 3～8cm，初时抱花葶，果期则多少分离。花葶长 12～50cm；花序柄圆柱形，两侧在花期可见狭翅，果期则翅不明显；总状花序具数朵至 10 余朵花；花苞片狭卵形，长 2～3（5）mm；花梗和子房长 8～10mm；花通常淡绿色，有时可变为粉红色或带紫红色；萼片线状披针形，长 7～9mm，宽 1.5～2mm，先端略钝，具 3 脉；侧萼片稍斜歪；花瓣丝状，长 7～9mm，宽约 0.5mm，具 1 脉；唇瓣近倒卵形，长 6～8mm，宽 4～5mm，先端具短尖，边缘稍有不明显的细齿或近全缘，基部逐渐变狭；蕊柱长2.5～3.5mm，上端略有翅，基部扩大。蒴果倒卵状长圆形，长8～13mm，宽4～6mm；果梗长5～9mm。花期6—8月，果期9—10月。

分布：青海省互助县，海东市乐都区，海东市平安区，门源县。

生态环境：生于海拔2 400～2 800m的沟谷山坡林下、河谷林缘阴湿地。

红门兰属 *Orchis* Linn.

➤ 广布红门兰 *Orchis chusua* D. Don

特征：植株高5～45cm。块茎长圆形或圆球形，长1～1.5cm，直径约1cm，肉质，不裂。茎直立，圆柱状，纤细或粗壮，基部具1～3枚筒状鞘，鞘之上具1～5枚叶，多为2～3枚，叶之上不具或具1～3枚小的、披针形苞片状叶。叶片长圆状披针形、披针形或线状披针形至线形，长3～15cm，宽0.2～3cm，上面无紫色斑点，先端急尖或渐尖，基部收狭成抱茎的鞘。花序具1～20余朵花，多偏向一侧；花苞片披针形或卵状披针形，先端渐尖或长渐尖，基部稍收狭，最下部的花苞片长于、等长于或短于子房；子房圆柱形，扭转，无毛，连花梗长7～15mm；花紫红色或粉红色；中萼片长圆形或卵状长圆形，直立，凹陷呈舟状，长5～7（8）mm，宽2.5～4（5）mm，先端稍钝或急尖；具3脉，与花瓣靠合呈兜状；侧萼片向后反折，偏斜，卵状披针形，长6～8（9）mm，宽3～5mm，先端稍钝或渐尖，具3脉。花瓣直立，斜狭卵形、宽卵形或狭卵状长圆形，长5～6（7）mm，宽3～4mm，先端钝，边缘无睫毛，前侧近基部边缘稍臌出或明显臌出，具3脉；唇瓣向前伸展，较萼片长和宽多，边缘无睫毛，3裂，中裂片长圆形、四方形或卵形，较侧裂片稍狭、等宽或较宽，边缘全缘或稍具波状，先端中部具短凸尖或稍钝圆，少数中部稍微凹陷，侧裂片扩展，镰状长圆形或近三角形，较宽或较狭，与中裂片等长或短多，边缘全缘或稍具波状，先端稍尖、钝或急尖；距圆筒状或圆筒状锥形，常向后斜展或近平展，向末端常稍渐狭，口部稍增大，末端钝或稍尖，通常长于子房。花期6—8月。

分布：青海省民和县，互助县，海东市乐都区，循化县，海东市平安区，湟中县，湟源县，大通县，门源县，贵德县，同仁市，河南县，玛沁县，玉树市，囊谦县。

生态环境：生于海拔1 800～4 200m的沟谷河滩草甸、山坡林下、沟谷林缘、山地灌丛草甸、河谷山麓草甸、河沟水边草地。

➤ 宽叶红门兰 *Orchis latifolia* Linn.

特征： 宽叶红门兰植株高 12～40cm。块茎下部 3～5 裂呈掌状，肉质。茎直立，粗壮，中空，基部具 2～3 枚筒状鞘，鞘之上具叶。叶（3）4～6 枚，互生，叶片长圆形、长圆状椭圆形、披针形至线状披针形，上面无紫色斑点，长 8～15cm，宽 1.5～3cm，稍微开展，先端钝、渐尖或长渐尖，基部收狭成抱茎的鞘，向上逐渐变小，最上部的叶变小呈苞片状。花序具几朵至多朵密生的花，圆柱状，长 2～15cm；花苞片直立伸展，披针形，先端渐尖或长渐尖，最下部的常长于花；子房圆柱状纺锤形，扭转，无毛，连花梗长 10～14mm；花兰紫色、紫红色或玫瑰红色，不偏向一侧；中萼片卵状长圆形，直立，凹陷呈舟状，长 5.5～7（9）mm，宽 3～4mm，先端钝，具 3 脉，与花瓣靠合呈兜状；侧萼片张开，偏斜，卵状披针形或卵状长圆形，长 6～8（9.5）mm，宽 4～5mm，先端钝或稍钝，具 3～5 脉。花瓣直立，卵状披针形，稍偏斜，与中萼片近等长，宽 3～5mm，先端钝，具 2～3 脉；唇瓣向前伸展，卵形、卵圆形、宽菱状横椭圆形或近圆形，常稍长于萼片，长 6～9mm，下部或中部宽 6～10mm，基部具距，先端钝，不裂，有时先端稍具 1 个突起，似 3 浅裂，边缘略具细圆齿，上面具细的乳头状突起，在基部至中部之上具 1 个由蓝紫色线纹构成似匙形的斑纹（在新鲜花其斑纹颇为显著），斑纹内淡紫色或带白色，其外的色较深，为蓝紫的紫红色，而其顶部为浅 3 裂或 2 裂成"W"形；距圆筒形、圆筒状锥形至狭圆锥形，下垂，略微向前弯曲，末端钝，较子房短或与子房近等长。花期 6—8 月。

分布： 青海省民和县，互助县，湟源县，大通县，门源县，祁连县，海晏县，共和县，天峻县，乌兰县，德令哈市，同仁市，泽库县，河南县，玛沁县，玉树市，称多县。

生态环境： 生于海拔 2 800～3 800m 的沟谷河滩草甸、山坡林下、山地林缘灌丛草甸、溪流河谷水边草地。

绶草属 *Spiranthes* L. C. Rich.

➤ 绶草 *Spiranthes sinensis*（Pers.）Ames

特征： 多年生草本植物。植株高 13～30cm。根数条，指状，肉质，簇生于茎基部。茎较短，近基部生 2～5 枚叶。叶片宽线形或宽线状披针形，极罕为狭长圆形，直立伸展，长 3～10cm，常宽 5～10mm，先端急尖或渐尖，基部收狭具柄状抱茎的鞘。花茎直立，长 10～25cm，上部被腺状柔毛至无毛；总状花序具多数密生的花，长 4～10cm，呈螺旋状扭转；花苞片卵状披针形，先端长渐尖，下部的长于子房；子房纺锤形，扭转，被腺状柔毛，连花梗长 4～5mm；花小，紫红色、粉红色或白色，在花序轴上呈螺旋状排生；萼片的下部靠合，中萼片狭长圆形，舟状，长 4mm，宽 1.5mm，先端稍尖，与花瓣靠合呈兜状；侧萼片偏斜，披针形，长 5mm，宽约 2mm，先端稍尖。花瓣斜菱状长圆形，先端钝，与中萼片等长但较薄；唇瓣宽长圆形，凹陷，长 4mm，宽 2.5mm，先端极钝，前半部上面具长硬毛且边缘具强烈皱波状啮齿，唇瓣基部凹陷呈浅囊状，囊内具 2 枚胼胝体。花期 7—8 月。该种植物分布甚广，其植物的大小、叶形、花的颜色和花茎上部被毛的有无等常因其分布地区的不同有较大的变化。

分布： 青海省民和县，互助县，乐都区，循化县，湟中县，湟源县，大通县，门源县。

生态环境： 生于海拔 1 800～2 300m 的河谷山坡林下、山地林缘草甸、溪流沟谷灌丛、宽谷河滩疏林草地、河滩沼泽草甸。